弗洛伊德在维也纳大学所作的28场演讲（正因如此，书中以"讲"代替了"章"的命名）。而这28讲的内容，大体上可分为三个部分：前4讲为第一部分，主要讲的是过失心理学。弗洛伊德认为，人们日常生活中的过失现象并不是无意义的，它是人们内心深处两种相反倾向互相牵制又互相调和的心理行动。他通过分析日常生活中的种种过失或失误，如笔误、口误、健忘和行动失误等现象，探讨了过失产生的心理根源；第5讲～第15讲为第二部分，主要是对梦的解析。弗洛伊德指出，梦不是一种纯粹的生理或躯体现象，而是一种心理现象，其目的主要是为了寻求欲望的满足。所有的梦都是有意义的，不过这种意义不是显现于表面的，而是一种潜意识的表现。因此，要解释梦，就不能停留在梦的表面意义上，而要深入分析其背后的潜意识欲望；第16讲～第28讲为第三部分，主要是对神经病症进行精神分析。弗洛伊德较为系统地论述了精神分析的基本理论和方法，认为神经病症状是起源于潜意识的精神历程，只要能把受压抑的潜意识导入意识，神经病的症状就可以消失，不过这是一个非常艰难的过程。

从书中我们可以看到，《精神分析引论》的前两部分写得非常浅显易懂，是对精神分析学说的简单引论，这主要是为了迎合一些非专业的初学者。到第三部分时，弗洛伊德认为初学者的水平已经大大提高了，因而开始大胆地讨论一些更专业和更困难的课题，也就是神经症的精神分析。因此，这本书的第三部分比前两部分要显得略微晦涩一些。这种由浅入深的设计使得本书的受众面大大增加，我们可以肯定，无论你是对精神分析一无所知，还是对此颇有研究，都能从本书中获益。

提起西格蒙德·弗洛伊德（1856-1939年），只要对心理学稍有涉猎的人就一定不会对这个名字感到陌生。作为精神分析学的鼻祖、国际精神分析学会奠基人、西方心理学第二大势力的领导者，同时也是20世纪对世界文化产生最大影响的思想家之一，弗洛伊德所创立的精神分析学说，不仅对心理学研究来说意义重大，其影响力还触及到了人类知识的各个层面，甚至对艺术和文学也产生了重大影响。

弗洛伊德不仅是一位严谨的学者，同时也是一位多产的作家。而在其众多经典名著中，《精神分析引论》一书因几乎涵盖了精神分析理论所关切和探讨的各个层面，所以一直以来都被当成是精神分析学的标准入门教材，曾被译成17种文字，流传甚广。对于此书的地位，美国学者欧内斯特·琼斯曾盛赞道，"精神分析文献的这个空白现在已经由一位最合适的作者所弥补，这就是弗洛伊德教授本人，他在百忙中费神写出这本书，凡是临床心理学界都应当对他表示感谢"。

《精神分析引论》一书共计28讲，其来源是1915—1917年间，

17种语言享誉全球

[奥]弗洛伊德（Sigmund Freud）著 陈霖序 译

精神分析引论

JINGSHEN FENXI YINLUN

民主与建设出版社

Democracy & Construction Publishing House

图书在版编目（CIP）数据

精神分析引论 / (奥) 弗洛伊德（Freud,S.）著；
陈霖序译. -- 北京：民主与建设出版社, 2016.7（2018.3重印）
ISBN 978-7-5139-1064-4

Ⅰ.①精… Ⅱ.①弗… ②陈… Ⅲ.①精神分析

Ⅳ.①B84-065

中国版本图书馆CIP数据核字（2016）第076003号

书名原文: A General Introduction to Psychoanalysis

出 版 人：许久文
责任编辑：李保华
整体设计：仙　境
出版发行：民主与建设出版社有限责任公司
电　　话：(010)59419778　　59417745
社　　址：北京市朝阳区阜通东大街融科望京中心B座601室
邮　　编：100102
印　　刷：天津安泰印刷有限公司
版　　次：2016年7月第1版　2018年3月第3次印刷
开　　本：32
印　　张：11.5
书　　号：ISBN 978-7-5139-1064-4
定　　价：36.00元

注：如有印、装质量问题，请与出版社联系。

A General Introduction
to Psychoanalysis

目 录

第一讲 绪 论 1

第二讲 关于过失 9

第三讲 过失是有意义的 21

第四讲 过失是心理的行动 37

第五讲 梦的初步研究 53

第六讲 释梦的技术 67

第七讲 显意和隐意 77

第八讲 儿童的梦的研究 87

第九讲 梦的检查作用 95

第十讲 梦的象征功能 105

第十一讲 梦的工作 121

第十二讲 梦例的解析 131

第十三讲 原始的梦和幼稚的梦 143

第十四讲 欲望的满足 155

第十五讲 关于梦的几点释疑 167

第十六讲 精神病学与精神分析 177

第十七讲 神经病症候 189

第十八讲　创伤和潜意识 203

第十九讲　抗拒与压抑 213

第二十讲　"性的"含义 227

第二十一讲　性的发展与性的组织 241

第二十二讲　力比多发展过程中的危险性 257

第二十三讲　神经病症候的形成 273

第二十四讲　一般的神经过敏 289

第二十五讲　真实的焦虑和精神病的焦虑 301

第二十六讲　自　恋 317

第二十七讲　移情作用 333

第二十八讲　精神分析与心理暗示 349

第一讲

绪　论

我想大家可能已经通过阅读或者传闻了解了一些有关精神分析的知识，但我现在要讲的是"精神分析引论"，因此，我必须假设大家对此一无所知，要我来从头说起。

不过，有一点，我可以假设大家是知晓的——那就是：精神分析法是神经错乱症的治疗方法之一。这个治疗方法不仅与其他的医药治疗方法不同，而且还恰恰相反。一般来说，要让病人接受一种新的治疗方法，医生常常会夸大这种方法的轻便性，以便使病人相信它的效力。我认为，这个办法很不错，因为这能增强治疗的效果。

然而，在采用精神分析法来治疗精神病患者时，我们所使用的方法就完全不同了。我们要向他强调这个治疗方法实施起来是多么困难，需要多么长久的时间，需要他自己做出多么大的努力和牺牲；至于治疗的效果如何，我们会告诉他不能确定，一切成功都要靠他本人的努力、了解、适应和忍耐。我们之所以会采用这种看起来很反常的治疗态度，当然有其充分的理由，这个大家以后会知道的。

很抱歉，我一开始演讲，就如同对待神经病患者一般来对待大家，我要劝大家下一次不要再来听讲了。

我还要告诉大家，我能带给你的只是关于精神分析的一点不完全的知识，对于你们来说，要对精神分析形成一种独立的判断是很难的。这是因为你们所接受的教育和你们的思维习惯，会迫使你们反对精神分析，而要想克服这种本能的抵抗力，你们就必须先在内心做出很大的努力。我的演讲最终会让你们对精神分析了解到何种程度，这个我无法确定；不过我有必要告诉你们，在听完演讲之后，你们并不能掌握怎样进行精神分析的研究，也不可能实施精神分析的治疗。

另外，你们当中如果有人不满足这种肤浅的了解，想要更深入地研究精神分析法，与之建立永久的关系，那么我不但不会予以鼓励，事实上，我还要给予警告。因为从目前来看，倘若选择了这个职业，那么他在学术上成功的机会将十分渺茫，而且当他的事业开始时，他会发现，整个社会都不能了解他的目的和意向，甚至还会敌视他，对他倾泻所有隐藏的罪恶冲动。他所要应付的麻烦问题恐怕会像现在欧洲战争的流毒一样难以预计。

不过，有些人常常会被一种新知识所吸引，并愿意为此不顾一切。假如你们有人受到了警告，但是下一次仍然来听讲，我自然十分欢迎，但我有义务向你们指出精神分析所面临的内在的困难。

首先，是关于精神分析的教学和说明的问题。

你们在进行医学研究时，习惯于用眼睛去看，如解剖的标本、化学反应的沉淀物以及神经受刺激后所有肌肉的收缩等。当你们和病人接触后，你们通过感官来了解病人的症状，观察病理作用的结果，或者分析致病的原因。从外科方面来讲，你们能够亲眼目睹治病的手术，也可以自己尝试去做。即使是就精神病疗法来说，病人的症象以及异常的表现、语言和行为所提供的一系列现象，也会在你们心中留下深刻的印象。因此，医学教授大多是做说明和指导性工作的，就如同引导你们游览博物馆一样，而你们也会与所观察的对象直接产生关系，根据自己的亲身经历，来确定新事实的存在。

然而，不幸的是，精神分析就完全不同了。在进行精神分析的治疗时，除了医生与病人进行谈话之外，没有其他的方法。病人讲述自己从前的经验、现在的印象，并倾诉自己的痛苦，表达愿望和情绪。医生则只能静静地倾听，想办法引导病人的思路，以使他注意某些问题，并给他一些解释，观察他因此产生的赞许或否认的反应。而病人的亲朋好友只相信他们所看见的、接触的，或像在电影中所见到的那些行为，而在听到"谈话可以治病"时几乎没有不表示怀疑的。他们的理由其实是矛盾的，没什么道理可言。因为他们与此同时也相信神经病患者的病痛，完全是由想象而生的。

说话和巫术原本是同一回事。今天，我们用话语能够使人感到快乐，也能够令人感到失望。教师用话语向学生讲授知识，演讲者用话语来感动听众并左右他们的判断。

话语能够引起情绪，我们经常用它来作为互相感应的工具，因此，我们不要小瞧心理治疗的谈话。假如你们能够听到精神分析者与病人的谈话，那是相当值得高兴的事情了。

不过，要听到他们的谈话并不是很容易，因为进行精神分析时的对话是不允许别人旁听的，谈话的进程也不可以公之于众。事实上，我们在讲授精神病学时，是可以向学生介绍神经衰弱的患者或癔病患者的，但是病人只会讲述本人的病情和症状，而不会谈及别的。只有在对医生有特殊感情的情况下，病人才愿意畅谈，以便满足分析的需要。如果有一个与自己无关的第三者在场，病人就会缄口不语。这是因为分析时所要说的话，都是他们思想和情感上的秘密，他们不仅不愿意告诉别人，甚至连自己都想设法隐瞒。

因此，在进行精神分析治疗的时候，你们是不可以参观的，如果你们想要学习精神分析，就只能借助传闻。不过，这种间接的学习方式会让你们对于精神分析这个问题很难形成自己的判断。在这种情况下，你们要做的就是相信报告人所说的。

现在姑且假设你们正在听关于历史的知识，而非听关于精神病学的东西，或者假设一下讲师是在讲关于亚历山大大帝[1]的传奇和成功的故事。可是讲师凭什么让你们相信他所说的话是真的呢？从根本上来说，讲师所讲的历史事迹比精神病学似乎更不可令人相信，因为历史教授也和大家一样，没有亲身参加过亚历山大的战事，而精神分析者至少能向你们叙述他自己所曾参与过的事实。历史学家往往会拿出一些证据作为他说话的依据，他会让你们去看与亚历山大生活在同一时代或比他稍晚一些年代的迪奥多罗斯、普鲁塔克、阿利安等人的记载，他也会让你们去庞贝看历史遗留下来的亚历山大的石像和钱币，向你们展示与伊索斯战争相关的照片。可是，从严格意义上讲，这些证物也只能证明古人们对于亚历山大的存在和他所立战功的真实性是深信不疑的。这也许又会遭到你们的批判，你们可能觉得关于亚历山大的一切都不足为信，可当你们离开教室时却不会再怀疑亚历山大存在的事实。原因有二：其一，如果教师也对史实心存怀疑，他没有必要硬要你们相信，这对他没有任何好处；其二，对于这些史实的记载，历来史学家也很少怀疑。如果你们怀疑他们的记载，可以通过两种方法来进行测验：一是看他们是否有作伪的动机，二是看他们的记载是否一致。通过测验的结果，我们可以得出亚历山大的史实是确实可信的，至于摩西和尼罗特的记载则可能会有一些偏差。利用这种方法，你们最后也能判断出精神分析是否是可信的。

你们当然有权利这样问：假如精神分析既无客观的证据，也不可能允许公开参观，那么我们要怎样去研究它，并相信它的真实性呢？

研究精神分析并非一件容易的工作，目前对其有深入研究的人

---

1 亚历山大大帝（Alexander，前356—前323年），20岁继承王位，是欧洲历史上最伟大的军事天才，马其顿帝国最富盛名的征服者。——译者注

也屈指可数，不过要学习精神分析也并不是无门路可走。精神分析的入门可以从自我人格的研究开始。有人将"自我研究"称为"内省"，事实上并不完全是这样，只不过是因为没有更好的名字来描述它才这样说的。事实上，有很多普通的心理现象可以用来作为自我分析的材料，当然前提是你已经对自我分析的知识有了一定的了解。精神分析所描写的东西是确实可信的，分析的深入也是无止境的。假如你们想更深入地学习，可以自己当一回病人，亲自接受精神分析高手的分析，利用这个机会学习分析高手的精湛技艺。这是个非常不错的学习方法，不过只局限于个人，不能用之于整体。

关于精神分析的第二个困难，并非它本身固有的，而是在你们受了医学研究的影响之后才有的。你们的心理态度往往是受过医学训练后养成的，这与精神分析的态度是大不一样的。你们常常从解剖学的角度来看待机体的机能和失调，用物理化学和生物学的观点来加以说明和解释，却从来不从精神方面来考虑，忽略了精神生活才是复杂的有机体最后发展的结晶。你们不熟悉精神分析的观点，因此常常怀疑它，并否认它的科学价值，而把它留给诗人、哲学家、玄学家和一般人。这个不足让你们与成为一个良好的医生失之交臂，因为在治疗病人过程中，首先接触到的就是病人的精神生活。正是因为你们轻视了精神生活的重要性，小瞧了那些江湖术士和巫师，才使得他们能够收到一些治疗效果。

因为在学校里学习医学时没有一种附属的哲学科目作为辅助，导致了你们以往教育上的这一缺陷，这也是情有可原的。你们无法真正懂得心身的关系或了解精神生活的失调，即使你们学习了一些关于心理学的知识，如思辨哲学或叙述性的心理学，或和感官生理学连带研究的所谓实验心理学。虽然医学上也有一种精神病学专门讲有关各种精神失调的临床图书，但是就连精神病学者本人也不完全相信这些纯粹的描述公式是不是真的能够称得上是科学。这些图画所表现的症状到底是怎样发生的、组成的，又是怎样联系的，还都是个未知数：它们或与脑子里的变动没有什么联系，或者虽然能有一些联系，却解释不通。只有当这些精神失常被认为是机体疾病间接导致的，才有采用精神治疗的可能。这个就是精神分析所要补填的缺陷。

精神病学是以精神分析法为心理基础的，并从中得到解释身体和精神的病扰的理由。要掌握精神分析法，就必须放弃在解剖、化学、生理等方面的种种成见，完全应用纯粹的心理学概念。这对于你们来说，开始时会有些难以接受。

另外，还有一种困难，它并非源于你们的教育或你们的心理态度。

精神分析有两个最足以触怒全人类的信条：一个是精神与人们的理性成见相反；另一个是精神分析与人们道德或美育的成见相冲突。要打破这些成见是很困难的事情，它们是不可轻视的，作为人类进化所应有的副产物，它们是极有势力的，而且它们有情绪的力量作基础。

精神分析的第一个让人感到不快的命题是：心理过程主要是潜意识的，而意识的心理过程则只是整个心灵的分离部分和动作。

我们不要忘记，我们以往常常认为心理的就是意识的。

意识似乎正是心理生活的特征，而心理学则被看作是研究意识内容的科学。很明显，这是不容反对的观点，任何反对都会被看成是胡闹。可是，精神分析与这个观点却是相互抵触的，它否认"心理的即意识的"这种说法。精神分析认为心灵包含感情、思想、欲望等作用，其中思想和欲望都可以是潜意识的。精神分析正是因为有了这个主张，一开始便无法得到那些头脑清醒的科学者的同情，反而被疑似荒谬捣鬼的巫术。我之所以指出"心理的即意识的"这种说法是偏见，是因为如果潜意识真正存在，那么人类进化过程中终有一个时期会否认它，至于否认它会带来什么好处，这就不是你们所能想到的了。因此，去争辩心理生活是否和意识在同一范围或超出于意识的范围之外，就如同是在做文字之争，没什么实际意义。不过，我还是要告诉大家，承认潜意识的心理过程是人类和科学开创一种新观点的一个具有决定性意义的步骤。

接下来，我要讲述精神分析的第二个命题了。这个命题和第一个命题之间有着十分密切的关系，它也是精神分析的一个创见，即认为无论是从广义上还是狭义上来说，性的冲动都是神经病和精神病的重要起因，这是个前人所没有意识到的创见。

更有甚者，这些性的冲动被认为对人类心灵获得最高文化的、艺术的和社会的成就具有最大的贡献。

依我看来，大家之所以敌视精神分析法，主要原因还在于这个结论。大家一定十分想知道为什么会得出这个结论。我们的文化之所以能够创建起来，是因为我们人类在生存竞争的压力之下，曾经竭力放弃满足我们的原始冲动。而我们的文化之所以能够不断地被改造，也是由于历代加入社会生活的每个人不断为公众的利益而牺牲自己本能的享乐。而其所利用的本能冲动，又尤其以性的本能最为重要。所以，性的精力被升华了，也就是说，它用转向其他较高尚的社会目标来替代了追求性的目标。不过，因为性的冲动不易控制，由此而导致的组织并不具有一定的稳固性，而参与文化事业的每个人也可能会有受性力反抗的危险。一旦性力放肆起来，回复到它原始的目标，那么社会文化就将面临最大的危机。正因为如此，社会不希望有人指出性和社会发展的关系，更不愿意承认性本能的势力，或讨论个人性生活的重要，甚至为了训练克制性力，几乎完全避而不谈关于性的问题。所以说，精神分析的理论是要受到非难的，它被看成是丑恶的、不道德的，甚至是危险的。不过，这种反对观点并不见得会生效，因为精神分析的结论实在可以称得上是科学研究的客观结果；要想驳斥得有力，就必须有相当的理由。

把不合意的事实看成虚妄，继而找各种理由去加以反对，这是人类的本性。把不能接受的东西看成是不真实的，然后用来自感情冲动的一些逻辑的、具体的理由来驳斥精神分析的结果，即使面对我们强有力的反驳也要坚持其偏见，这则是社会的本性。

不过，对这种反面的理论趋势，我们决不能表示退让，我们必须承认自己苦心研究所得到的事实。只要在科学研究的范围之内，我们就无需顾及其他人的成见，不管这些成见是否有道理。

以上这些是当你们开始对精神分析感兴趣时可能会遇到的一些困难。

对于刚入门的大家来说，我或许讲得太多了。不过，假如你们没有因此而失望，我可以接着继续讲。

第二讲
关于过失

现在，我们不再去假设而要从观察到的事实入手。我们可以选取一些我们经常遇到但却很少有人注意的现象，这些现象并不属于疾病的范畴，即使在健康人身上也时有发生，心理学上将这些现象称为过失行为。比如，口误、笔误、误读和误听等情况，就经常会出现在我们的生活中。当你想要向别人叙述一件事情的时候，想好的话说出口时却用错了词；在书写的时候，想写的是这个字，却鬼使神差地写成了另一个字；阅读文章时，读错了某个熟悉的字；听觉器官没有毛病，可是却听错了别人讲的话。

还有一些过失是由于人们暂时性的遗忘所导致的，比如突然忘记了一个熟悉之人的名字，或者忘记了自己所要去做的事情等。这些内容只是被暂时的遗忘，后来多半会自然而然地记起来。

不过，也有一些记忆不是暂时性的遗忘，而是永久性的遗忘，比如把某件东西放错了位置，后来再也找不到了。这种遗忘常常令我们感到惊异懊恼，甚至难于理解。还有一些过失，虽然也有暂时性，但却与此十分相似，比如有些人明明知道某事是不确定的，但有时候却会信以为真，像这样的现象不胜枚举。

像口误、笔误、误读、误听等过失名词在德文中都是以"ver"开头的，可以看出它们之间存在着内在联系。但是，这些在生活中出现的种种过失往往是暂时的，不重要的，甚至根本就没有什么具体的意义，就好像是遗失了某样根本不必在意的东西一样。因此，在许多人看来，日常生活中的很多过失都是不值得研究的。

而我现在却要让大家来对这些现象进行研究，或许你们会表现得不耐烦，并加以反对。你们可能会说："这世界上值得解释的神秘玄奥的事情太多了，我们花那么多力气去研究这些无关重要的过失根本毫无意义。如果你们能够解释一个耳聪目明的人自称在白天能看见或听到一些根本就没有存在的事物，或解释某人为何突然宣称自己正在遭受他最亲爱的人迫害，又或者可以用最巧妙的理由来证明一种就连一个小孩子都会感到荒谬的幻想，那人们可能就会更愿意重视精神分析了。可是假如精神分析只能解释一个演说家为何说错了字，或一个主妇为何弄丢了钥匙等琐碎小事，那么我们就应该把更多的时间和精力放在那些更加重要的事情的研究上。"

我想说，大家不要急着下定论，这个批评其实是文不对题的。当然，我不能夸口说精神分析从来不做琐碎的事情，事实恰恰相反，精神分析所观察的材料常被其他科学讥讽为是琐碎、平凡和不重要的，甚至被说成是现象界里的废料。大家似乎都这么认为：凡是重大的事情就要有重要的表现。难道说，在某些情况下，重大的事情就不能借一些琐碎的事情表现出来吗？

这道理是很容易说明的。举个例子，假如你是一个未婚青年，对某个女孩子产生了好感，那么你怎么才能知道自己已经博得了她的欢心呢？难道一定要她明白地告诉你或给你热烈的拥抱吗？当然不是，你一定是从她的一个眼神、一个手势或和你握手的一瞬间就知道了。又比如，假如你是一名侦探，正在侦查一件谋杀案，在既无人证又无物证的情况下，你能指望罪犯会给你留下一张有他的姓名和地址的照片吗？你只能从一些蛛丝马迹中找到一些有用的信息。因此，我们不能轻视那些看似微乎其微的符号，它们其实也是有很高价值的，通过这些信号我们或许能够发现重大的事情。你们认为生活中和科学上的大问题更容易引起我们的兴趣，我当然不反对，但是我要告诉大家，如果你们决定从事于研究重大问题，那也是没有什么益处的。你可能会不知道怎么着手下一步。就科学工作而言，如果你的面前有一条可以前行的路，那么你照着走下去就行了。

如果你不带任何偏见或成见，一直向前，或许就能借助事情之间的联系（包括小事和大事之间的联系），通过做一些微不足道的事情，而幸运地从事大问题的研究工作。从这个观点来说，我也希望你们不要对正常人也常常出现的小过失失去研究的兴趣。如果我现在问那些不懂精神分析的人如何来解释这些现象，我想他的回答肯定是："这些小事根本不值得解释。"

他为什么会这么说呢？难道他认为小事就不值得关注，就不能与其他事情发生因果联系吗？不管是谁，如果这样否认自然现象的因果关系，就等于没有科学的宇宙观。即使是宗教观也不会如此荒谬，因为在宗教的教义中，如果不是上帝所愿，即使"一雀之微也不会无因落地"。假如我们的朋友知道这个道理，他一定不会坚持这个答案，他可能会说如果我去研究这些现象，一定会得到合理的解释。

那一定是由于轻微的机能错乱，或精神的松懈所致，这些情况都是可以找到的。一个人平常说话没有出现问题，但是现在却出错了，原因不外有三：一是处于疲倦或不舒服的状态；二是很兴奋；三是注意力集中在别处。要证实这些很容易：一个人在疲倦、头痛、周期性偏头痛时常会说错话或常常忘记了使用合适的名词，有很多人在偏头痛发作时甚至连专有名词都记不起来。

人处在兴奋状态时也常会用错字或做错事；注意力分散或集

中于其他事情时，也常容易忘记一些没有计划好的事和他想要做的事。我们以布拉特剧本里的教授为例，因为他的精力集中在第二卷书的问题上，他才会把自己的雨伞错拿成了别人的帽子。

我们由自己的经验得知，如果一个人的注意力集中在别的事情上，就很可能会忘记他的计划或信约。

不可否认，这些话很容易理解，可却无法引起大多数人的兴趣，也无法满足我们的期望。还是让我们来细心研究这个解释过失的理论吧。以上所说的这些过失发生的条件是属于不同类别的：常态机能下出现的循环系统疾病和失调是错乱的生理根据；兴奋、疲倦及烦恼等，则可看成是心理生理的原因，这些都容易理论化。疲劳、烦恼和全面的兴奋能够引起注意力的分散，以致人们做事情受到干扰而不能准确完成。如果神经中枢的血液循环有毛病或变化也可能产生相同的结果，从而引起注意力的分散。总之，导致各种过失产生的主要原因就是由于机体的或心理的原因而引起的注意力扰乱。不过，这种解释对精神分析的研究并没有太大的帮助，因此我们决定抛弃它。

事实上，当你对这个问题进行更深入的研究以后，便会发现这个"注意力"理论与事实并不完全相符，或者至少不能据此推论一切。很多人没有处于疲倦或兴奋的状态，而是一切正常，但也可能发生这种过失和遗忘。除非是因为出现了这些过失，我们才在事后将这些过失归因于他们自己所不肯承认的一种兴奋的状态。事实上，这个问题并非这样简单，因为注意力加强，事情未必会成功；注意力减弱，事情也未必失败。有许多纯粹本能的动作，不需要注意也能成功。比如走路，就算去的地方不明确，但也能到达目的地而不至于走错了路；这至少是我们常见的。

善于弹钢琴的琴师即使不假思索也可以弹成调。他当然可能会犯些偶然的错误，但是如果自动弹琴可以增加错误的危险，那么因不断地练习而使弹琴的动作完全变成自动的琴师就会极容易陷入这种危险之中了。不过，我们知道，有时候许多动作虽然没有给予特殊的集中注意，却往往更容易出成绩，而有时为了成功不敢有一丝一毫的分心，反而更容易导致错误。你们可能会说那是兴奋的结果，但是兴奋为何不能促进他注意力集中在所期求的目的上呢？关于这一点我们无法了解。因此，如果一个人在重要的谈话中把自己要表达的意思说反了，就很难用心理生理说或注意说去解释了。

关于这些过失还有许多别的不是很重要的特点，也并非这些理论所能解释清楚的。比如，一个人暂时想不起来某人的姓名，令他非常懊恼，可是他无论怎么努力都无法想起那个已经到了嘴边只需有人提起便可立即记起的名字。

我们再来举个例子。有时错误增多，会导致互相连锁，或互相替换。比如，有一个人第一次忘记了一个约会；第二次，他特别努力去记，结果却又发现自己把日期和钟点记错了。又比如有一个人想用各种方法记起一个已经遗忘的字，而思索时竟将那个可为第一个字做线索的另外一个字完全忘掉了，他要是因此追究这个字，又会忘掉其他的字引发连锁反应，如此等等。

排字的错误也是如此。据说，有一次在某"社会民主"报上也出现了这种错误。该报记载一次节宴，说："到会者有呆子殿下"（His Highnes, the Clown Prince）。第二天更正时，该报道歉说："错句应更正为'公鸡殿下'"（His Highnes, the Crow-Prince）。又比如，某将军以怯懦广为人知。有一位随军记者访问将军，在通信中称将军为this battle-scared veteran（意思是临战而惧的军人）。第二天，他道歉了，说昨天的话应更正为the bottle-Scared veteran（意思变成了好酒成癖的军人）。据说这些过错是排字机中的怪物作祟的结果——这个比喻的涵义就不包括在心理生理说范畴内了。

暗示也能让人说错话。以一个故事为例：有一个新演员在《奥尔良市少女》一剧中充当一个重要的角色，他本应禀报国王说："The Constable sends back his sword"（意思是"警察局长将剑送回来了"）。但是在预演时，主角开玩笑，几次将新演员的台词改成了"The Komfortabel sends back his steed"（意思变成了"独马车将马送回来了"）。结果公演时，这不幸的新演员虽一再告诫自己不要说错，结果却还是错了。新演员的失误显然是由于错误的暗示引起的，即他被暗示分了心。

关于过失的特点，并不是分心说所能解释的；但是我们也不能因此就说这个学说是错误的，或许加上某一环节才能使它变得完满。然而有许多过失却可以从另一方面加以考虑。

我们以口误为例。大家应该记得我们之前所讨论的只是究竟在什么样的情况下说错了话，而我们所求得的答案也只是根据这一点而得来的。

当然除了这个特殊的原因，我们也可以考虑一下其他的原因。这就需要考虑过失的性质了。虽然就生理方面来说，我们已经提出了这个问题，但只要这个问题还没有得到回答，过失的结果又没有得到合理的解释，那么在心理方面，就仍然属于偶然发生的现象。比如，我说错了一个字，我说的方式可以有无数种，可以用无数个别的字来代替想说的那个字，或要想说对也可以有很多变式。那么，在可能存在的许多错误之中，为什么唯独发生了这个特殊的错误呢？是不是只是偶然发生的？这个问题是否有合理的答案呢？

1895年，语言学家梅林格和精神病学家迈尔曾设法研究发生口误的原因。他们通过大量的事例，采用纯叙述的手法，将口误分成了"倒置""预现""语音持续""混合""替代"五种。现在我们举例来分类加以说明。比如，某人将"黄狗的主人"说成"主人的黄狗"，这就是明显的"倒置"的例子。又如一个旅馆的茶房去给一位大主教送茶水，当他敲着大主教的门，主教问是谁敲门时，茶房竟然慌张地回答说："我的奴仆，大人来了。"这也是个倒置的绝好例子。

至于语音持续，则是由于已经说出的音节干涉到了将要说出的音节而发生的。例如，在某次聚会中，某人把"各位，请大家干杯（auzustossen），祝我们的主人健康"，错说成了"各位，请大家打嗝（aufzustossen），祝我们的主人健康。"又如，议会的一位议员称另一位议员为"honourable member for Central Hell"，（意即中央地狱里的荣誉会员），他把国会，直译过来就是中央大厅（Central Hall）误说成了中心地狱（Central Hell）。再如，一个士兵对朋友说："我希望我们有一千人战败在山上"，他错把fortified（守卫）说成了mortified（战败）。这些都是"语音持续"的例子。在第一例中，"ell"这个音是从前面的词"member for Central"持续下来的，在第二例中，"men"一词里m音延续下来构成了mortified。

最为常见的例子还是"混合"或凝缩的例子。比如，一个男子问一位女士，可否一路"送辱"她（begleit-digen）；"送辱"这个词是由"护送"（begleiten）和"侮辱"（beleidigen）这两个词混合而成。（但是年轻人要知道，如果他这样鲁莽，便很难成功赢得女人的喜欢。）又如，有人想要表达的是自己是被动的单恋（即情不自禁的单相思），但却说成了自己是被恋，这就是一个凝缩的例子。

比如一个可怜的女人说自己患了一种无药可治的鬼怪病（incurable infernal disease），又如某夫人说："男人很少知道女人所有的'无用的'性质（ineffectual qualities）的价值。"这些都可称为"代替"

梅林格和迈尔的这些实例解释并非很完满，他们认为一个字的音和音节有不相等的音值，较低音值的音会被较高音值的音干涉。

显然，这个结论是以"不常见的预现"和"语音持续"作为根据的；就他这种口误而言，即使存在音值的高下也不成问题。最常发生的口误是用一个字代替另一个与其相似的字，它们音节有着类似之处。例如某教授在授课时，说："我不愿估量前任教授的优点。"这里的"不愿（geneigt）"其实是"不配"（geeignet）的口误。

不过最普通而又最值得注意的口误是把想要说的话说反了，这种口误可不是由于音的类同而混乱的结果。有些人认为相反的词彼此之间有着很深的联系，因此在心理上有很密切的联想。举个例子来说，比如有一次国会议长在会议开始时说："各位，现在法定人数已够，因此，我宣布散会。"

任何与说话人有关的熟悉联想，有时也会导致口误。

有一次，赫尔姆霍茨[1]的儿子和工业界领袖及发明家西门子的女儿结婚，宴会时，司仪请著名生理学家杜布瓦·莱蒙讲几句祝词。他的祝词说得相当漂亮，可是在结束时举杯庆祝，他却说："愿西门子和哈尔斯克百年好合！"西门子和哈尔斯克是一个旧公司的名称，在柏林很有名字，在座的人都知道。不知道为什么，杜布瓦·莱蒙将新娘和新郎的名字说成了一家公司的名字。

综上所述，需要注意文字间的类同和音值，字的联想也要加以重视。不过，这还不够。要想完满地解释错误，就某一类型的实例而言还必须将前面所说过或想过的语句一起研究。依梅林格的想法来看，这些例子都属于"语音持续"，不过起源较远而已。——如果真是这样，我想口误之谜将不得而解了。

不过，在研究上述各例时，有一种问题值得我们注意。我们之前所讨论的，是引起口误的普遍条件，而从没研究过口误的结果。仔细分析，其实每一种口误的结果都是有意义的。也就是说，口误的结果本身可被看成是一种有目的的心理过程，是一种有内容和有

---

1 赫尔姆霍茨（Helmholtz，1821—1894年），德国著名物理学家和生物学家。——译者注

意义的表示。我们过去谈论的只是错误或过失，现在看来这些过失也可能是一种正当的动作，只是它突然出现，代替了那些更为人们所期待的动作而已。

从某些例子来看，过失的意义也是在明显不过了。议长在会议开始时就宣告闭会，我们由此可以推测出他一定认为本届会期必定没有好结果，不如散会来得痛快；因此这个过失的涵义是不难揣知的。又如某女士赞美另外一位女士说："我一看就知道这顶可爱的帽子一定是你绞成（cufgepatzt）的。"她把"绣成"（aufgeputzt）说为"绞成"，其实是她实在看不上对方的手艺但又不便明说。又如某夫人十分刚愎自用，她说："我的丈夫让医生帮忙代定食单。医生告诉他根本不需要，说他只要按照我所选定的东西吃喝就行了。"这个过失的涵义也很容易懂。

现在假设大多数的口误和一般的过失都有意义，那么我们过去从未关注过的过失的意义，就应该引起特殊的注意，而其他几点都应该相应退到次要地位。生理的及心理的条件可以略而不谈，把注意力全部用在研究有关过失意义及意向的纯粹心理学研究上，我们目前可用这个观点来对过失的材料作进一步讨论。

在没有讨论之前，还有一点是需要我们注意的，那就是诗人常利用口误及其他过失作为文艺表现的工具。这也证明了诗人认为过失或口误是有意义的，他是故意这么做的。在诗人眼里，口误有着不可替代的作用，他可能想用口误来表示一种深意，展现主人公的精神世界。

当然，假如诗人确实想要借错误来传递他们的意义，那我们就无须太过重视。错误或许根本没有深意，而只是精神上的一种偶发事件，或只存偶然的意义，不过诗人却仍能用文艺的技巧给过失以意义，来达到文艺的目的。

由此我们也可得知，在研究口误时，求之于诗人或许胜过求之于语言学者和精神病学者。

德国著名剧作家席勒（Schiller）在他的作品《华伦斯坦》第一幕第五场里举了一个非常精彩的口误例子。在上一幕中，少年比科洛米尼陪伴华伦斯坦的美丽女儿一直到营寨，一路上，他热切地为华伦斯坦公爵辩护而力主和平。在他退出后，他的父亲奥克塔维奥和朝臣奎斯登贝格不禁为他的言语感到大吃一惊。随后，他的父亲和奎斯登贝格有这样一段对话：

奎斯登贝格：天哪，难道就这样吗？朋友，难道我们就让他受骗吗？我们就放任他离开，不叫他回来，不在此时此地打开他那蒙蔽的眼睛吗？

奥克塔维奥：（从沉思中振作起来）他早就已经打开我的眼睛了，我都看得清清楚楚了。

奎斯登贝格：你在说什么？

奥斯塔维奥：这该死的一段旅行！

奎斯登贝格：为什么呢？你究竟什么意思？

奥斯塔维奥：朋友，来吧！我得马上用我自己的眼睛顺着这不幸的预兆来看一个明白——走！

奎斯登贝格：什么？要到哪里去呢？

奥斯塔维奥：（匆忙地说）到她那里去！到她本人那里去！

奎斯登贝格：到……

奥斯塔维奥：（更正了自己的话）到公爵那里去。快跟我走吧。

奥斯塔维奥本要说"到公爵他那里去"，但是由于想着儿子的事，不自觉出现了口误。从"到她那里去"这几个字，我们可以看出，其实他对于公爵的女儿免不了是有所依恋的。

兰克[1]在莎士比亚的诗剧里找到一个更合适的实例，就是《威尼

---

1 奥托·兰克（Otto Rank，1884—1939年），奥地利心理学家，精神分析学派最早也是最具影响力的成员之一。——译者注

斯商人》一剧中，那幸运的求婚者巴萨尼奥选择三个宝器箱的那场戏。我可以先为大家读一读兰克的短评：

"莎士比亚的名剧《威尼斯商人》（第三幕第二场）中的口误都更好的表达出诗的情感好技术的灵巧。

这个口误与弗洛伊德在他的《日常生活的心理病理学》中所引《华伦斯坦》剧中的口误相类似，也足见诗人深知这种过失的结构和意义，并认为一般观众都可以领会。珀霞因受她父亲誓约的束缚，必须纯靠机会来选择丈夫。她幸运地摆脱了那些她不喜欢的求婚者，好不容易等到了她倾心的巴萨尼奥来求婚，但怕他也会选错箱子，于是她想告诉他，即使他选错了，也能博得她的爱情，但是因为有父亲的誓约所以这些话又不能直说。莎士比亚让她在这个内心的冲突里，对巴萨尼奥说出了这样的话：

请你稍等一下！等再过一两天之后，再来冒险吧！因为如果选错了，我就失去了你的友伴，所以我请你等一下吧！我真的不愿失去你（但这可不是爱情）……或许，我应该告诉你怎样做出正确的选择，可是我受誓约的束缚不能这样做，因此你很有可能会选不到我。但是一想到你可能会选错，我便想打破誓约。请不要注视着我，你的眼睛已经征服了我，将我分作两半；一半是你的，另一半也是你的——虽然我应该说是我自己的，但即便是我的，那当然便也是你的，所以一切都属于你了。

她想要暗示他，就是在他选择箱子之前，她已经属于他了，非常倾慕于他，只是这一层按理是不应说出的。于是诗人便利用口误来表示珀霞的情感，这样既能使巴萨尼奥稍微安心，又能使观众耐心地等待选择箱子的结果。"

这里我们要注意的是，珀霞在这段话的最后是如何巧妙地将自己说错的话和辨正的话相调和的，如何使它们既不会相互抵触，又能掩饰其错误。

"……既然是我的，那当然便也是你的，所以一切都属于你了。"

一些医学界之外的学者，通过观察而揭开了过失的意义，可以说是我们学说的先驱。

大家都知道，利克顿伯格是一个滑稽的讽刺家，歌德说："他如果说笑话，那笑话的背后就一定暗藏了一个问题。有时，他还会将问题解决的方法隐示在笑话中。

有一次，他讽刺某人说："他常将angenommon（动词，有'假定'之意）读为Agamemnon，因为他读荷马读得太熟了。"这句话可作读误的解释。

在下次演讲中，我们要考察诗人是否会同意对于心理错误的见解。

第三讲
过失是有意义的

　　在上次讲演时，我们只是讨论了过失本身，而没有涉及过失与被干涉的有意动作的关系；大家知道，拿某些例子来说，过失好像有意义。假如过失有意义这个说法能在更大范围上成立，那么研究过失意义的研究会比研究引起过失的条件来得更加有趣。

　　心理过程的意义究竟是什么，我们首先必须要有一致的观点。

　　我认为，意义即它所借以表示的"意向"（intention），或是在心理程序中所占据的地位。就我们所举的大部分实例来说，"意义"一词皆可用"意向"和"倾向"（tendency）等词来替代。

　　到底是因为表现，还是因为有意夸大过失的意义，才让我们认为过失之中存在意向呢？

　　现在我们仍以口误举例，仔细观察更多的表现，就能明白这些实例都有明显的意义或意向，尤其是那些把自己所要说的话说反了的例子。比如，议会议长在宣布开会时说成了散会，很明显，其意义和意向就是他想要闭会。或许你认为"他自己这么说的"，我们不过是抓住了他的要害。大家最好不要表示反对，认为这是不可能的，你以为他要的是开会而不是闭会，以为他的意向就是要说开会的。如果你们这样认为，就忘记了我们原意是要"只讨论过失"，而忽略了过失和它所扰乱的意向的关系，由此，你们就会犯逻辑上"窃取论点"（beging the question）的错误，而随意处理其所讨论的全部问题。

在其他实例中，口误虽不完全表示相反的意思，却仍表示出来一种矛盾的思想，比如"我不愿（geneigt）估量前任教授的优点"中的"不愿"虽并非"不配"（geaignet）的反面，但这句话的意义却与说者应取的态度大相矛盾了。

还有些实例，口误表示的除了本身的意义外还有一个第二意义，因此错句就像是好几句的凝缩。比如那个刚愎的女人说："我选择的东西他只要吃点喝点就行了。"她的言外之意是说："他虽然能支配自己的饮食，但是他要什么又有什么用呢？只有我才可以代他选择食品呢？"口误常给人这种凝缩的感觉。

又比如，一位解剖学教授在讲演完鼻腔的构造之后，问学生们是否明白了，学生们回答明白了之后，他却说道："真不可思议，要知道充分了解鼻腔解剖的人，即使在几百万人的城市中，也只一指可数……不，不，我的意思是屈指可数。"仔细品读就会发现，他的意思是，真正懂得这个问题的只有他一个人而已。

一些口误的实例可以明显看出其意义，但还有一些例子的意义是不易了解的。比如，错读了专有名词，或乱发些无意义的语音等，都是比较常见的实例。从这一点来看，就可以解答"过失到底是否全部有意义"这个问题了。其实如果更仔细地研究这些例子也能揭露一个事实，就是这种错误是很容易看出端倪的；说实话，这些看起来很难理解的例子与前面比较容易懂得的例子之间并没有太大的差别。

比如，有人问马的主人，马怎么样了，马主人回答："啊！它可'惨过'了（stad）——可能只有一个月可活了。""It may take another month。"其实他想说的是这是一件惨事（a sad busines），但他把sad（惨）和take（过）糅合到一起，结果就成了"惨过"（stad）。

还有一个人在谈及一件引人非议的事时说："于是某些事实又'发龌'（refilled）了"。他的意思是要说这些事实是"龌龊"的，结果把"发现"（revealed）和"龌龊"（filthy）合而为一变成了"发龌"（refilled）。

大家还记得有个少年要"送辱"一个女孩的例子吗。我们曾将此二字分解成"护送"和"侮辱"，现在不需要证据便清楚这个分析是可信的了。

从这些实例可以看出，它们即使表达的意思不太明白，却都能解释为是两种不一样的说话意向彼此混合或冲突。不同的是，在前面一组的"口误"中，一个意向排斥了其他意向，说话者把所要表达的话说反了；后面一组则是一个意向歪曲或更改了其他意向，于是造成了一种有意义的或无意义的混合字形。

我想现在大家已经了解了大部分口误的秘密了。如果弄明白了这一层，那么之前不能理解的另一组口误也就自然能理解了。比如变换名词的形式虽并非经常因为两种相似的名词的竞争所致，但第二个意向还是比较容易看出来的。非口误所致的名词的变式也是比较是常见的；这些变式主要是为了某一人名。这种方式有些侮辱人的意味，有教养的人员一般不愿采用，但又不愿意放弃，因此它常被伪装成笑话，一种比较下流的笑话。举一个粗俗的例子，法国总统Poincaré曾被歪曲为"Schweinskaré"（猪样的）。进一步讲，这种讥讽的意向也能够隐匿于因口误而造成的人名变式之后。如果这个假定成立，那么因口误而造成的滑稽可笑的变名便可以这样解释。比如，议会议员称别人是"中央地狱里的名誉会员"（honourable member for Central Hell），会场里安静的气氛立刻就会被打乱，因为这个字眼可以唤起一种可笑而不快的形象。由于这些变式带有讥讽的味道，所以我们能够断定它背后还有这样一个意思：就是"你别被骗了。我这个字是没有意义的，如果谁乱说，就让他下地狱！"

其他的口误，如把完全无害的字变成粗俗污秽的字也同样适用于这样的解释。

一些人为了娱乐，有故意将无害的字说成粗野的字的这个倾向。有人把它看成是滑稽的表现，但实际上，如果你听到这样的例子，就不免会提出疑问，这到底是有意的笑话还是无意的口误。

关于过失之谜，我们似乎已经揭开了一些谜底。过失的发生并非没有原因，它是一项重要的心理活动。两种意向同时发生，或互相干涉，导致了过失的发生，而且这个过失是有意义的。我知道大家心中还有一些疑问，当然，我们必须要先解决了这些难题，这样你们才会相信我所说的。我当然不愿意用草率的结论欺骗你们，还是让我们冷静地依次解决每一个问题吧。

你们可能会有怎样的疑问呢？第一个问题，你们可能会问我这个解释是用来说明一切口误的事例，还是只能说明某些少数的事例？第二个问题，这个答案能否适用于许多种类的过失，如误读、误写、遗忘及做错事和丢失东西等呢？第三个问题，疲倦、兴奋、心不在焉及无法集中注意力等因素究竟在过失心理学中占何种地位呢？另外，过失中的两种意向往往是互相竞争的，有一种常常是明显的，另一种则不一定，那么我们究竟怎样去揣知那种不明显的意义呢？

除了上述这些问题之外，你们还有没有其他问题？假如没有，那我可要提问了。我要提醒大家，我们讨论过失，不只是为了要了解过失，而是要进一步去了解精神分析的要义。因此，我要问大家一个问题：究竟是哪种目的或倾向在干涉其他意向呢？而干涉与被干涉的倾向之间又存在怎样的关系呢？过失的谜一旦解决，便又开始了进一步的努力。

难道这就是一切口误的解释吗？

我想说，是的。

为什么呢？

因为我们如果研究一个口误的例子，便能得到这个结论。不过，我们可不能证明所有口误都受到这个法则的支配。但是，即使我们所解释的口误的例子只是一小部分，却也能够有效地说明精神分析的结论；何况这些口误还不只是一小部分的事例。

关于这个解释可否适用于其他种类的过失，我们也能先给予肯定的答复。以后再讨论笔误、做错事等例子时，大家也不会再对此有疑问。不过为了方便叙述，我们先充分地研究了口误之后再来说这个问题。

像循环系统的扰乱、疲倦、兴奋、分心及注意力不集中等某些学者比较看重的因素对我们说来有何种意义呢？假如过失的心理机制如上所述，这个问题的答案则会更彻底。当然我不否认这些因素。说实话，精神分析只是要将过去已经说过的话加入一些新鲜的材料，而对于其他各方面的主张基本上是没有争议的。有时候，之前被忽视现在却被精神分析补加的正是那事件中最重要的部分。那些由于小病、循环系统的紊乱和疲倦等发生的生理倾向，也会引起口误；这在日常生活中是值得相信的。可是承认这些到底能解释什么呢？答案是，它们并非过失的必要条件。即使是在完全健康和正常的情形之下，也能产生口误。因此，身体的因素只算是补充的，只能给产生口误的特殊精神机制提供便利。我过去用过这样一个比喻，用在这里也很合适。这就好比在黑夜里我在一处僻静的地方散步，忽然流氓出现了，把我的金钱、手表都抢去了，而由于黑暗我根本没看清强盗的面孔。我向警察局控诉说："是僻静和黑暗抢去了我的钱物。"警察局长或许会告诉我说："从事实上来说，你有些太相信极端的机械观点了。你应该控诉的是有一个没看清的窃贼趁黑夜和僻静胆大作案，是他将你的钱物劫去。在我看来，首要的事是捉贼。因为贼捉到了才有可能取还赃物。"

兴奋、分心、注意力不集中等心理生理的原因，只是几个名词而已，根本算不上解释。也就是说，它们是帘子，我们必须揭开帘子看看才行。我们应该问：究竟是什么原因引起了兴奋或分心？音值、字的类同、某些字共有的联想等影响因素为过失指出一条可以发泄的道路，因此它们是重要的。但是即使前面有一条路，就能保证我一定走这条路吗？当然不能，我还需要走这条路的理由，让我不得不循着这条路走。因此，这些音值和字的联想正如身体状况一般，只是诱发口误的原因，不能作为口误的真正解释。我讲演时说的无数词语中就有许多字和别的字声音很像，或与其相反的意思或公用的表示有密切的联想，但我却很少用错。

哲学家冯特认为意向本身如果因身体的疲倦导致偏向于联想，便容易引起口误。这看起来有些道理，但却不免与经验相抵触，因为从大多数例子来看，口误并没有什么身体的或联想的原因。

我对你们的下一个问题特别感兴趣：究竟用什么方法来测定两种互相干涉的倾向呢？这个问题非常重要。被干涉的倾向是比较容易被认识的，犯错误的人知道并且承认它。令人怀疑的是另一种，即所谓干涉的倾向。大家应该记得，我说过这个倾向偶尔也是显而易见的，只要我们有认错的勇气，便能在错误的结果之中看出这个倾向的性质。

议长要宣布开会，但他却把意思说反了，而事实上他骨子里是想要闭会。看得清楚明白，根本无须解释。其他实例则不然，干涉的倾向只是让原来的倾向略有改变，而没有将自己的意思充分暴露出来，那么我们究竟用何种方法来探得这个变式中那种干涉倾向呢？

在某些例子中，我们可以采用稳便而简单的方法，即用你测定被干涉的倾向的方法来测定干涉的倾向。我们可以查问，让说话者恢复他原来所要说的字。

"啊！它可惨过（stad）——不，它可再过一个月。"他也可以补充说明干涉的倾向。我们可以问他为什么先说"惨过"呢？

他说，"我本来想说的是'这是件惨事'。"

就另一例来说，说话者用了"发龊"两个字，他表示他本想说这是一件龌龊的事，可是他控制住了自己，用另一种表示取而代之了。其干涉的倾向正如被干涉的倾向那样清晰可见。

这些实例的发生和解释都并非我或帮助我的人编造出来的，我是有目的选用它们。我们必须问那说话者为什么会发生这个错误，看他是否可以解释。如果没有这样问，他可能就会轻易放过而不会去寻找答案。不过一旦追问他，他就会将他所想到的第一个念头说出来。事实上，我们所要讨论的精神分析的雏形就来自这个小小的帮助和其结果。

不过我担心大家才了解精神分析的概念，可能会对它产生一种本能的抵抗。大家不是竭力想要抗议，说犯错误的人告诉我们的话不就是可靠的证据吗？你可能认为他为了要满足你要求解释的希望，而将他所想到的第一个念头告诉了你。至于是不是确实因为这样引起了这个错误，大家都没有足够的证据。它可能是这样的，也可能不是，他或许还想得到一种别的解释。

显然，你们是太小瞧心理事实了。如果有人拿某一物质去做化学分析，来测定其中某一成分的重量，然后从这个测出的重量得到某一结论，你认为一个化学家会因为害怕这一分离出来的物质可能会有其他重量，而去怀疑这个结论吗？不管是谁都知道，除了这个重量，不会有其他的。所以说，他一定会在这一基础上毫不犹豫地建立进一步的结论。那么关于心理事实，说某人在受盘问时想到这个观念而没有想到别的观念，你们就不愿意轻易相信，总认为他可能还有别的念头，事实上，这完全是你们不愿放弃自己心中的心理自由的幻觉。关于这一点，很抱歉，我不能苟同大家的意见。

现在你们可能会出现另一种抗议了，认为："我们知道精神分析有一种特长的技术，可以使被分析者解决精神分析的问题。比如在餐桌上的那个让请大家起来打嗝以祝主人健康的客人，你说他干涉的倾向是想要取笑，可是这个倾向与这个对主人心怀尊敬的客人的倾向又是互相冲突的。不过，这只是你的解释，你的观察和这个口误没有什么关系。如果你去征求那位说错话者的意见，他不但不同意他有污辱的意思，而且还会强烈地否认这个意思。为何当别人坚决否认时，你对这个无法证明的解释还抓着不放呢？"

没错，这次你们的辩驳可以说是很有力了。我能够想象那位不相识的客人，他可能是那位首席客人的助理员，也可能是一位年轻的讲师，或者是一个很有希望的青年。如果我告诉他，他这样对他的领导有点有失尊敬。那么一场吵闹便会发生了，他会不耐烦起来，生气地对我说："你管得也太多了，你要是再多说，就别怪我不客气了。要知道你的怀疑足以破坏我一生的事业。我是因为说了两次auf，才误把anstossen说成了aufsatossen。这是梅林格所谓'语音持续'的例子，背后绝对没有其他恶意。你知道这一点那便够了。"

这确实是一个有力的抗议。我知道我们不应该再怀疑他，可是他在说自己的错误没有恶意的时候，是不是反应太强烈了呢？他完全不必因纯学术的研究而大发雷霆，这一点你们也许会同意，但你们仍会觉得他自己知道应该说什么，不应该说什么。可是他到底知道吗？恐怕这还是一个疑问吧。

你千万不要以为现在已将我驳倒了。

你们可能会说："这是你的技术问题。假如说错话的人的解释与你的观点相一致，那么你便可以宣告他是本问题的最后证人！但如果他所说的和你的观点不一致，你可以马上宣告他说的话毫无根据，要大家不必相信。"

这的确是个好方法。不过，我可以举一个类似的例子。比如在法庭上，被告认罪，法官便相信他；被告不认罪，法官就不相信。一旦不是这样，法律便不能施行了；即使有时候也存在过失，但大家总该承认，这个法律制度是行之有效的。

你可能会说"嗯，难道你是法官吗？犯错误的人是你的被告吗？难道口误就是罪过吗？"关于这个比喻，大家其实没必要予以驳斥。事实上，关于过失的问题，我们所持的意见是不同的，但我现在还不知道如何去和解。因此，我才提出法官和罪犯的比喻充当暂时和解的基础。

大家应该承认，如果被分析者承认了过失的意义，那么这个过失的意义就是毋庸置疑的。当然，我承认假如被分析者不肯直说，或者根本不见面，那么就得不到直接的证据，我们就不得不像法官审案那样，利用其他证据来进行推断。在法庭中判罪，为了需要，是可以采用间接证据的。精神分析虽然没有这种必要，但也可以考虑采用这种方法。假如你相信科学只会有已经确定证实的命题，那你可能有所误解了。而且如果你对科学做这样的要求，也不太公平。只有那些有权威欲的，想要以科学教条代替宗教教条的人才有这样的要求。事实上，科学作为教条只有极少数明了的原则，主要是那些有不同程度的几率的陈述。科学家有个特点，即可以满足于接近真理的东西，即使最后缺乏有力的证明，他也能进行创造性的工作。

不过，如果被分析者不想解释过失的意义，我们要到哪里去寻找解释的起源和作为证据的资料呢？以下几种都可以作为来源：首先，可以借助那些非过失所产生的相似现象，比如一个人如果因错误而变式和因故意而变式是一样的，都暗含着取笑之意。其次，可借助引起过失的心理情境，犯错误者的性格和没有犯错误之前的情感，过失往往就是反应这些情感。通常来讲，我们以一般原则来寻求过失的意义，最初这只是一种揣测，使问题得以暂时解决，后来通过研究心理情境而求得证据。

有时，还需要在进行进一步研究过失的意义后，才能证实我们所猜测的对不对。以口误为例，虽然我举了好几个例子，但恐怕要说服你们也并不容易。其实，那位要"送辱"某女士的青年是很害羞的，而那位说自己的丈夫要吃喝她所选定的食品的夫人则可以看出是位治家很严的妇女。我再举一个例子，某俱乐部开会，一个青年会员演说时猛烈攻击他人，他称委员会的成员为"Lenders of the Committee"（意即委员会中的放债者）他用Lenders（放债者）代替了"members"（意即委员）。

我们可以猜想出，他在攻击别人时脑子里正活跃着一些与放债（lending）有关的干涉倾向。事实上，有人告诉我这位演说家经常在金钱上遇到困难，那时正想借债。因此其干涉的倾向暗含着这样一种意思："你在抗议时请慎重一些吧！这些人都是你想要向他们借钱的人啊。"

其实，像这样的间接实例，我可以提供给你们很多。如果一个人很努力还无法记起一个熟悉的人的名字，那么我们就能够推测出他对这个人一定没有什么好感，因此不愿去回忆。假如我们记得这一点，那我们便可以讨论下面几个过失的心理情境了。

Y先生爱上了某女士，但这位女士对他没有什么兴趣，不久后，这个女士和X先生结婚了。Y先生早就认识X先生，并与他在业务上有联系，可是现在他却经常忘记X先生的名字，以至于每当写信给他的时候都不得不向别人询问他的名字。很显然，Y先生是不想记起这位幸运的情敌，要将他永远忘掉。

又如，某女士在和医生谈及一个他们所共同认识的女朋友时，用的是这位女友没有出嫁以前的姓氏，她承认自己十分反对这个婚事，并且厌恶她现在的丈夫，所以忘记了她结婚以后的姓氏。

关于专有名词的遗忘，我们以后再详细讨论，我们现在还是先关注引起遗忘的心理情境。之所以发生"决心"的遗忘可能是因为一种相反的情感阻止了"决心"的实行。不光精神分析家这样认为，其实一般人在日常事务中也常常这样，只是在心理上不肯承认而已。

假如一个施恩者忘记了求恩者的请求，那么施恩者即使道歉也仍会让求恩者感到怨恨或不快。因为在求恩者看来，既然施恩者答应了他的请求，就应该去做，但是很显然，施恩者太忽视他了，而没有去实践。我们由此可以看出，即使在日常生活中，遗忘有时也可能会引起怨恨，在这一点上精神分析者和一般人似乎想法一致。试想一下，一女主人看见客人来了，却说："没想到你今天来了？我早就忘记了今天的约会了。"客人会是什么感觉。

又如，一青年假如对他的恋人说自己已将他们上次所定的约会完全忘记了，会是什么结果。事实上，这个青年是决不会承认的，他会在一瞬间找出各种理由来说明他为何没有践约赴会，为何一直到现在都没给她消息。大家都十分清楚，在军队中，遗忘是不能作为借口来求得宽恕而免于刑罚的。关于这个制度，大家都承认它是公允的。那么，每个人都会承认某种过失是有意义的，并知道这意义是什么了。可是他们为何不将它推之于其他过失并公然承认它呢？这个问题当然有它自己的答案。

遗忘"决心"的意义在普通人心里已经是被认可的了，难怪作家们常用这种过失来表示相类似的意义。大家是否读过萧伯纳的《凯撒与克利奥佩特拉》，可还记得在最后一幕离场时，凯撒因为觉得自己忘记了一件想要做的事情，而感到十分不安。后来，他才想起这件事是没有与克利奥佩特拉话别。作者想通过这个文学的技巧来表明凯撒的自大之感，事实上凯撒并没有这种感觉，也没有这种渴望。由历史可知，凯撒曾带克利奥佩特拉一起去罗马，并且凯撒被刺的时候，克利奥佩特拉和她的小孩子还住在罗马，直到后来，他们才离城逃亡。

这些遗忘"决心"的例子的意义都很容易看得出来，因此对我们的研究并没有多大用处。我们的目的是要从心理情境中寻找过失意义的线索。所以，我们现在来讨论一种不是很容易了解的过失，也就是关于物件的遗失。在你们眼里遗失物件是非常令人烦恼的事情，因此很难相信遗失物件是有目的的，然而实际上这种例子非常多。有一个青年弄丢了一支他非常喜爱的铅笔。几天前，他曾收到他的姐夫寄来的一封信，信的结尾这样写道："我现在即没有时间也没有兴致鼓励你四处鬼混。"

原来这支铅笔是他姐夫送给他的礼物。假如事先没有发生这个事件，我们当然不会说他弄丢东西背后有遗弃礼物的意思。像这样的例子数不胜数。一个人遗失物件，可能是因为与赠物者吵嘴而不愿记起他，或者因为厌恶旧物，试图找个借口换得一个更新更好的物品。又或者将物件失落、损坏或毁坏，也往往能够达到相类似的目的。一个小孩在生日的前一天弄坏了自己的表、书包等，你能说这是偶然发生的事件吗？

一个人曾经因为丢失物件而感到不安，那么他一定不愿相信这个行为是有意为之的。不过有时我们也能通过丢失物件的情境探知一种暂时的或永远的遗弃之意。下面的例子也许最能说明这个观点。

有一个青年给我讲了这样一个故事："几年前，我和我的妻子之间有很多误会。虽然我知道她有着很好的美德，但我们却缺乏一定的感情，我一直认为她过于冷淡。有一天她散步回来，为我买了一本书，她以为我看到这本书会高兴一些。我很感谢她对我的关心，并答应会读它，可是我把它放在杂物中，就怎么也找不到了。几个月之后，我偶尔会想起这本书，可是依然找不到。大约半年后，我的母亲生病了。母亲的住处和我家相隔很远，但我的妻子却一直坚持去母亲身边看护她。通过母亲病重这件事，我看到了妻子的美德。一天夜里，我怀着满腔感激我妻子的热情回到家，我鬼使神差地走到书桌面前打开了一个抽屉，结果我看到了那本屡寻而不可得的书。"

动机一旦消失，失物便找到了。

这样的例子，我可以举出很多，不过我不想这么做。如果你们想知道，可以去看《日常生活心理病理学》（1901年初版），那本书里有很多关于过失的实例。这些实例都可以拿来证明相同的事实。从这些例子中，你们可以看出错误是有用意的，也能了解怎样从发生的情境中揣知或证实错误的意义。在这里我不想过多地征引，因为我们今天的目的是为了研究这些现象，以更好地掌握精神分析。我现在要说的只有两点：第一，是重复的和混合的过失；第二，以后的事实可以证明我们的解释。

重复的和混合的过失最能够代表过失。假如我们只证明过失是有意义的，那么举这些过失足矣，因为就算是极愚笨的人也能明白它们的意义，即使是吹毛求疵的人也会信而不疑。由错误而导致重复，从中可以看出它必有用意，并非事出无因。而一种过失转化为另一种过失，从中能够看出过失的要素：此要素并非过失的样式和其所用方法，而是利用过失去达到目的倾向。

我给大家举个重复遗忘的例子吧。琼斯写好了一封信，可是这封信放在在桌上好几天也没有寄出去。后来他决心寄出了，可是却忘了写收信人的姓名和住址，结果被退了回来。补填之后，再送到邮局去，结果这次又忘了贴邮票。最后，他不得不承认自己其实心里是不太想寄出此信的。

还有一个例子，是误取别人的东西之后又把东西弄丢了。一个女士和她的名画家姐夫同游罗马，身居罗马的德国人设盛宴款待这位名画家，并送了他一枚典雅的金质章，可是他并不看重这精致的赠品，这位女士为此而感到很不高兴。她在姐姐到达罗马后便回国了，结果打开行李时，发现自己竟然把那枚金质章带回来了，而她怎么也想不起来自己是怎么带回的。她马上写信告诉姐夫，并说自己会在第二天将这枚金质章寄回去。可是到了第二天，金质章怎么也找不到了，以至于她不能如约寄还，于是她才知道自己犯下的过失其实是有用意的。事实上，她想要将这个艺术品据为己有。

我曾经讲过一个遗忘和过失相结合的例子。某人忘记了开会的事情，他告诫自己第二天一定不要忘记，可是当他第二天赴会的时候却记错了时间。有一个爱好文艺和科学的朋友以自己的经验给我讲了一个类似的例子。他说："几年前，我被选为某一文学会的评议员，当时我想或许我有机会让我的剧本能在 F 戏院里公演，可是之后我却总是忘记去开会。在读到你的关于这个问题的著作以后，我感到很自责，觉得他们帮不到我，我就不去开会，似乎有点太卑鄙了，于是我决定在下星期五无论如何也要记得去开会。我多次提醒自己，后来真的去了。但令我诧异的是，会场的门竟然是关着的，显然已经散会了。原来我把开会的日期记错了，那天已经是星期六了！"

我本想再举一些这样的例子，不过现在我还是应该继续往下讨论，让大家看一些需要将来去证实的例子。正如我们所想象的那样，这些实例的心理情境在当时是尚不可知或无法测定的。因此我们那时的解释也只能作为一种假说，没有太大的说服力。不过后来发生的另外一些事，能够用来证实以往的解释。

有一次，我在一对新婚夫妇家里做客，这位年轻的妻子笑着给我讲述她最近的一次经历，说她在度蜜月回来后的第一天，她的丈夫上班去了，她便邀请她的姐姐一起去买东西。在大街上，她忽然看见了一个男人，于是她碰了姐姐一下，说道："看，那不是K先生吗？"原来那人正是刚刚和她结婚了几个星期的丈夫，可是她却忘记了自己和他结婚这件事。我听了她的讲述后，非常不安。结果几年以后，确实证实了我的揣测，这个婚姻有一个不幸的结局。

梅特说过这样一个故事，某女士在她结婚的前一天，竟忘记了试穿婚纱，使得裁缝非常着急，她记起来的时候已经是深夜了。结果她结婚后不久，她的丈夫就离开了她。梅特认为，这位女士遭到抛弃与她忘记试衣有着一定的联系。

我还知道另一个与丈夫离异的女人的故事。这位女士结婚后在金钱往来时签字还经常用她没有结婚前的签字，结果没过几年，她果然又回到小姐的身份了。还有几个别的女人，她们的婚姻结果也不是很好，这和她们在蜜月中遗失了她们的结婚戒指有一定的关系。

我这里还有一个结果较好的奇怪例子。德国有一个著名的化学家，他在结婚时竟然忘记了婚礼，没有到教堂去，反而走进了实验室。后来，他一直没有结婚。

你们可能觉得这些例子中出现的过失有一些预兆的迹象在里面。事实上，预兆确实就是过失，比如失足或跌跤，其他的预兆可以说是客观的事件而非主观的行动。不过大家或许不会相信，要决定某件事是属于第一种还是第二种，也并非一件容易的事情，因为主动的行为通常会伪装为一种被动的经验。

假如我们回顾已往的生活经验，肯定会说倘若当时我们有勇气和决心将一些小过失看成是一种预兆，并在它们还不明显时就把它们看成倾向的信号，那我们应该能够避免很多失望和苦恼。事实上，我们常缺乏这样的勇气和决心，以免有迷信之讥。事实上预兆也不一定都会变成现实，至于什么原因，我们的学说将会告诉大家。

第四讲

过失是心理的行动

前面我们已经讨论了过失的意义，在此，我要说明一下，我们并没有说每一个过失都有其意义，虽然我相信这并非不可能。我们只要证明各种过失比较普遍地有这种意义就足够了。而对于这一点，各种过失的形式也稍有不同。

除了那些基于遗忘的过失，如遗忘专有名词或"决心"及失物等，有些口误、笔误等完全是生理变化的结果。关于遗忘的过失在某些实例中也被认为是没有意义的。

总而言之，我们的理论只能用来解释日常生活中的一部分过失。即使我们假设过失是由于两种互相牵制"意向"发生的心理行动，大家也一定要记住这一点。

这就是我们的精神分析的首个结果了。这种互相牵制的情况是过去的心理学所不知道的，它更不知道此种牵制能产生过失。我们已经扩充了心理现象的范围，让心理学得到了前所未有的认可。

下面，让我们先讨论一下一句话的涵义：过失是心理的行动。这句话是不是比"过失是有意义的"涵义更加丰富呢？

我认为并不是这样。与之相反，前一句话要比后一句话更加模糊，更容易引起误会。只要是生活中能够观察的一切，都可被认为为是心理现象。不过，还要看它是否是这样一种特殊的心理现象，如果它直接起源于身体的器官，或物质的变化，那么就不属于心理学研究的范围；如果它直接起源于其他心理过程，并且在这些过程背后在某一点上发生一系列的机体变动，我们便把它称之为心理过程。因此，我们说过失是有意义的反而比较便利，这里的意义指重要性、意向、倾向及一系列心理过程中的一种。

另外，还有一组现象与过失存在十分密切的联系，但却不适宜被称为过失，我们称之为"偶然的"和症候性的动作。这些动作看起来是毫无动机和意义的，也是毫无用处的，而且显然是多余的。一方面，它们与过失不同，没有出现第二个意向用来反抗或牵制；另一方面，它们又和我们所看作表示情绪的姿势和运动并无区别。偶然的动作通常没有明显的目的，如触摸衣裳、或身体的某些部位或伸手可及的其他物品等。这些动作也包括应做而不做或哼哼哈哈的自娱自乐等。

我认为这些动作都有意义，都能做出与过失同样的解释，也能看成是真正的心理动作，并作为其他较重要的心理过程的表现。不过我现在不想再详细讨论这些现象了，还是接着谈论过失，因为讨论过失能够使许多研究精神分析的重要问题更加清楚。

我们在讨论过失时往往会遇到几个有趣却得不到解答的问题。我们说，过失是两种不同意向互相牵制导致的，其中一个成为被牵制的意向，另一个称为牵制的意向。通常来说，被牵制的意向不会引起什么问题，而牵制的意向往往会引起其他的问题，我们首先要知道是什么意向在牵制其他意向；其次，牵制的意向和被牵制的意向之间存在怎样的关系？

同样以口误为例，我们先来回答后一个问题，然后再回答前一个问题。口误里的牵制意向，在意义上也许与被牵制的意向有关，在这类实例中，前一种意向往往是后一种的反面、更正或补充。不过在其他一些有趣的例子中，牵制的意向在意义上或许与被牵制的意向毫无关系。

第一种关系在我们已经研究过的实例里能够很容易得到求证。那些把要说的话说反了的口误，其牵制的意向基本上都和被牵制的意向存在相反的意义，故此，其错误就是两种相反的意向互相冲突的结果。那位议长口误的意义是："我宣布开会了，但却更希望闭会。"

一个政治性的报纸被人议论说其腐败，于是此报纸打算写文章进行申辩，结尾处本想用下面这一句："读者应明确本报一直在以最不自私（disinterested）的态度在为社会谋幸福。"可是受委托写此申辩稿的编辑却不小心将"最不自私的态度"误写成了"最自私的态度"（in the most interested manner）。其实这位编辑在想，"我不得已要写这篇文章，可是内幕是什么，我当然清楚得很。"又比如，有一位代表认为某事应直告皇帝，可是他对自己的行为感到恐惧，因此口误把直告说成了婉告。

上面所举的例子给人以凝缩和简约印象，其中也含有更正、补充或引申之意，其中第二倾向与第一倾向紧密相连。比如"事件已经发生了，倒不如直接说它们是龌龊的，所以——事件于是发龊（refilled）了。"

"懂得这个问题的人屈指可数，不过事实上，真正只有一个人懂，既然这样——便算屈一指可数吧。"又如"我的丈夫当然可以吃喝他自己喜欢的饮料和食品，不过你知道我可不允许他什么都喜欢，所以——他就只能吃喝那些我所喜欢的饮料和食品吧。"

从这些例子来看，其过失都起源于被牵制的意向的内容或与这种意向存在直接的关系。如果互相牵制的倾向没有关系，便不免显得奇怪了。如果牵制的倾向和被牵制的倾向的内容之间丝毫不存在任何关系，那么牵制的倾向要从哪里发生呢？为什么又正好在那个时候表现出来呢？要回答这个问题，就必须要从观察入手，从观察的结果中我们可以了解到牵制的倾向起源于这人不久前出现的一个思路（a train of thought），然后表示出来就成为这个思路的尾声。对于这个思路是否已经用语言表达出来却并不重要。所以这可以看成是"语音持续"的一种，不过未必是言语的"持续"。牵制的和被牵制的倾向之间存在联想的关系，不过在内容上是找不到这种关系的，只是牵强在一起而已。

我还曾观察到这样一个例子。一次，我在秀丽的多洛米特山中，遇见两个维也纳女人。我与她们一起出发散步，一路上我们讨论游历生活的快乐和劳顿。其中一个女人承认，其实这种生活并不是很舒服。她说："整天在太阳底下走路，走到外衣……和其他的东西都被汗水湿透，这真的不是一件愉快的事。"说这话的时候，她在某处迟疑了一下。她接着说："不过如果有nach Hose换一换……"Hose是裤子的意思。其实这位女士本想说的是nach Hause（意思是我家里）。假如我们不去分析这个口误，我想大家也很容易理解，这个女人本来想列举一些衣服的名目，如"外衣、衬衫、衬裤"等，可是因为要合乎礼仪，所以没把衬裤说出来，然而在下面那句话中，那个没有说出来的词语因为声音相似就变成Hause的近似音了。

现在我们可以来说下那个一直没有回答的问题了，就是，究竟是些什么倾向在用这种奇特的方式来牵制其他意向的呢？这些意向虽然种类繁多，但我们只要找出它们的共同点来就可以了。抱着这个目的去研究这些例子，我们可以把它们分成三类。第一类是，说话者知道自己这种牵制的倾向，并且在犯错前也感觉到了这种倾向。比如"发龈"这个口误，说话者既承认他所批判的事件是龌龊的，同时也承认自己有要将此意发表的倾向，只是后来加以阻止了。第二类是，说话者知道自己有那个牵制的倾向，但不知道这个倾向会在说错话之前就表现出来。所以，他虽然接受了我们的解释，但难免会表现出惊异。这种态度的例子在很多口误中都能看到。第三类是说话者不承认自己有这种牵制的倾向，而且对于我们的解释会大加驳斥。比如关于"打嗝"的例子，当我说出他的牵制倾向时，说话者会极力反驳。我想我猜得到你们是怎么想的，你们可能会被他的热情所打动，而退一步想自己是否应该放弃这种解释，而采用精神分析诞生以前的见解，把这些过失看作是纯粹的生理行动。不过，我和你们的态度则大不一样。我不会相信说话者的否认，并且会坚持我原来的解释。我的解释还包含一个假设：就是说话者所不知道的意向能够通过他表示出来，而我能够根据种种迹象推测出其性质。

这个结论既新奇，又关系重大，你们可能会有所怀疑。这我都知道，而且我并不否认你们是对的。不过有一件事要弄清楚：如果你要想推翻这个已经被多个实例证明了的过失说引申出来的合乎逻辑的结论，你们就一定要作出大胆的假定；不然的话，你们刚刚开始获得的过失说就白费了。

那么就先让我们看看这三类口误的共同点吧。很幸运，这个共同点很容易发现，就前面两类来说，说话者是承认其牵制的倾向，而且在第一类里，说话者在说错话之前，就已经感觉到了那倾向的活动。不过不管是哪一类，其牵制的倾向都被压制下去了。说话者决定不把观念表现出来，于是他便说错了话。也就是说，那不许发表的倾向反抗说话者的意志，或者改变他所允许的意向表示，或者与其相混合，或者打算取而代之，来让自己得到发表。这就是口误的机制。依我看，第三类的过失也完全可以同这种机制相协调。我只要假设这三类例子的区别在于压退一个意向的有效程度互不相同。在第一类中，其意向不但存在，且说话前已被察觉，只是说话时才被拒斥，由于被拒斥，才在错误里得到了补偿。在第二类例子中，这种拒斥表现得更早，在说话之前，这种意向虽然没有被察觉，但却显然是口误的动因。如此一来，第三类的解释就简单多了。一种意向即使受了长时间也可能是很长时间的阻止，得不到表示，说话者于是极力否认，可是，我敢肯定这种意向仍然是可以感觉到的。如果暂且将第三类问题放置一边不谈，从其他两类例子中，我们也可以得到这样一个结论：对说话的原来倾向的压制是产生口误不可或缺的条件。

目前来说，对于过失的解释，我们已经有相当的进步了。我们不仅知道过失是有意义和有目的的心理现象，还知道它们是两种不同意向互相牵制的结果，同时也了解到这些意向中假如有一个想要借牵制另一个而得到发表，那么其本身则要先受一些阻力禁止它的活动。

一句话，就是一个倾向只有先受到牵制然后才能牵制其他倾向。这当然无法完满地解释过失现象。我们马上会进一步提出问题。简单来说，就是我们知道的越多，提出新问题的机会也就越多。比如我们可能会产生这样一个疑问：为什么事情不可以更加简单化地进行呢？如果心里产生一种意向想要阻止另一种倾向不让它实现，那么一旦阻止成功，这个倾向就根本不可能表现出来；而假如阻止失败，那么被阻止的倾向就应该可以得到充分的表现。

不过，过失只是一种调解的办法，在过失里，那两种冲突的意向既包含一部分成功也包含一部分失败。除了少数例子之外，被胁迫的意向即使没有完全被阻抑，也无法按照原来的目的直冲而出。我们可以想象出来，之所以发生这种牵制或调解，一定存在某种特殊的条件，只是我们现在还无法推测出来而已。当然，我并不是说我们对过失进行更深入的研究就能发现这些未知的条件。如果我们没有要对心理生活的其他模糊境界进行彻底的研究，并通过这些研究进行推导，那么我们则不敢对有关过失的进一步说明作出必要的假定。不过我们还要注意一点，即使像我们在这方面所常作的那样，用那些细微的迹象作研究指导，也可能存在危险。

有一种叫作联合妄想狂（combinatory paranoia）的心理错乱，就是利用这种小小的迹象超越所有限度。当然，我并不是说因此而得到的结论就是完全正确的。我们如果想要避免这种危险，就要扩大观察的范围，就要从各种方式的心理生活中积累很多类似的印象。

在结束过失的分析之前，我还要提醒大家，一定要牢记我们用来研究过失的方法，并以此作为一种榜样。通过这些例子你们可以知道，我们研究心理学的目的究竟是什么；我们的目的不但要描述心理现象并对其进行分类，还要把这些现象看成是心力争衡的结果，表示着向某一目标进行的意向，这些意向或互相结合，或互相对抗。然后我们要对心理现象作一种动态的解释（a dynamic conception），然后再根据这个解释进行推论。要知道，有时候我们推论的现象要比我们看到的现象更为重要。

即使我们不再研究过失了，但我们仍然要将整个问题作一次鸟瞰式的观察。在观察过程中，有些事情是我们熟悉的，有些则是陌生的。关于分类的问题，则仍根据我们前面所举出的三种：一是口误、笔误、读误、听误等；二是遗忘，如忘记专有名词、外文字、决心和忘记印象等；三是误放、误取及失落物件等。总而言之，我们所研究的过失一半属于遗忘，一半属于动作的错误。

关于口误我们前面已经详细讨论过了，不过现在我还是要再增添一点材料。一些与口误有关的带感情的小错误也是相当有趣的。人们通常不愿意承认自己说过的错误，而且常常不在意自己说错了话，但是对于别人说错话却从来不放过。口误也具有传染性，在说到口误时往往自己也很容易跟着说错。对于那些极小的错误，我们很容易发现它背后的动机，只不过无法由此看出隐藏的心理过程的性质而已。比如一个人在某一字上受到了一点干扰，以至于把长音发成短音，那么不管他的动机是什么，最后都会将后一个字的短音发成长音，用一个新的错误来弥补他之前犯的错误。又比如将双元音ew或oy等误读为i时也可能会出现相同的结果，后面的i音必将改为ew或oy来做补偿。这种现象的背后好像有某种用意：不让听的人觉得是说话者对于本国语习惯的疏忽。第二个补偿的错误则是想引起听的人对于第一个错误的注意，表明自己已经知道了。最常见、最简单且最不重要的口误是将语音凝缩或提前发出，比如将长句说错一定是因为最后一个想要说的字影响到了前一个字的发音。我们可以看出说话的人对这句话很不耐烦，并且不太想说出它。当我们进展到临界线，一般生理学的过失论和精神分析的过失论也就没有分别了。从我们的假设来看，这些例子中，牵制的倾向抗拒其所要说的话；不过我们只能推断出牵制倾向的存在，却无法得知其目的何在。它所引起的扰乱，可能是受语音的影响，也可能是因为联想的关系，不过这些都可以看作是注意力没有集中在想说的话上所导致的。事实上，这种口误的要点并非注意的分散，也并非所引起的联想的倾向；而是由于存在其他意向牵制原来的意向。至于它的性质，与其他更显著的口误不同，无法从它的结果推想出来。

接下来说笔误。笔误的机制和口误相同，因此对于笔误，无须什么新观点，只要稍稍增加一些关于过失的知识就可以了。那些最常见的小错，比如将后面一个字，尤其是最后一个字提前书写，就可以看出来写字者不爱写字或没有耐性；更明显的笔误则能看出来牵制的性质和意向。

通常来讲，如果一封信中出现了笔误，则我们可以看出写信的人在写信时候内心不安宁，至于为什么会这样，我们则未必知道。与口误一样，发生笔误时自己并不容易发觉。有这样一种情况值得我们注意。有的人在发信之前经常会重读一遍，而有的人则不会。如果这些人在重读自己写的信时，常会修改那些出现明显笔误的地方，这要怎么解释呢？表面看来，好像他们知道自己写错了字，不过我们能确信的确是这样吗？

对于笔误的实际意义还有一个有趣的事例。大家是否还记得杀人犯H的事。他假冒细菌专家从科学研究院里盗取很危险的病菌，企图杀害那些与他相关的人。他有一次向某一学院的职员控诉他们所寄来的培养菌完全没有效力，却出现了笔误，把本来"在我实验老鼠和豚鼠（Mäusen und Meerschweinchen）时，"竟然错写成了"在我实验人类（Menschen）时"。这个笔误虽然也曾引起院内医生的注意，可是却没有人拿此来推断其结果。如果那些医生们把这个笔误作为一个口供进行详细侦查，以便及时破获杀人犯的企图，这不是更好吗？从这个例子来看，产生这样一种严重的结果不正是因为不了解我们的过失论吗？

当然，我知道，这种笔误虽然会引起我的怀疑，但是拿它做口供确实有一点不合情理，因为事情不会如此简单。虽然笔误是一种迹象，不过只有笔误却无法作为侦查的理由。从笔误中可以看出这人有毒害人的心思，可是我们却无法确定这究竟是一种毒害人的确定计划，还是只不过是一种无关实际的幻想。

出现此种笔误的人甚至还可能找到强大的主观理由，来否认这种猜想，并驳斥这种观念是无稽之谈。待我们后面讨论心理的现实和物质的现实之间的区别时，就会容易理解这种可能性的存在了。不过这个例子充分证明了过失有着不容置疑的意义。

读误的心理情境则与口误和笔误完全不同。在读误时，两个相冲突的倾向由一个被感觉性的刺激所代替，因此可能缺乏坚持性。一个人所读的东西并非他心理的产物，也不是他所要写的东西，因此，多数读误的例子都是用此字代替彼字，而这两个字之间除了字形相似以外可以不存在任何关系。利希滕贝格的"Agamemnon"代"Angenommen"的例子可以说得上是读误的绝好例子。

要了解读误引起错误的牵制倾向，我们完全可以不用看全文，只用下面两点来进行分析研究即可：一是在对错误的结果也就是代替的字进行自由联想时，其所引起的首个观念是什么？二是在何种情况下发生读误？有时候，只用后一个问题就能解释读误。比如某人在一个陌生的城市游玩，尿急了，他一抬眼看见一座楼房的二楼有一个牌子上写着"Closethaus"（厕所）。他十分疑惑为什么这个牌子挂得那么高，他再仔细一看才发现这个牌子上写的原来是"Corsethaus"。就其他例子来说，假如在内容上原文和错误不存在什么关系，就一定要进行彻底分析，不过这需要对精神分析的技术抱有信心并进行过训练才有可能成功。当然，对读误的解释也并非这样困难。

在利希滕贝格的例子中，从"Agamemnon"所代进的字中，我们不难推测出引起扰乱的缘由。又如在战争中，我们经常会听到一些城市和将军的名字或者一些军事术语，因此我们看到相类似的词语时，往往就会发生误读现象，让心中所想的事物代替了那些尚未发生兴趣的事物。

有时候文章本身也能引起扰乱的倾向，促使人们发生误读，将原文的字读成相反的字。分析研究表明，如果你让一个人去读他不喜欢的文章，那么他往往会因为对读误的厌恶而发生误读现象。

从上述的一些读误例子中，我们可以看出组成过失机制的两个要素好像不是十分明显。这两个要素是指什么呢？一个就是倾向和倾向的冲突，另一个是由于其中一个倾向被逐而产生过失以求补偿。当然，这类矛盾并非全都会发展成为误读，不过纠缠于与错误有关的思路的确比他之前所承受的抑制要明显多了。而在因为遗忘而导致错误发生的各种情境中，这两个因素倒是非常容易看出来。

关于"决心"的遗忘，很明显只存在一种意义；就连它的解释也是一般人都能承认的，这在上文中我们已经提到过。

牵制"决心"的倾向往往是一种反抗的倾向，一种不愿意的情感。这个反抗倾向的存在早已是无可厚非的了，那么我们接下来只要研究它为何不用一种稍微明显的方式表达出来就可以了。其实，有时候我们也能推想出这种倾向为何必须保密的动机，因为他知道假如将这种动机展示出来一定会受到别人的谴责，而若能巧妙地利用过失这种方式，也能够很好地达到想要的效果。不过，如果在决心之后和行动之前，心理情境发生了重要的变化，导致不需要实行决心了，那么即使忘记了决心，也不属于过失的范围了。因为假如不去记忆，那么忘记也就无足轻重了。只有在决心还没有被打消的时候，忘记实行才算得上一种过失。

通常，忘记实现决心的例子大体上都是一样的，它们浅显易懂，基本上不会勾起研究的兴趣。不过，其实研究这种过失也会收获一些知识。

前面我们说过，遗忘决心的行动一定会有一种相反抗的倾向。这并没有错，不过根据我们自己研究的结果，这"相反之意"（counter-will）也存在两类，即直接的和间接的。关于什么是间接的，我们可以用一两个例子来说明。比如施恩者不在第三者面前为求恩者说话，这可能是因为他对于这个求恩者没有什么好感，因此不愿意为他引荐。我们可以理解为是施恩者不想提拔求恩者。不过，事情也许更加复杂一些，施恩者不愿介绍可能是另有隐情。或许，这和求恩者没什么关系，他只是对第三者没有好感。由此可以看出，我们的解释在实际中是不可以乱用的。对于那个过失，求恩者虽然已经正确地解释了，可是他却仍然可能因为多疑而冤枉了施恩者。

又如，某个人之所以忘记了约会，最常见的原因就是他不想与有关的人相见。不过如果仔细分析，也可能不是那个人，而是与约会的地点有关，或许那个地方会引起他痛苦的回忆，因此他特意回避。又比如，写好的信总是忘记寄出，虽然其相反的倾向可能与信的内容有关，不过也可能是因为这封信让他想起了另一封过去的信，因为对过去的信感到厌恶而导致对这封信也产生了厌恶之感。所以，即使是非常有根据的解释，我们也要慎重地加以考虑，要知道，心理学上相等的事件，在实际中可以有很多不一样的意义。

事情倘若真是这样，大家可能会更加奇怪了。你们可能认为间接的"相反之意"，就能用来证明其行为是病态的，不过，我要告诉大家，其实这种行为即使在健康和常态下也可以遇到。此外，大家千万不要错误地认为我在承认分析解释的不可靠。我过去说过忘记了实现一个计划可以有多种意义，不过这是对没有分析知识根据普遍原则来进行解释的例子来说的。如果对相关的人进行分析，那么就能判断出其厌恶的原因到底是什么了，到底是信的内容，还是另有原因。

接下来是第二点：如果大部分的案例已经证明"决心"的遗忘一定来自"相反之意"的牵制，那么即使被分析者不承认我们所说的"相反之意"的存在，对于自己的解释我们也是敢于坚持的。

还是举个最平常的遗忘的例子，如忘记还书、还债等。我敢说，忘记了还书或还债的人，肯定存在不愿意还书或不愿还债的意图。即使他对此持否认态度，却也不能对他的行为作出另一种解释。

所以，我们就算告诉他，他有这样的意向，他自己也不会觉得，反而会借着遗忘的结果而表现出自己的目的。而此时的他可能会为自己辩解说自己只是遗忘而已。大家都知道，我们之前就遇到过这种情境。已经有很多实例证明了我们对于过失的解释，如果现在做逻辑的引申，那么就必须假设人们已经存在各种倾向，这种倾向虽然他们自己都不知道，但是却可以产生重大的结果。可是，如果真是这样，我们就难免要与普通心理学及普通人的见解相冲突了。

而忘记专有名词、外国人名和外文字等，也是因为与这些名词直接的或间接的不相融洽的倾向。对于直接的厌恶，前面我已经举了例子，而要想解释间接的原因则要有细心的分析。比如，由于这次大战，我们不得已放弃了很多之前的娱乐，于是我们对于专门的记忆也多少受到了影响。最近，我忽然记不得比森茨（Bisenz）镇。根据分析，我并不厌恶这个镇，而是因为我曾在奥维多的比森支大厦（the Palazzo Bisenzi）有过一段快乐的生活，而比森茨和比森支的发音又十分相似，因此被连带淡忘了。在遗忘这个名称的动机上，我们第一次遇到了一个原则，此原则后来在神经病症候的产生上占据了重要的位置，简单概括就是，回忆与痛苦情感有关的事物就会引起痛苦，因此记忆方面便有意地排斥回忆这种事物。忘记名词和其他多种过失、遗漏和错误的最终目的，实际上就是这个避免痛苦的倾向。

不过关于名词的遗忘，好像尤其适合解释心理生理，因此有时候发生名词遗忘未必就一定存在一种避免痛苦的动机。研究分析表明，一个人如果存在忘记名词的倾向，但他并不单纯嫌恶这些名词，或者这些名词也不会引起某种不愉快的回忆，也可能是因为这一特殊的名词属于某种更为亲密的联想系列。

此名词被固定在这儿了，不愿与其他事物联想在一起，我们有时为了要记住某些名词，特意使它们之间产生联想，可是也正因为如此造成的联想反而促进了遗忘。如果大家还记得记忆系统的组织，那么看这一点也就不足为怪了。人物的专有名词可以说是最明显的例子，因为这些名字对于不同的人来说价值各不相同。比如提奥多（Theodore）这个名字，对有些人来说没什么特殊的含义，可是对有些人来说，这却是他父亲、兄弟、朋友或自己的名字。根据经验可以得知，如果你们是前者，那决不至于忘记这个名字的客人，但如果你们是后者，那么你们对于以此为名的客人就未必会记得了，因为你们会想要把这个名字留以称呼自己的亲友。假设这个因联想引发的阻抑，正好与苦痛原则的作用和间接的机制相符合，那么我们也就能够明白为什么说暂忘名词的原因其实也是很复杂的。不过，倘若能对事实进行充分分析，那么即使原因很复杂，我们也是可以将其完全揭露出来的。

与遗忘名词相比，遗忘印象和经验可能更能明显地表现出一种避免不愉快的倾向。不过，并非所有这类遗忘都属于过失的范畴，只有那些按照正常的标准，不合理、不寻常的遗忘才属于过失的范畴，比如忘记了最近十分重要的印象，或者遗忘了记得十分清楚的事件的某一段。至于我们到底为什么或怎样具备遗忘的能力，尤其是忘记那些如孩提时代事件的印象十分深刻的经验，则不属于我们探讨的范围。

对于这种遗忘的原因，不能完全用避免痛苦联想来解释。我们很容易忘记那些不愉快的印象，这是毋庸置疑的。很多心理学家都曾注意到这一点，就连达尔文也深谙此道理，正因为如此达尔文对于与他学说相冲突的事实，都会慎重记载，因为他怕自己遗忘了这些事实。

用遗忘来抵制不愉快的记忆，第一次听到这种说法的人可能会提出抗议。因为他们根据自身的经验，认为恰是痛苦的记忆才难以忘记，这是由于痛苦的回忆通常不受意志的支配，比如那些悲伤和羞辱的回忆。

这么说是没错，可是这个抗议的理由却不够充分。要知道心灵就是彼此相反的冲动相互决斗和竞争的地方，如果用非动力论的名词来表达的话，那就是心灵是由相反的倾向组成的。一个特殊倾向的出现丝毫不会影响其相反倾向的存在，这两种倾向是可以并存的。我们要弄明白的是：这些相反的倾向究竟存在怎样的关系？遗失和错放物件不但可以表示很多意义，同时也有很多要借这些过失表示出来的倾向，因此，在讨论这个问题时，我们往往会表现出特殊的兴趣。

上述实例的共同点就是失物者都有存在失物的愿望，唯一不同的是这个愿望的目的和理由。一个人遗失物件，可能是因为这个东西坏了，或者他想要换个更好的，或者是他根本不喜欢这个东西，又或者他对赠送这个东西的人不满意，也有可能是他不想再去回忆得到此物时的情境。遗失或损坏物件，都能用力来表示相同的意向。据说，在传统社会中，私生子往往要比正常家庭的孩子虚弱得多，这无须去抱怨幼儿园教养员用粗糙的方法对待儿童，只要看他们管理儿童时在某种程度上的漠不关心就足以明了了。事实上，物件的保存与否和这个是同样的道理。

有时一个东西即使没有丢失的价值，但是也可能会被遗失，因为人们心中可能会出现这样一种想法，即牺牲了这个东西可以避免其他更可怕的损失。我们根据分析可以看出，目前这种消灾解难的方法仍然十分通行，因此，可以说有时候我们的损失也是出于自愿的牺牲。

失物也可以用来泄愤或自惩。总之，失物的背后有着举不胜举的各种动机。

与其他过失相同，误取物件或动作错误也经常被用来满足一种本该禁止的愿望，其并总是以偶然的机会为借口。比如我的一个朋友，他非常不愿意乘火车去乡下访友，结果他在换车的时候竟然误上了回城的火车。又比如，某人在旅行时想要在某处停下来歇歇，但是他已经和人约在别处，结果他因为记错或延误了时间，最终还是如愿以偿地留了下来。还有，我的一个病人，我告诉他不要与他的爱人通电话，结果他在打电话给我时却误拨了号码，打到了他妻子那里。我们再来看个工程师的自述，它足以说明损坏物件和动作错误的意义。

"一次，我和几个同事在一个中学的实验室做关于弹力的实验。这项工作是我们自愿去做的，可是它耗时太久，已经超出了我们原想的时间。有一天，我和我的朋友F一起进入实验室。他说自己家里很忙，不愿在这浪费太长时间。我听了对他表示同情，并半开玩笑地说起了一星期前停工的事件。我说：'我真想这个机器再坏一次，那样的话我们就可以暂时停工，然后早点回家。'

在布置工作的时候，F的工作职责是管理压力机的阀门，也就是说，他必须慎重地打开阀门，以便使储藏器内的压力缓慢地进入水压机的气缸里。领导实验的人站在水压计旁边，当到了压力适中的时候，他大声喊道：'停止！'F听到这个命令时，拼命地用力向左旋转阀门。要知道，在关闭阀门时须向右转，这是无可争议的。可是，F却不知怎么了，转错了方向，于是储藏器内的所有压力立刻侵入到压力机内，导致连接管不胜负荷，其中一个立即破裂了——这件事并没造成什么伤害，不过我们却因此可以停工回家了。事后，我们在谈起这件事时，朋友F却记不起我在事故发生前所说的话了，而我却记得清清楚楚，这确实是很能说明问题的。"

通过这些例子，我们再看到仆人们失手损坏家内的器物，可能就会想是否完全出于偶然了。我们也可能会怀疑某人自己伤害了自己，或使自己处于危险之中，到底是不是偶然事件了。如果有机会，我们倒是可以进行分析实验。

我所说的这些关于过失的内容只是皮毛，其实还有很多问题值得研究和讨论。如果你们听了我的演讲，已经略微改变自己过去的信仰并准备接受这些新的见解，那我就相当知足了，至于其他尚未解决的问题就随它去吧。只靠过失的研究无法证明所有的原则。过失之所以有价值，是因为它们是普通的现象，你们自身都容易观察，同时又不和病态发生什么关系。

在演讲结束之前，我再次指出一个一直没有答复大家的问题："从这些例子中，人们已经认识了过失，并且他们的行动也似乎证明了他们了解了过失的意义。可是，他们到底为什么还这样普遍地将过失看成是偶然的、无意义的现象，并强烈地反对精神分析的解释呢？"

没错，这个问题的确有必要解答，不过我现在不能解释给大家听。我希望大家可以慢慢领会其中的种种关系，最后无需借助我的帮助，自动找出答案。

第五讲

梦的初步研究

有一天，我们发现某些神经病患者的症状是有意义的，而精神分析治疗法正是以这个发现为基础的。精神病患者在接受精神分析的治疗时，往往会说到疾病的症状，偶尔也会提起梦，鉴于此，我们开始怀疑梦也有存在的意义了。

不过，我们要说的却和这个历史顺序不一样，而是将这个顺序倒过来，先说一下梦的意义。梦的本身就可以说成是一种精神病的症状，研究梦是为研究精神病所做的最好预备。健康的人也会常常做梦，因此给我们的研究带来很大的便利。说实话，假如我们都健康而且都做梦，那关于精神病研究的所有问题，我们就几乎都可以从人们的梦里得到答案了。于是，梦就成了精神分析的研究对象。

与过失一样，每个健康人都会做梦，但却往往被认为没有什么实际的价值而遭到忽视。过失通常只是遭到一般人和科学的忽视，如要加以研究，并不会让人觉得不可思议，可是要研究梦却会引起别人的讥笑。有人说，过失背后可能还有一些重要的事实，研究它也不无所得，但研究梦不但毫无所得，还会被认为是十分可耻的一件事，因为它既不科学，又有倾向于神秘主义的嫌疑。

在神经病理学和精神病学中，梦实在是太渺小、太没有价值了，根本不值得作为科学研究的对象。医生们有许多更重要的问题去研究，比如心理的肿疡症、出血慢性炎症等，根本不能分心去研究梦。还有一个因素能表明梦不适合做切实的研究，即对象的不确定性。举个例子来说，病人明白地自称："我是中国的皇帝。"这是妄想，它的轮廓比较明确。然而梦呢？梦的大部分往往无法叙述。谁能确保自己说得完全正确，没有一点删改或增补？通常情况下，我们对于梦的记忆是模糊的，除了能记住一些细小片段外，大部分是记不起来的。难道我们可以用这些不确定的资料作为一个科学心理学或治疗方法的根据吗？

否认梦作为科学研究的对象，这个论点显然是太过于极端了。在探讨过失时，也有人认为它太过渺小不值得研究，但我们却能以"由小可以见大"来自解。我们说梦很模糊，但这就是梦的特色——某物拥有某种特色是不受我们支配的；何况除了模糊的梦之外，还有明确的梦。从精神病学研究方面来说，除了梦还有一些别的对象也有模糊的特性，比如很多强迫观念的症状，有很多著名的精神病学家曾对其加以研究。我曾经治疗过这样一个病例。患者是一位妇人，她在叙述自己的病时这样说："我有一种感觉，就像曾经伤害过或想杀害一个生物——或许是一个孩子——不，不，也可能是一条狗，如同我曾把它从桥上推下去——或类似于这样的事。"说到梦不容易有确切的回忆，关于这一点是可以补救的，其实我们只要把做梦的人所说的一切都当作是梦的内容就行了，而不要去理他在回忆中所忘记的或改编的东西。进一步来说，一个人说梦是不重要的事实太过于武断了。

我们由经验可以得知，梦所留下的情绪会影响人很长时间。根据医生的观察，梦可以说是精神错乱和妄想症的起源。偶尔因为一个梦而激起了做大事业的冲动，在历史上也是大有人在的。科学家们瞧不起梦的真正原因是什么呢？在我看来，应该是对古时人们太重视梦的反感。我们都知道，要描述古代的情形并不是一件容易的事，不过，我们却可以推定出，早在三千多年以前，我们的祖先就已经像我们一样做梦了。而且，古人往往都认为梦有着重大的意义和实际的价值，他们喜欢从梦里去寻求将来的预兆。

在古代，希腊人以及其他东方民族在出兵打仗时都要带上一个详梦者，就好比现在出兵打仗一定要带上侦察员一样。

亚历山大大帝在出征时，身边就会带上最著名的详梦者。在攻打泰尔城时，亚历山大曾经有放弃攻城的想法，因为泰尔城在岛上，防御十分牢固。一天夜里，亚历山大梦见了一个半人半羊的神在十分得意地跳舞，亚历山大将这个梦告诉了详梦者，详梦者认为这个梦预示着攻城的胜利，于是，亚历山大便发动进攻，用武力占领了泰尔城。虽然伊特拉斯坎人和古罗马人也会用一些其他方法来卜知未来，但是在希腊、罗马时期，详梦术十分流行，也非常被世人所推重。据说生于哈德里安帝时代达尔狄斯的阿耳特弥多鲁斯，曾著有一本详梦书流传后世。至于这详梦的技术是怎样退化的，又为何被人们所忽视，我无法奉告。

令详梦术退化的肯定不是学术的进步，因为在中世纪的黑暗时期，那些比详梦术更荒唐的事物都被慎重地保存着。实际上，人们对梦的兴趣逐渐降低，详梦术渐渐沦为与迷信相等同的地位，而相信详梦术的又往往是那些没有受过教育的人。以至于到现在，人们相信详梦术只是为了想在梦中求得彩券的中奖号码。另一方面，现在精密的科学也会将梦作为研究的对象，不过它的目的却是为了阐明生理学的理论。在医生眼里，梦只是物理刺激在心理上的表示，而非一种心理历程。

宾兹在1876年曾说过，梦是"一种无用的、病态的物理历程，与灵魂不朽等概念完全没有关系"。莫里将梦说成是一种舞蹈狂的乱跳，与正常人的协调运动正好相反。古人常常这样比喻梦，认为梦的内容就像一个不懂音乐的人用十个指头在钢琴的键盘上乱弹所发出的声音。

解释一件事隐藏的意义称为"解释"，但是前人解释梦，却从来不谈其隐藏的意义。我们看冯特、乔德耳及其他近代哲学家的著作可以发现，他们常常大谈梦的生活较之醒时思想的不同，以此来贬低梦的价值；他们更愿意去谈缺乏连络的联想、批判能力的停止作用、一切知识的消灭，以及其他机能减弱的特征等等。

关于梦的知识，精密科学的贡献似乎只在于一点，就是在睡眠时所有物理刺激对于梦的内容的影响。刚去世不久的挪威作家伏耳德曾写了两大卷书（这两本书于1910年和1912年被译成德文出版）来讨论梦的实验研究。不过他所写的几乎都是有关手足位置变换所得的结果。这些研究，就当是我们对于研究梦的实验的模范。你们可能想象不到，纯正的科学如果知道我们想探求梦的意义，会怎样评头品足？批判是必不可少的了，不过我们并不会就此退缩。如果过失能够有潜在的意义，那么梦也能够有这种意义。不过，纯正科学已经来不及研究多种情况下过失的意义了，所以还是让我们采取古人和大众的见解，来步古时详梦者的后尘吧。

首先，我们要明确自己这一事业的方向，了解梦的范围。究竟什么是梦？很难用一句话来下定义。其实，梦是大家所熟悉的，不必去追究其定义。不过，我们有必要指出梦的要点。梦的范围很大，梦与梦之间的差异有很多。如何发现这些要点呢？我们还是先来指出一切梦的共同成分，也许可以从中找到梦的要点。所有梦的共同特性首先就是睡眠。很明显，梦是睡眠中的心理生活，这种生活虽然和醒时的生活很像，但是同时也有很大的差别。这是亚里士多德对梦的定义。梦与睡眠似乎有着更密切的关系。我们在被梦惊醒，或自然醒来，或勉强地由睡眠中醒来，都常常有梦的影子。梦似乎是介乎睡眠和苏醒之间的一种情境。因此，我们可以把注意力集中在睡眠上，那么睡眠又是什么呢？

睡眠是一个生理学或生物学的问题，目前还有许多争论。我们虽然没有一个明确的答案，但是我想我们还是可以指出睡眠的一个心理特点。睡梦中的情境是：我不想和外面的世界有任何交涉，也不想对外面所发生的事情产生任何兴趣。我喜欢用睡眠来逃避外面的世界，并且可以躲避那些来自外面所带来的刺激。同样，我如果对外面的世界厌倦了，也可以去睡觉。临睡之前，我可以对外面的世界说，"请让我安静吧，我要睡了"。孩子们说的话正好和此相反："我现在还不想睡觉；因为我还没有困意，让我再玩一会儿吧。"

因此，睡眠的生物学目的等同于蛰伏，而其心理学的目的好像是停止对外面产生兴趣。我们其实不愿来到这个世界，所以和这个世界的关系，有时会产生隔断，这样才能忍受。因此，我们如果回到未来到这个世界以前或"子宫以内"的生活，将类似生活中的特点重复引起，如温暖，黑暗，及刺激的退隐。生活当中我们有些人会像一个球似的蜷曲着身体，就像胎儿孕育在子宫里一样。所以我们成人似乎仅有三分之二属于现在的世界，三分之一还没有出生。每天清晨睡醒的时候就好像重新出生了一样。其实我们一提到觉醒，有时也会说这样一句话："我们好像是重新获得了新生——在这一点上，我们对新出生的婴儿的感觉和理解或许完全错误了，也许婴儿本身的感觉没有我们想象中的舒服。在提到婴儿出世的时候，我们通常会说"初见天日"。

睡眠往往是一种无意识的愉快状态，与觉醒状态相比较，睡眠的时候人与周围的接触停止，自觉意识消失，神经反射减弱，休温下降，心跳减慢，血压轻度下降，新陈代谢的速度减慢，胃肠道的蠕动也明显减弱。但如果在一个人睡眠时给他作脑电图，我们会发现，人在睡眠时脑细胞发放的电脉冲并不比觉醒时减弱，这说明大脑并未休息。画面中的金发女郎，神情安详、肌肉放松，好梦正酣的神态惟妙惟肖。

如果这就是睡眠的特性，那就可以说梦并不属于睡眠，反而好像睡眠并不欢迎这个补充物的存在。其实我们应该相信，如果我们没有做梦，那么这样的睡眠才算是最好的、最舒适的睡眠。人在睡觉的时候，心理尽量不要产生任何活动；如果这种活动不自主的存在，那么，将无法达到真正睡前安静的情境；我们不得已会有一些心理活动的残余，梦的产生就是代表这些残余的存在。因此，梦好像没有任何意义了。至于过失则与此不同，因为过失毕竟是清醒时心理活动的表现；但是假如我睡了，除了那些让我们所不能控制的残余，心理活动已完全停止，所以梦不需要有意义。其实，属于心灵的其他部分已经安睡，那么梦就有意义，这是我不可以利用的。所以，梦这种心理现象就是物理刺激所引起的或不规则反应的产物。梦应该是醒的时候心理活动的剩余，从而干扰着我们正常的睡眠。这是一个本不足以促进精神分析的目的问题，也许我们从此可以下定决心把它抛弃了。

梦虽然没有任何用处，但不要有任何怀疑，它们确实是存在于这个世上的，我们不妨来解释一下它们的存在。为什么心理活动不能停止呢？或许是不愿心灵安静的意念在作怪；有些心灵受到了刺激，而心灵对于这些刺激会不由自主地做出反应。所以睡眠中的梦就是反应刺激的一种方式。我们从这里入手，也许就能够给梦为什么存在做一个解释了。我们可对每种不同的梦进行研究，它们究竟是采取什么样的方式来扰乱睡眠，而产生了梦的，这样一来，我们就可以知道它们是否存在一个共同的特性。那么它们到底有没有其他共同的特性呢？其实还存在另一种特性，但我们现在很难理解。睡着时和睡醒时比较，心理活动并不相同。我们处在梦中时，我们相信在梦里经历的事情，其实那也许仅仅是一个干扰的刺激。梦中的大部分情境都是我们用眼睛看到的，虽然也混有思想、感情及其他感受，但我们总是相信看到的。我们要想把梦讲给别人听，往往觉得比较困难。做梦的人常常说，"我能把它画出来，但不知道如何把它讲出来。"

精神能力的降低无法用来区分梦和醒，就像聪明和愚钝的人，其实只是一种质的区别，然而我们很难说明白区别究竟在哪里。费希纳曾说过，梦和醒的生活观念不同。这句话究竟有什么意义，我们无法理解，但是，大多数的梦都会在我们的心中留下很奇妙的印象。把一个不太懂得音乐的人演奏出来的曲子和梦做个比较，也不容易成立。因为钢琴总以同样的音调反应乐键上的律动，只是不能弹成曲子罢了。虽然我们并没有了解梦的第二个共同的特性，但是我们也必须牢记在心。

还有其他相同的特性吗？无论我从哪个角度看，都想不出来，只是能看出它们有不同的地方——比如说："梦能够停留多久？感情的成分、明确的程度，我们能够记住多久？这一切绝不是我们在无意义的乱动中期望得到的。

就梦能停留多久来说，有些很短，就那么一小段记忆，一个独立的思想，也许只有一个字。也有内容丰富多彩的，将梦里的事情从头演到尾，经过的时间好像很长。还有些梦条理分明，就像真正经历过一样，就算醒来后似乎还不相信自己是在做梦；还有异常模糊让人无法追述的梦。就算是同一个梦，也有非常清楚和不是很明了的区别所在。还有前后矛盾的，或机智或奇妙，有些则愚蠢、混乱、荒谬、怪诞。当然，有些梦对我们不会有任何影响，有的则会真正触动到我们的心灵——甚至会或喜或惧，痛苦到流泪，恐惧到惊醒，很多很多。还有很多梦醒了以后就不会记得了，也有印象特别深刻，过了一段时间也忘不掉的，时间长了记忆会模糊，就不会记得那么清楚了。我们对一些非常生动的梦会印象特别深刻，以至于三十年后还会清楚地记得，就像是刚刚经历的事情一样。梦和人很像，也许一生只有一次见面的机会，也许会重复呈现，有的稍稍有所改变，有的甚至没有任何变化。总之，夜里的心理活动的片断能够支配的材料很多，能把白天所经历的事情一一创造出来——只是不完全相同罢了。

为了把梦中的这些差异解释清楚，我们假设不熟睡时的不同水平，或醒和睡之间的过渡状态相应。然而，如果这个解释能够成立，那么当心灵和醒觉状态越来越接近时，不仅梦的内容、价值及明了的程度会随着增高，而且做梦的人也会渐渐明白这是在做梦，决不至于梦里既有一个合理、明了的成分，同时又有一个不明了、不合理的成分，接着又会梦到许多其他的事情。心灵决不能如此迅速地变化睡眠的深浅程度，这么解释是没有意义的。其实，对于这个问题，我们还没有解释的捷径。现在我们暂时避开梦的"意义"不谈，试着从梦的共同元素出发，期待对梦的性质有较深切的了解。我们曾通过睡眠和梦的关系，断定对扰乱睡眠的刺激的反应。在这点上，我们知道精密的实验心理学能给我们带来帮助，实验心理学曾证明睡眠时受到的刺激能在梦里表现。在这些方面有许多实验，尤以伏耳德的实验首屈一指。有时候我们还能通过自己的观察证实他们研究的结果。在这里，我想和你们分享一些较早的实验。

莫里曾拿自己作过这种实验。他让自己嗅着科隆香水进入睡梦中，于是他梦到了开罗，在法林娜店内，接着进行了一些荒唐的冒险活动。有个人在他的脖子上轻轻一捻，他又梦到有人在他的颈上敷药，还梦见小时候为他诊病的一个医生。又有人滴一点水在他的额上，他便梦见在意大利，他正流着汗喝奥维托的白酒。

有一些刺激梦，或许更可以用来解释通过实验而产生的梦的特点。下面这三个梦是由一个敏锐的观察者希尔布朗特记载的，都是关于闹钟声音的反应："一个春天的早晨，我正在散步，穿过几处绿意渐浓的田野，一直走到邻村，看见大队村民手持赞美诗，穿着整齐干净，向教堂走去。这是个即将举行晨祷的礼拜日。于是我决定也参加，但因天气炎热，就在教堂的空地上纳凉。我正在读坟墓上的碑志，忽然听到那击钟者走进阁楼，阁楼很高，当时我看见楼内有一口小小的钟，钟响一响，人们开始祈祷。过了一会儿，钟还没有动，后来开始摆动了，钟声响亮而尖锐，于是我从睡眠中醒来，听见的原来是闹钟的声音。"

另一个意象的组合如下："一个晴朗的冬天，路上积雪很厚。我已约定好乘雪车去探险，但是等了很久，才有人告诉我把雪车放在门外。于是我上车，将皮毡打开，把暖脚包取来，坐在车内。但是延迟了一会儿，马车才开始出发。接着我把钟索拉起，小钟不断地剧烈摇动，发出一种熟悉的乐音，因为声音太大了，我从梦中惊醒，发现却是闹钟尖锐的声音。"

现在举第三个例子："我看见一个女仆手捧着几打高摞起来的盘子，从厨房里走出来，向餐厅走去。我看她手中捧着的金字塔般的瓷盘好像要失去平衡。我警告她说：'当心！你的瓷盘会摔在地上。她的答复是：她们已经习惯这样拿盘碗了。但是，我还是跟在她的后面，非常焦虑。我是这样想的——她在进门时撞着了门槛，瓷盘落地摔得粉碎。但是——我立刻知道那不断的声音并不是由于盘子碎了，却是有规律的钟声——梦醒后才知道这个钟声是闹钟发出的。"

以上这些梦都是很巧妙而容易理解的梦，前后连贯，和寻常的梦不同。这么看，我们当然不会有疑问。这些梦的共同点是，每一个实例都通过一种声音被唤起，梦者醒来，知道这声音来自闹钟。通过这个我们知道梦是怎么产生的，然而我们所知道的还不止这些。梦中本没有对闹钟的认识，梦中也没有呈现闹钟的影像，却还有一种声音代闹钟而起。干扰睡眠的刺激在每个例子中都有着不同的解释。这到底是什么原因呢？有点无从说起的意味，好像是任意的。然而想对梦有所理解，我们要在多种声音之中解释，为什么偏偏单选这一种来代表闹钟所发出来的刺激。对此，我们可以反对莫里的实验，因为侵扰睡者的刺激虽然在梦里出现，但是他的实验无法解释为何恰巧通过这种方式呈现，这好像不是干扰睡眠刺激的性质能够说明的。而且在莫里的实验中，还有许多其他情景，同时依附于那个刺激直接引起的结果，例如那个利用科隆香水达到了梦里的荒唐冒险，我们也无法作出明确解释。

你们或许认为只要将梦者从梦中唤醒，便有助于我们对外界干扰刺激的影响有所了解。但就许多其他实例来讲，却没那么容易。我们绝对不是入梦即醒，如果到了早晨回忆昨夜的梦，我们如何知道它是源于哪个干扰的刺激呢？我曾在某次梦后成功地推测一种声音的刺激，但这当然是由于受了某种特殊情形的暗示。

在蒂洛勒西山中某处的一个早晨，我醒后才知道自己梦见了教皇逝世。对于这个梦的由来，我自己无法解释，后来妻子问我："你在快天亮时听见从教堂发出的可怕的钟声了吗？"我睡得太熟，什么也没听见，但是幸亏她告诉了我，我才懂得我的梦了。

有时睡者由于受到某种刺激而做梦，可是后来就怎么也不知道刺激是什么。这种情形到底多不多呢？也许多，也许不多。要是没有人通过刺激相告，我们都不会相信。除此以外，我们也不再估计外界侵扰睡眠的刺激了，因为我们知道这些刺激只能对梦的片段加以解释，而无法解释整个梦的反应。

我们不必为此就完全放弃这个学说，我们还可从另一方面来对此进行推论。究竟是哪些刺激侵扰睡眠，引人入梦，并不十分重要。如果这不总是外界的刺激侵入一个感官，那也可能是发自体内器官的刺激——即躯体的刺激。这个假说与一般关于梦的起源的见解相似，或者相一致，因为"梦起源于胃"是一个普遍的传说。可是，夜里干扰睡眠的躯体刺激，醒后却不知道，所以也无法证明。但是对于梦起源于躯体刺激，有很多可以信赖的经验能够证明，这点我们不能忽视。

总而言之，身体器官的情况会对梦境产生影响，这点毫无疑问。梦的内容，有很多与生殖器的兴奋或膀胱的膨胀有关，这点也是众人皆知的事情。除此之外，还有些例子，从梦的内容看来，至少能揣想它一定有一些类似的躯体刺激在发挥作用，因为我们可以在梦的内容里看出这些刺激的代表、替身或类化。施尔纳曾研究梦（1861年），也力主梦起源于躯体刺激之说，并列举几个好例子加以证明。比如，他梦见"两排清秀的孩子，发美肤洁，怒目相对而斗，开始两排孩子互相拉着手，又放开，然后又恢复拉手状态。"他把这两排小孩解释为牙齿，这好像能得说过去，梦者醒后"从牙床上拔出一颗大牙"，似乎更能证实其解释的可靠。又如把"狭长的曲径"解释成起源于小肠的刺激似乎也很确切，施尔纳主张梦总是通过类似的物体来代替其刺激由此引起的器官，好像也能得到互相印证。因此，我们也愿意承认体内刺激和体外刺激在梦中所占的地位同等重要，不过还有一点遗憾，那就是对于这个因素的估价也存在相同的缺点。针对大多数的例子来讲，梦是否归于躯体的刺激，缺乏证明。只有少数的梦，才使我们怀疑其起源和体内的刺激有关，其他大多数的梦却并非这样。最后，体内刺激与体外的感官刺激相同，都只能说明梦对它的直接反应。所以我们仍无法搞清楚梦中大部分内容的起源。但是在研究这些刺激的作用时，还能注意到梦的生活有另外一个特点。梦不仅让刺激重现，还能将刺激化简为繁，义外生义，使之与梦景相适合，并用他物来代替。这是"梦的工作"的一方面，使我们产生了浓厚的兴趣，因为我们或许因此而对梦的真实性质更加了解。

一个人做梦的范围不受梦的近因限制。英王统一三岛，莎士比亚为此写了《麦克白》一剧来庆祝，但是这个历史事实是否能说明全剧的内容呢？能解释全剧的奥秘和伟大吗？显然不能。同样，梦者所受的外部刺激和内部刺激只是梦的缘起，对于梦的真实性质不足以解释。

梦的第二个共同因素是其心理生活的特性，它一方面很难领会，另一方面又不足以作为进一步研究的线索。我们梦中的经验大部分都是视像，能用刺激来解释吗？我们所经历的真就是那些刺激吗？假设确实是刺激，那么作用于视官之上的刺激少之又少，为什么梦的经验大多数是视像呢？又比如梦中的演说，难道真有会话或和会话相似的声音在我们睡眠时侵入耳内吗？我觉得这种可能绝对不会有。

假设用梦的共同因素做出发点不能促进我们理解梦，就让我们针对它们的差异进行讨论吧。梦常常是混乱的、荒唐的、无意义的，但有些梦也比较合理且容易理解。我最近听到一个年轻人的梦，情节是这样的："我在康特纳斯劳斯散步，遇见某君，和他同行一会儿之后，我进了一家餐馆。有一位男人和两位女人一起走过来，在我的桌旁坐下。我起初有些厌烦，试图避开她们，后来看她们一眼，却觉得她们非常秀丽"。

梦者说康特纳斯劳斯是他所常去的路，自己前晚确在那散步，路上也确和某君相遇。至于梦中其他部分则不是直接的回忆，只是和先前某个事件类似而已。又比如一个女士的梦也不难了解。"她的丈夫问她：'你不认为我们的钢琴要调音吗？'她回答说：'这样不值得调，琴槌要配新皮才行。'"这个梦用同样的字句把她与丈夫在白天的对话又重复了一遍。我们通过这两个简单的梦得到了什么呢？所得到的不过是一个事实：日常生活与其他有关的事件都能在梦中见到。如果梦都是如此，那么这一点就颇有价值。但这又是不可能的，有这种特点的梦仅仅是少数而已。多数梦和前一日的事件是无关的，因此我们无法通过这个来了解荒唐的或无意义的梦。换言之，我们遇到了一个新问题：我们不但要知道梦是什么，如果像上面所举过的例子，内容浅白，那还要对梦中重复出现的新近事实有所了解，看其究竟还有什么原因和目的。

我若继续这样企求梦的了解，不但我自己厌倦，你们恐怕也会厌倦。可见对于一个问题，如果未找到解决的办法，哪怕引起全世界的兴趣，对我们也没有什么帮助。这个解决办法现在仍没有求得解释。实验心理学在通过刺激引起梦的知识上只有微薄的贡献，而哲学除了讥笑我们课题的无关宏旨，此外便没有贡献，可我们又不愿去领教玄妙的科学。历史和一般人的见解认为梦富有意义，能够预兆，但那又不完全可信，且没有实证的可能，所以我们的初步努力完全没有效果。然而我们从一个以前从没注意的方面，不期而遇地获得了一个研究的线索。那就是人们所说的"白日梦"，它是一种常见的现象，是幻想的产物，无论是健康的或是病人都会有，因此研究起来很方便。白日梦既和睡眠没有关系，就第二个共同特性来讲，又缺乏经验或幻觉，只是一些想象而已。做白日梦的人自己也承认那是幻想，目无所见，而心有所想。这些白日梦也许会在青春期之前被发现，有时也在儿童期之末，一般人到成年时，也许就不再有白日梦了，当然也有人可能一直到老都有。

很明显，这些幻想的内容是受动机指挥的。白日梦中的事件和情景，或用来满足白日梦者的野心或权位欲，或用来满足他的情欲。年轻男子脑中都是野心的幻想；年轻女人的野心则集中于恋爱的胜利，所以多数是情欲的幻想。但是在男子幻想的背后也常常潜伏着情欲的需要，他们之所以要建立伟大事业和取得胜利，其目的都是要博得女子的爱慕和赞美。在其他方面，这些白日梦各不相同，其命运也存在差异。

　　有些白日梦经过较短的时间后，即会被一种新的幻想代替，有些白日梦会变成长篇故事，与时俱进，随着生活不断发生变化。很多文学作品就是以这种白日梦为题材的，文学家将自己的白日梦加以改造、化妆或缩减，再把它们写成小说和戏剧。但白日梦的主角通常是梦者本人，他们或直接出面，或暗中用他人作为自己的写照。白日梦之所以是梦，或许是因为它和现实的关系同梦很像，而其内容也和梦一样不现实。然而白日梦之所以叫作梦，也许是因为它和梦有着相同的心理特征。至于这个特征，我们仍在研究当中。反言之，我们认为的名同则实同，也许是完全错误的。究竟如何，我们会在之后的章节中给予答复。

第六讲
释梦的技术

如果我们想将已有的结论运用于梦的研究之中，就必须要采用一种新的方式。在这里，我要清楚地告知你们：下面的一个假说可看作是进一步研究的根据——梦并不是一种躯体的现象，而是一种心理现象。但是这个假定依据的是什么理由呢？坦白地说我们没有理由，但是也一样没有理由阻止我们作出这种假定。我们的看法如下：如果梦是一种躯体的现象，那便和我们没关系；如果要我们产生兴趣，那就只有让一种心理现象成为假定。因此，我们宁愿认定这个假说是正确的，再看有什么结果。一旦有结果，便能确定这个假说成立与否，近而把它确认为一种稳妥的结论。接下来我们要确定这个研究到底有什么目的，或者我们到底要朝哪个方向努力呢？

我们的目的和其他一切科学研究的目的相同——简言之，就是先求得对这些现象的了解，进而把各个现象之间的关系确立好，最后，想办法对它们加以控制。所以，我们要继续以"梦是一种心理现象"的假说作为基础。

梦是梦者自身的语言和行动，只是我们不了解罢了。假如现在梦者有所表示，而你们不懂，你们会做出怎么样的选择呢？你们要听我的想法吗？那么我想说我们为何不去向梦者询问梦的意义呢？我们在研究过失的意义时，也曾采用过这个方法。那时所讨论的是关于舌误的例子。有人说："于是某事又发龊了。"我们感到莫名其妙，便追问下去。那人立即回答说他原本想说"那是一件龌龊的事"，但是他制止了自己，改用了较温和的字眼说："那边又发生了一些事。"那时我已经说过询问的方法就是精神分析研究的基本模式。你们现在能够懂得，精神分析的原理就是在可能的范围内，让被分析者回答心理专家的问题，所以梦者也可以通过这样的方法来解释他自己的梦。

但是对梦的过程的研究远没有如此简单，这点我们众所周知。就过失来说，一，适用这个方法的实例很多；二，有许多例子，被问者不愿回答，而且听到别人替他回答时，便愤怒地加以驳斥。至于梦，第一类例子匮乏，梦者常说自己对自己的梦也一无所知。我们不能为他作解释，当然，他一定也不能表示驳斥。这样我们就不用努力求解了吗？他既无所知，我们也无所知，第三者当然也无所知，所以无法得到解决。如果你们高兴，那就这样吧。但是，如果你们不把这当回事，那就随我的意思吧。

我可以肯定地告诉你们，梦者对自己梦的意义很了解，只是他自己意识不到这一点，所以他认为自己一无所知。话一出口大家肯定会对我下的肯定结论产生质疑，同时也会提醒我注意这个事实：我刚说了几句话，就已经作出了两个假定。因此，恐怕就很难继续论证自己方法的可靠性了。既把梦说成是一种心理现象，又说某些事件自身原本清楚明白，可又不知道自己是明白的——像这类的假定！你们只要记得两个假说不可能同时并存，就会对由此演绎而得的结论毫无兴趣了。

的确，我在这里讲演，是希望大家能够学些什么的，所以不想欺瞒你们。我曾自称要讲演"精神分析引论"，但是我不能打着宣称神的旨意的名号，对你们讲许多易于连贯的事实，却将一切困难隐藏起来，轻而易举地让你们相信自己学到了新东西。出于你们都是初学者的原因，我才急着把这个科学的本来面目，包括它的不成熟和累赘之处，以及它可能引发的批判和所提出的要求，都完完全全地展示给你们。

无论何种科学，尤其对于初学者都应该这样。我也了解在讲授别的科学时，往往在一开始总是要想尽办法竭力将那些缺点和困难向学生隐瞒起来。但我在讲授精神分析时不会这样做。所以我提出两个假说，一个包含在另一个之中。如果有人觉得这都太勉强或太不肯定，或有人习惯于应用更精密的演绎或更可靠的事实，那么他们就没有必要再跟我走了。只是我要劝告他们，如果想走所谓可靠的、充满捷径的路就要完全抛开心理学问题，因为在心理学范围内，怕很难找到像他们所走的那样可靠可行的路。而且我深信一种科学要对人类的知识有所贡献，是不能勉强让人信服的。是否相信，要看成绩，这需要经过耐心等待，并用自己的研究成果来吸引大家的注意和征服大家的怀疑，这才是真正的科学。

但是我也要提醒那些不会因此而泄气的人，我这两个假说的重要区别。第一个假说"梦是一种心理现象"可以通过我们以后长期的研究得到证实。第二个假说在其他地方获得了证据，我只是把它移到这里用罢了。

我们到底在哪里、用什么关系可以假定一个梦者有着他不知道自己所有的知识呢？这个事实让人感到惊讶，它既可以改变我们关于精神生活的概念，也没有加以隐瞒的必要。还可以顺便指出，这一事实在被说出来的同时，就会引起误会，但它又的确是真实的，所以它其实是词义矛盾的。但是梦者绝对没有隐瞒的想法。我们也不能把事实归罪于人们缺乏兴趣或是无知，也不用归罪于我们自己，因为这些是被决定性的观察和实验所忽视的心理学问题。

这第二个假说的证据到底是从哪里得到的呢？得自于催眠现象的研究。

1889年，我在法国南锡曾亲眼目睹李厄保[1]和伯恩海姆[2]做了一个实验。他们给某人进行催眠，使他置身于梦幻状态之中。这个人醒后，声称他对睡眠时所经过的事件一无所知。伯恩海姆屡次请他说出催眠时的经过，那人则声称完全不记得。但是伯恩海姆再三提示，断定他应该知道。那人迟疑不决，开始回忆，渐渐地记起了催眠者所暗示的某事，接着又记起一事，其记忆也渐渐明了而完满，后来竟毫无遗漏地全都记起了，而且没有任何人告诉他。由此可见这些回忆是从开始就一直在他心里的，只是没有拿取到而已。他以为并且相信自己不知道，情形和我们所推测的梦者的情形是完全相似的。

假如这个事实成立，我想你们一定会惊奇地问我："你讨论过失时，说错误的话之后隐有用意，只是自己不清楚，所以极力否认，那时你为何不提这个证据呢？如果一个人可以有某种记忆，而自己又认为自己什么也不知道，那也就是说，很可能他的一些心理历程是自己所不知道却确实在进行的。这个论据如果早一些提出，我们会信服，而且我们会理解过失。"是的，那时我也本想提出，但是最后我还是决定这个论据留起来，待将来需要时再用。

有些过失本身容易解释，还有一些过失，我们若要弄懂它们的意义，便须假定有一种心理历程是本人所不知道的。至于梦，我们不得不在其他地方寻求解释，而且如果要在催眠方面拿证据，你们也比较容易接受。过失的情况是常有的，它不同于催眠的状态。梦的主要条件是睡眠，而睡眠和催眠之间存在着明显的关系。催眠也许能够称为不自然的睡眠。我们对被催眠者说："睡吧"，这个暗示便能和自然睡眠时的梦相比拟，二者的心理情境也很相似。

在自然的睡眠中，我们与外界的交涉完全停止。催眠时也是

---

1 昂布鲁瓦兹-奥古斯特·李厄保（Ambroise-Auguste Liébeault，1823—1904年），法国精神病学家，南锡学派的创建人，现代催眠术之父。——译者注
2 希波莱特·伯恩海姆（Hippolyte Bernheim，1840—1919年），法国心理治疗家，南锡学派的代表人物之一，主要从事癔症、催眠和心理治疗 等方面的研究工作。——译者注

一样，只是与施术者互相感通而已。可将保姆的睡眠视为常态的催眠，保姆虽然睡着了，却仍与孩子互相感通，能够被孩子所唤醒。所以现在如果用催眠来比拟自然的睡眠，似乎就一点都不大胆了。而"梦者对梦原本就知道，只是无法接触这个知识，所以不相信自己知道的假设也就不算荒唐的捏造了。

我们对梦的研究，曾从干扰睡眠的刺激和白日梦入手，现在还有第三种途径，那就是催眠时是暗示所引起的梦。现在如果回过头再谈梦，或许就有把握了。我们知道梦者对梦是有所知的，问题就是怎样使他有可能拿出这个知识来告诉我们。我们不希望他立刻说出梦的意义，然而我们却觉得他能推知梦的起源，和梦所引起的思想和情感。针对过失而言，你会记得有人错说了"发龊"，你问他为何产生这个错误，他的第一个联想就为我们作出了解释。释梦的技术非常简单，可用这个例子作范例。

我们也问梦者怎么会做这个梦，他的回答也能视为对梦的解释。至于他是否认为自己有所知或无所知，那是无关紧要的，我们都报以同等的对待。这个技术原本十分简单，然而我怕你们会反对得更厉害。你们会说："又来一个假定，这是第二个了！更不靠谱了！你问梦者对于梦的看法，你认为他的第一个联想真的是我们需要的解释吗？然而他或许根本就没有什么联想，或者只有上帝才知道他在想什么。你这个期望所根据的理由，是我们无法猜测的。其实，你是过于相信机会，而在这里我们却需要用更多的批判力。况且梦不像一个单独的舌误，它是由许多元素组合成的，那么，究竟哪一个联想值得我们信赖呢？

我们对梦进行分析，把它拆分成各个元素，逐一研究，于是梦和舌误的相似之处便成立了。你又说，如果我们问到梦者在梦中的独立元素，他也许会说自己没什么意念，这也是对的。针对某些例子而言，这个答复能够接受，这些例子是什么，我以后再告诉你们。奇怪的很，关于这些例子，我们自己有着明确的见解。但是，笼统地说，梦者如果说自己没有意念，我们要反驳他，尽力让他作答，告诉他应当有一些意念——结果，不是我们的错。他会引起一个联想，至于联想的是什么，那就与我们无关了。过往的经验尤其容易想起。他会说："那是昨天的事"（例如之前所举出的两个不难理解的梦），或者："那使我记起最近发生的事"，通过这个梦与前一天的印象往往容易发生联系，而不是我们所能料到的。而且他以梦为起点，就会记起之前的事，最后竟又能回忆起遥远的往事。假设梦者的第一个联想一定是我们所需要的，或者至少可以作为解释的线索，你们认为这个假定是荒谬的，又认为联想能够随心所欲，而不和我们想要寻求的事情产生关系，更认为我如果期望其他事，有别的可能，那就大错特错了。我已经大胆地表述过，你们对于精神的自由和选择，信仰已经根深蒂固，我也指出这个信仰缺乏科学依据，应当给支配心理生活的决定论的要求让位。梦者受查问时刚好发生这一联想，而不发生另外的联想——这个事实需要得到尊重。我也不是通过一个信仰来反抗另一个信仰。由此而得的联想并不是选择的结果，也不是无定的，也并非和我们所想求的毫无关系，这些可以得到证明。最近我得知，在实验心理学里也能得到相类似的证据。

这点很重要，请你们额外加以注意。我如果问某人对于梦中的某个成分有何联想，我便会让他把原来的观念留在心上，任意地想，这就是自由联想。自由联想需要一种不同于反省的特殊注意。对很多人来说，这一点很容易做到，但对有些人来说，却很难。如果我不用任何特殊的刺激字眼，或限定我需要联想的种类，例如想让某人记住一个专有名词或一个数目，那么因此呈现的联想就具有较高度的自由。这种联想让我们有很大的选择空间，比精神分析用的方法更便利。然而针对具体的例子说，其联想都要严格受到某种情绪的控制，而对这种情绪所发生的作用我们是一无所知的，这正和那些引起过失和所谓"偶然"动作的倾向是相同的。

　　我和我的多个助手曾针对那些无因而至的姓名和数目，做过多次实验；有些实验已经刊用。方法如下：用一个专有名字引起一系列联想，而这些联想连在一起，已不再是完全自由的了。不过，却与梦中各成分所引起的联想相同。这个联想一直持续下去，直到联想者思想竭尽，不再有所遗漏为止。至此，你就可以解释一个专有名词的自由联想的动机和意义了。这些实验屡次得到同样的验证，因此得到的材料十分丰富，使我们不得不进行细节的研究。这些联想彼此衔接得非常迅速，而趋向一个隐秘的指向是如此有把握，这使我们感到很惊奇。

　　我会用一个人名的分析作为例子，这个分析无须用大堆的材料。我曾在给一个青年人进行治疗时，偶然提起上面的实验，说我们在这些方面看起来好像有选取的自由，事实上所想到的专有名词，无一不受制于当时的形势和受试验者的身份和癖好。因为他对此怀疑，我就请他当场实验。我知道他有许多女友，亲密程度各有不同，所以我对他说，如果要记起一个女人的姓名，便有许多姓名供他取舍。他同意了，可结果不仅让我感到惊讶，连他自己也觉得诧异，因为他并没有顺口举出大量女人的姓名，而是先静默片刻，然后承认自己所想到的只有Albine（其意为"白"）。"这就怪了！"让人惊讶的是，他并不认得什么人叫Albine，这个姓名也不能引起什么联想。你们也许认为分析是失败的，其实这个分析非常完满，不需要其他联想的补充。原来这个青年皮肤过于白皙，是个有点女性化倾向的男性，那时我们正在研究他性格中的女性化性格，谈话时经常戏称他为Albino（即"天老儿"，意为白化病）。他对Albine的联想表明他那时候最感兴趣的女人却是他自己。

　　一个因为某些意念而偶然想到曲调，只是本人对这些意念的存在一无所知。一个人之所以想起某些曲调，一，可能是因为曲中的歌词，二是由于曲调的来源（但是这句话要有下面的限制：真正的音乐家偶然想起一个曲调，则是因为这个曲调有音乐的价值。我对于音乐家缺少分析的经验，所以不敢把他们包含在以上结论之内）。

第一种原因比较普遍。我知道一个青年人在某一时期内特别喜欢"特洛伊的海伦"中的巴黎歌的音调，后来经过分析，他才意识到自己那时正同时爱恋两个少女，一个叫伊达（Ida），另一个叫海伦（Helen）。这些原来自由发生的联想，如果都受此种限制，并依附于某种确定的背景，那么依附于单独的刺激观念而引起的联想，也必然受到同样严格的约束。实验表明，这类联想不仅取决于我们所给予的刺激观念，而且依赖于潜意识的活动，也就是依赖于当时没有意识到的含有强烈的情感价值的兴趣和思想（也就是我们所称的情结）。这种联想曾经是很有价值的实验题材，而这些实验在精神分析史上也占有重要的地位。冯特学派首创一种所谓"联想实验"，被实验者对于一个指定的"刺激字"需要尽量地答出他所想到的"反应字"。在试验中要注意下列事项：反应字的性质，刺激字和反应字之间的时距，重复实验时所产生的错误等。布洛伊勒[1]和荣格[2]所代表的苏黎世学派，有时请被实验者表述为什么有奇特的联想，有时用连续的实验，以求解答联想实验的反应，结果才慢慢了解这些非常态的反应都严格地取决于一个人的情结。

布洛伊勒和荣格的这个发现，是实验心理学和精神分析连接的纽带。你们听到这些，也许会说："现在我们都承认自由联想是受约束的，并非像我们最开始所想象的那样，是可以自由选择的。我们承认梦的成分联想也一样，然而我们争执的问题并不是这个。你主张这个元素的心理背景制约着梦里的每一个元素的联想，至于这个背景是什么，我们不得而知，我们看不出这有什么证据。如果说

---

1 布洛伊勒（Bleuler，1857—1939年），瑞士精神病学家，第一个提出"精神分裂症"一词的人，其代表作《精神病学教材》被视为精神病学的范本之一。——译者注
2 卡尔·古斯塔夫·荣格（Carl Gustav Jung，1875—1961年），瑞士著名心理学家、精神分析学家，享誉世界的现代心理学的鼻祖之一。代表作《无意识过程心理学》《心理类型》《记忆、梦、思考》等。——译者注

梦的元素的联想受梦者的情结来决定，这又对我们有什么好处呢？这对梦的理解毫无帮助，最多像联想实验那样，只是对所谓的情结有一些了解，然而情结和梦又有什么关系呢？"说的没错，但是你们却忽略了一个要点，正是这个要点使我不用联想实验来作为这个讨论的起点。就联想实验来说，决定着反应的刺激是我们任意选取的，反应则介于刺激字与被试验者的情结之间。就梦而言，刺激字则被梦者的心理成分所代替，而其起源则不是梦者所知，因此，这个心理成分本身可被视作一个情结的派生物。所以，如果我们假定梦的各成分的联想是被产生这一特殊成分的情结所决定，从而通过这些成分就能发现这个情结，就不算异想天开了。

现在再举一个例子作为证据。专有名词的遗忘可用于说明梦的分析，区别在于，专有名词只关系到一个人，而释梦关系到两个人。如果我暂时忘记了一个专有名词，但它仍在我的脑海之中，而通过伯恩海姆的实验转一个弯，便能对梦者有同样的断定。现在这个虽已忘记但却确实知道的专有名词，已经使我无法捉摸了。经验告诉我，努力思索是没有用的，但是我往往可以想到一个或几个别的专有名词。

假如我只是自然地想起一个代名，则梦的分析情境和这时的情境明显是相类似的。我真正想追求的也不是梦的元素，它只是用来代替那件事——我所不知道而想借梦的分析来追求的事。区别在于：我若忘记了一个专有名词，我完全明白那个代名并不是原名，而就梦的元素来讲，只有经过艰苦研究之后，才可有此见地。如果我忘了专有名词，则可用代名为起点，去求得那时逃离意识之外的事物，比如忘了的名字。如果我注意这些代名，让它们在我心内引起一层一层的联想，迟早能够唤回那已经遗忘的原名。因此，我知道自然引起的那些代名，不仅和遗忘的名字有明确的关系，而且是被限制的。

我想用下面的这个例子来加以分析：有一天，我忘记了在里维埃拉河上以蒙特卡洛为首都的一个小国的国名。我想过了关于这个国家的任何事情，想起了鲁锡南王室的艾伯特王子，想起他对深海探险的热情、他的婚姻——总之，一切都回忆一遍，但还是无效。因此，我便不再去想，任由那种种代名涌上心头。它们来得凶猛。最先是蒙特卡洛，其次便是阿尔巴尼亚（Albania，意思是"白"）首先引起了我的注意。接下来是蒙特尼哥罗（Montenegro），或许因为黑白的对比[1]再次，我便注意到那些代名有四个都有"Mon"一个音节，这让我立即想起了那个被我忘记的国名叫摩纳哥（Monaco），可见代名实际起源于忘了的原名。四个代名来自原名的第一音节，而最后一个代名恰按照原名各音节的次序，而且包括了末尾的音节，使原名的音节齐全。至于这个专有名词之所以被暂时忘记的原因，还不得而知。意大利人喜欢用摩纳哥人来称呼慕尼黑，因此与慕尼黑相关的思想就抑制了我对摩纳哥的回忆。对于释梦来说，这个例子非常好，而且简单易懂。针对其他例子而言，你也许要对代名作较长、较复杂的联想，那时和梦的分析就会更类似了。

我也曾有过这样的经验。某人曾请我共饮意大利酒。他有着对某种酒的愉快回忆，在饭店里要了这种酒，但却忘了酒名。有许多不同的代名陆续出现，我推测他是因为一个名叫赫德维的女子而将这种酒名遗忘的。结果真是如此，他不仅说自己曾在初尝此酒时遇见一位叫赫德维的女子，而且因我的推测，而记起了酒名。那时他已经快乐地结婚了，赫德维这个名字显然属于不愿提起的往事。

专有名词的遗忘如果像上面所说的，则释梦便有可能了。由代替物出发，通过一系列的联想，总可以获得原来的对象。而且通过遗忘的名字推论起来，我们或许能够假设一个梦的元素的联想不只因那元素而定，而是由不在意识内的原来的念头来决定。这个假定如果能成立，那么释梦的技术便有了一定的根据。

---

1 Albania之意为白，而Montenegro之意为黑。——译者注

第七讲
显意和隐意

我们对于过失的研究取得了一定的效果。因为有两种结果顺着研究过失的方向由已知的假说推理得出，一种是关于梦的元素的见解，另一种是释梦的技术。梦的元素本身是梦者所不知道的某些事物的代替，而不是主要物或原有的思想，如同过失背后的潜伏意向一样，梦者虽然确实知道某些事物，但却无法记起它们。

许多这一类元素组合成了梦，如果梦的某一元素是这样的，那么整个梦也就应该是这样的。我们的方法就是，在意识之内，对这些元素加以自由地联想利用，以使其他代替的观念进入其中，然后再由这些观念推出那隐藏在背后的原念。

为了使这些名词更符合科学的用法，我现在要对名词加以修订。为了更为精确的叙述，应当用"非梦者的意识所可及的"或"潜意识的"代替"隐藏的""不可及的"或"原来的"。所谓潜意识，它的意义和已忘的字及过失背后意向的涵义相同，意思是当时属于潜意识的（Unconscious at the moment）。从另一方面来看，梦的元素本身及由联想而得的代替观念，都可称为意识的（conscious），这些名词并没有任何理论上的成见，有谁能说"潜意识的"是一个不适用又不容易了解的名词呢？

现在如果将我们的见解由一个单独的元素推广到整个的梦，那么潜意识的某事物代替了梦，而发现这些潜意识的思想便是释梦的目的所在。因此，在释梦时要遵守三个重要的规律：一是我们不必去理会梦的表面含义，无论它是合理的或荒谬的，明了的或含糊的，我们所要寻求的潜意识思想都绝不是这个（有关这一规律的例子我会在后文提出）；二是随时唤起代替的观念应当作为我们工作的界线，不用去思考这些观念是否合适，也不必顾虑它们和梦的元素是不是相离太远；三是对于所要寻求的那些隐藏的潜意识思想，我们必须耐心地等着它们自然而然地出现，就像前述实验里遗忘的摩纳哥一词那样。

由此可以看出，对我们来说，究竟能记得多少梦，或者正确与否，是一件无关紧要的事情。所记得的梦并不是真正发生的事情，只是一个化妆的代替物，其他代替的观念被这个代替物唤起，由此我们便得知了我们原来的思想，而意识之内就出现了被隐藏在梦内的潜意识的思想。尽管我们的记忆不正确，也只是将那代替物再度加以化妆而已，而且这种化妆本身也存在着动机。我们可以对自己的梦和别人的梦作出解释，但是因为从自己的梦中所得较多，所以会更加信服。

如果对这一方面做实验，也存在着阻力。我们对于源源而来的联想是有所批判和选择的，并不是完全承认。不合适的、无关的、太荒谬的、文不对题的联想被我们一一否定，结果，联想在未十分明了之前就被这些反对意见压抑得不见踪影了。因为我们一方面容易执着于最初的观念，即梦的元素，另一方面又允许自己利用批判选择，从而破坏了自由联想所得的结果。如果这些联想不是由自己解释，而是由他人代为解释，那么所作的批判选择又另有一种动机，就算我们想阻止也阻止不了。有时候，我们也会因为某一联想太不愉快而不愿意告诉他人。

　　显然，研究会被这些反对的理由阻碍。如果我们要对自己的梦作出解释，就必须不受它们的影响；如果解释他人的梦，则必须制订严格的规则，使得他即便遇到太琐碎、太荒谬、太无关系或太不愉快等上述四种理由，也能继续联想。虽然他允许遵守这个规则，然而不可避免地，后来仍然要触犯规则，我们为此感到烦恼：首先，很可能虽然经过我们一再解说，但是他仍不相信自由联想的功效；其次，我们以为也许让他读几本书，或送他去听演讲，就会使他对我们的观点不再产生怀疑。然而这种种麻烦都是不必要的，因为对这个学说深信不疑的我们，也不免对某种联想产生反对的态度，只是经过了再三思考之后，才能克服。

　　我们大可不必为倔强的梦者而感到懊恼，反而可以对这个经验加以利用，去寻求某些新鲜的事实。越出人意料的事实就越重要。我们知道，有一种抗力（a resistance）阻碍着释梦的工作，批判的反对就是这个抗力的表现形式。这种抗力和梦者在理论上的信仰没有关系。而且从经验来看，我们还知道，没有什么可以作为这种批判的反对的根据。而且与之相反，人们所要抑制的联想才是最重要的线索，可以被用来发现潜意识的思想。所以，如果一个联想伴随着这种反对，那么就不得不需要特别注意。

　　这个抗力是新发现的事实，是通过我们的假说演绎出来的一个现象。研究可能因为这个需要对付的新成分而更难进行了，我们为此感到吃惊和烦恼，因为早知如此，还不如干脆停止这种研究。何必为了对这种无关紧要的问题进行研究，引起如此多麻烦，而对顺利地应用技术造成妨碍呢？然而从另一方面来看，这些困难的确有让人难以舍弃的地方，我们或许可以由此推出，这么麻烦的研究是有价值的。

　　如果从梦的元素或代替物出发来探索隐藏的潜意识思想，不可避免地要受到抗力的阻碍。因此，可以做出这样的假设，有一种很重要的念头隐藏在代替物的背后，如果不是，研究就不会遭遇这么多的困难？我们能够作出这样的断定，如果一个孩子不肯把手里的东西直接伸出去给别人看，那么那个东西一定不是他所应有的。

在对抗力作一种动态的解释时，则需要知道，抗力是有量的变化的。这些抗力时大时小，我们在研究时常可以看见这些差异。

在这里，我们还可附上我们可将释梦时的另一种经验附述于此。也就是说，我们由梦的元素达到它背后的潜意识思想，有时只有几个联想，或许只有一个就可以了，有时却必须经过冗长的联想，而且必须克服掉许多批判的抗力。我们或许以为随着抗力的大小不同，联想的数目必将发生变化，这也是一个不错的想法。如果抗力很微弱，那么其代替物与潜意识思想之间就相距不远；反过来说，潜意识思想随着强大的抗力而发生变化，于是要由代替物达到潜意识思想本身必须要走很多弯路了。

或者可以选择一个梦作为例子来试用我们的技术，看看它是否符合我们的期望。然而什么样的梦可以被我们选中呢？你们不知道选择一个梦作为例子的困难所在，我也无法向你们解释这些困难是什么。有些梦从整体来说，很少化妆，也许有人认为，这些梦可以用作出发点。然而所谓最少化妆的梦，究竟是指什么来说的呢？是指像我们上文所举过的两个实例那样吗？有着明确的意义，有条不紊的程序。如果我们要做这样的假定就大错特错了，因为研究的结果表明，这些梦偏偏存在很多化妆之处。

如果我们不作任何的规定，随便选取一个梦作为例子，你们或许对此又会大失所望。我们关于梦的元素的联想，也许需要非常繁琐地观察记载，以致整个研究都受此影响，得不出明确的见解。

如果将梦写出来，并与这个梦所引起的一切联想进行比较，我们可以发现，与原来的梦相比，记载联想的篇幅要多出数倍。所以选取几个简短的梦用来作分析，似乎是最实际的方法，至少每个梦要传达一点意见或对我们的某个假定作出证实。这个办法是我们最终决定采用的，除非是我们被经验告知，必须采用化妆不多的梦才可以。

还有一个简便的方法可以让释梦变得简单：我们先对整个的梦不必作出解释，而是以梦的单独的元素为限，用几个梦作为例子，看我们是怎样运用技术去解释它们的。

案例一

一个女人回忆在她童年的时候，曾多次梦见上帝头上戴一顶尖顶的纸帽。对于此梦，你如果没有梦者的帮助，该作何解释呢？从表面上来看，这种回忆在童年一点意义也没有。但是那女人说，当她还是一个小女孩的时候，为了偷看兄弟姐妹盘子内的食物是不是比她的多，就常在进餐时戴上这么一顶帽子，如此一来，便有线索可以追寻梦的意义了。显然，帽子起着遮盖的效用，探悉这段往事变得容易起来了。而梦者的另一个联想，更容易解释这个元素和整个梦了。她说："我听说，没有任何事情可以隐瞒上帝，这个梦的意义只能是，虽然他们想瞒我，但是我也如同上帝般无所不知，无所不见。"或许，这个例子过于简单了。那么我们来看第二个例子。

案例二

一个性格多疑的病人曾做了一个较长的梦，在梦中，有人告诉她关于我的论《诙谐》那本书，并且对此大加赞美。其次便是关于水道（canal）的事，也许在另一书内可以见到水道这个字或与这个字有关的字……她不知道……这一切都十分模糊。

在你们看来，一定会以为梦见的水道本身模糊，所以难以解释。你们认为难以理解是对的，但模糊并不能作为难以理解的原因；相反，是别的原因使得此梦难以解释，也正是这个原因使得这个元素很模糊。对于"水道"一词，梦者没有联想，自然，我也不知道说什么才对。第二天，这个病人告诉了我一些或许与此有关的联想。

她记起了某人的一句玩笑话：有一个英国人在多佛尔和加来之间的渡船上讨论某问题时说："高尚的和可笑的之间仅隔一沟"（Du sublime ou ridicule, il n'y a qu'un pas）。一个著名的作家回答他说："是的，那就是lePas-de-Calais了"，意思就是法兰西是高尚的，而英格兰是可笑的。这个Pas-de-Calais是一条水道——也就是英吉利海峡。也许你们要问，这个联想和梦有关吗？在我看来当然有关，这就是那个令人不解的梦的元素真意。或者你们不相信这个笑话在做梦之前就已经存在且成为"水道"这个元素背后的潜意识思想，你们可能认为它们是后来捏造出来的。由联想看来，可见过分的赞美掩饰了她的怀疑，而抗力是造成联想迟缓和梦的元素模糊的原因。对于此例中所有梦的元素及其背后的潜意识思想的关系，你们要多加注意，它如同是思想的片段，用他物在作比喻。因为梦的元素与潜意识思想相距太远，所以变得无法理解了。

案例三

一个病人做了一个很长的梦，梦中有一片段如下：他家里的几个人围坐在一支特殊形状的桌子前……梦者想起来，在某一家庭内也曾见过同样的一张桌子，于是他持续联想下去……父子的关系在这个家庭内很特别，梦者马上接着便说，自己与父亲的关系也是这样的。所以这个类似的一点就是用此桌入梦来指示的。

对于释梦的要求，这个梦者早已经熟知。如果不是这样，就不必对桌子的形状这样琐碎的事进行研究。确实，梦中所有事物并不是无因而起的，如果我们要得出结论，就需要对这种琐碎的、似乎是没有动机的细节进行研究。对于为什么选取桌子来表示"我们的关系与他们的相同"这一点，你们也许仍感到疑惑。但是如果你们知道那一家姓"Tischler"就可以解释这一点了（Tisch意即桌子）。

梦者梦见亲属们围此桌而坐，意思是指他们也都是一些 "Tischler"

还需要注意这样一点，对于这种释梦的叙述不免轻率，这也是选梦的困难之一。或许，我也可列出另一个例子，然而虽然可以避免轻率之弊，但取而代之的是另一种缺陷。

在此，对两个新名词加以注释。梦的显意（the manifest dream-content）指可以说出来的梦，梦的隐意（the latent dream-thought）是指隐含于其背后，由联想而得的意义。

接下来，我们就必须对上面各例所有显意和隐意的关系加以讨论了。这些关系有很多种类。在例）和例二中，梦的显意也就是隐意的一部分，只是作为一个片段出现的。有一小部分闯入梦里的潜意识思想，就像电报码中的缩写一样，成为片段或暗喻。如例二所示，要将此片段或暗喻凑成全义来释梦。所以用一个片段或一个暗喻来代替他物是梦的化妆作用之一。显意和隐意之间的另一种关系体现在例三中，从下面各例中能更加清楚地看出这种关系。

案例四

某女子被梦者将从沟渠中拉出来，他认识这个女子。梦者由第一个联想，即可释梦如下：他"选取了她"，看中了她。

案例五

又有一人梦见他的兄弟手持竹节，第一个联想是中秋节到了，第二个联想他才道出梦的隐意：他的兄弟正在节省开支。[1]

案例六

梦见登高山以望远。乍听起来，此梦似乎很合理，无须加以解释，只须研究是什么回忆引起这个梦就足够了。这是一种错误的做法，这个梦与较欠条理的梦不相上下，也需要作出解释。因为任何有关登山的事情，梦者都无从记起，反而记起某友人正刊行一种

---

1 此梦为译者改译。——译者注

Rundschau（评论），以讨论人类和地球上最远部分的关系，所以梦的隐意是梦者自以为是一个评论者"reviewer"（reviewer实即为"测量者"）。

梦的显意和隐意的新型关系在这里都有所体现。与其认为显意是隐意的化妆，不如说是代表了它——一种由字音引起的可塑性的具体意象。然而从结果方面来看，也可以视为一种化妆，因为我们早已记不得究竟何种具体意象是这个字的起源了，所以现在意象代替了这个字，我们就不认识了。如果你们知道梦的显意大多为视像构成，思想和文字只占很少的分量，便可以知道，在梦的构造上，显意和隐意之间的这种关系具有何等的重要性，如此一来，就更可知为了达到隐藏的目的，一长列的抽象思想可在显梦里造成代替的意象。绘制谜画用的就是这种方法。在此，我们就不对这种意象和诙谐心理学的关系进行讨论了。

至于显意和隐意之间的第四种关系，留待将来有需要时再进行讨论。即便在那时，我也不会将与此有关的所有内容统统列举出来，只要满足要求就够了。

现在，你们做好了解释整个梦的准备了吗？自然，关于梦的选择我不会选取最难的，但是所选取的梦也必须具有梦的特点。

一个年轻的妇女已结婚多年，某夜她做了这样一个梦：她和丈夫在剧院内，正厅前排座位有一边完全是空的。她的丈夫说爱丽丝和她的未婚夫也要来看戏，但是只能用一个半弗洛林（钱币名）买到三个坏座位，当然，他们是不会要的。她说，她认为他们没有任何损失。

由梦所起的事件是梦者所陈述的第一件事，已经表现在显意中：她确实曾听她的丈夫说过，和她年纪相仿的友人爱丽丝已订婚了，这个梦就是对此消息的反应。我们已经知道，许多梦都能轻易地反映出前一天发生的事件，同样，梦者也很容易对此追根究底。

单单从此梦来看，梦者已经道破了显意里的其他一些同样的元素。

"有一边座位还完全空着"这一细节是什么意思呢？这指的是前一星期发生的事，她想去看戏，很早就定了位子，以至于多付了票价。等到入场一看，有一边座位几乎完全空着，显然，她的担忧是多余的。即使在开场的当天来买票，也能买到，为此她受到丈夫的讥笑，认为她太匆忙了。其次，一个半弗洛林指的又是什么呢？这与看戏的事一点关系也没有，而是在说前一天听到的一个新闻：她的嫂嫂再接到丈夫寄给她的150个弗洛林后就匆匆地到珠宝店里去，像一个傻瓜一样，把钱全部用来买一件珠宝。

为什么是"三个坏座位"呢？对此，她一无所知，除非下面这个观念也算一个联想：她结婚已经十年，而这个订婚的女子爱丽丝的年纪只比她小三个月。那么为什么两个人买三张票呢？对此她没有什么可以说的，而且不愿有所联想。

梦的隐意足可以从这少数联想而得到的材料中被发掘出来。奇怪的是，时间这个概念她提到了好几次，这便是此梦的共同基础。由于她的戏票买得太早，太匆忙了，所以不得不多付票价；她的嫂嫂拿到钱后就匆匆地到珠宝店里买首饰，好像迟了就买不到一样。把这些特别看重的各点，如"太早""太匆忙"等和梦所引起的事件（即年纪比她小三个月的朋友现在也已订婚了）以及她对于嫂嫂的严厉批评，认为如此匆忙、未免太傻等事合起来看，则可以将梦的隐意归纳为："我太傻了，才急于结婚，从爱丽丝的身上可以看出，我迟一些也还能和人订婚"。（她自己的急于买票，她的嫂嫂的急于买珠宝都用以表示此意，而看戏代表结婚）。

或许我们可以再往下进行分析，不过这种分析会较欠明确，因为分析所得的结论必须与梦者的话相一致，而不起冲突：如"我用这笔钱或许可以得到百倍于此的利益"（150个弗洛林恰恰百倍于一个半弗洛林）。假如用这笔钱代替嫁妆，则意思就是说嫁妆可以买到丈夫，那么珠宝和坏座位也就是指代丈夫了。假如把"三张票"和一个丈夫联系起来，那就更好解释了。但是我们的知识却还做不到这一点。我们只知道这个梦的意思是梦者看不起丈夫，而后悔自己太早就结婚了。

我认为，我们对第一次释梦的结果不但不会感到满意，反而会感到奇怪。观念是如此之多，以至于我们无法全部了解。我们知道，对这个梦的解释还没有到达终点。现在将已明白的各点列举如下：首先，我们要知道"匆忙"是这个梦隐意的重点所在，而在显梦中没有体现出"匆忙"来。如果没有对此进行分析，就无法知道这个隐意的存在。所以似乎在显梦中，没有呈现潜意识思想的中心点。这一事实必将从根本上改变整个梦所给予我们的印象。其次，观念在梦里面作无意义的结合（如一个半弗洛林买三个），使得我们在梦的思想内发现下面一个隐意："（结婚太早）未免太傻。"显然，"未免太傻"的隐意是由显梦中的无意义成分表现出来的。再次，显意和隐意的关系从比较的结果来看，它们之间并不简单，不一定总是一个潜在的元素被一个明显的元素所代替。二者是交叉关系，属于两个不同的组，所以一个明显的元素可以代表几个潜伏的思想，而一个潜伏的思想也可以为几个明显的元素所代替。

如果从梦的意义和梦者对意义的态度来看，我们将发现更多令人惊奇的事实。虽然对于我们的解释，那位太太表示了认可，但她仍感到十分惊异。她不知道自己对丈夫竟是如此地轻视，更不知道为什么会这样。这就是说，这个梦的许多细节还未被完全了解，在我看来，对于释梦，我们还没有做好充分的准备，所以还需要进一步的训练。

第八讲

儿童的梦的研究

我认为我们进行的速度有点过快，所以让我们后退几步来看。

在我们运用应用分析法对梦的化妆做出解释之前，我曾说过，为了避免由化妆而引起的困难暂时将注意的范围缩小，以那些没有化妆或很少化妆的梦为例是最好的办法。其实照这个办法，又避免不了和精神分析的发展过程背道而驰；因为事实上，对于未经化妆的梦，只有在应用我们的释梦法对曾经化妆的梦彻底地分析之后，才能知道它的存在。

我们可以在儿童的梦中找到这种梦。儿童的梦简短、明白、易于了解，虽然没有含糊的意义，但仍然是梦。然而不是所有儿童的梦都属于这个类型。化妆的梦在儿童期开始时就已出现，据记载，5～8岁之间的儿童的梦就已经具备了成人的梦的一切特点。

但是一系列的所谓幼稚的梦在初具精神活动或四五岁这一时期存在，对此进行研究便可发现，同一类型的梦在儿童后期还可以拥有，甚至在某种情形下，成人也可以与婴孩具有同样幼稚的梦。对于梦的主要属性，可以从这些儿童的梦中做一个真实可靠的了解。

（一）要了解这些梦，不用进行分析，也不用应用任何技术，更无需询问述梦的儿童。然而，我们却要对他的生活略有所知。每一个梦都可以由前一日的经历解释而来，因为心灵在睡眠中对于前一日经历的反应就是梦。作为进一步结论的根据，现举如下几个例子：

例1：一个1岁零10个月的小孩要送另一个孩子一篮樱桃作为生日礼物。虽然这样一来，他自己也能得到一些樱桃，不过显然，他不愿意这样做。第二天早晨，他说自己梦见赫尔曼已经吃光了所有樱桃。

例2：一个3岁零3个月的小女孩第一次游湖。她在返回时因为不愿上岸而放声大哭，她认为，湖上时间过得太快了。第二天早晨，她说自己梦见又去游湖了。我们可以推断出，她梦中游湖的时间一定比白天长。

例3：一个5岁零3个月的男孩和别人一起游览位于哈尔斯塔特附近的厄斯彻恩塔尔。他以前曾听说过，哈尔斯塔特在德克斯坦山的山脚下，他对此山很感兴趣。德克斯坦山从奥西地方的房子内就可以看见，如果使用望远镜，连山顶上的西蒙尼小屋都可能会看见。这个孩子曾经常使用望远镜去看这个山顶上的小屋，不过是否能看见，却无人知晓。带着这个愉快的期望作，他开始了这次旅程。

每当有新山在望的时候，他都会问那是不是德克斯坦山，每次人们都告诉他不是。于是他渐渐失去了兴致，开始默不作声，也不愿意去看瀑布了。大家都以为他是太累了，但是他第二天一早早晨很高兴地说："昨夜我已梦见在西蒙尼小屋之内了。"他是怀着这个期望加入这次旅游的。关于路程，仅是对以前听到的话的重复："你必须在山上走六个小时才能到达山顶。"。

（二）这些儿童期的梦也有意义；它们都是完整的、可以了解的心理动作。

在上文中讲过，你们不要忘记医学上梦的见解，也不要忘记，梦被有些人比喻为不懂音乐的人在钢琴键盘上的乱弹。与这种说法相反的就是上面所引述的儿童的梦。奇怪的是，在睡眠时，一个儿童能做出完整的心理动作，而在同一情境之内的成人仅仅对间断的反应便感到满足了。而且无论从哪一方面来说，与成人的睡眠相比，儿童的睡眠都更熟、更深。

（三）这是一些没有经过化妆的梦，它们的显意和隐意相同，所以不用解释。由此我们可以十分肯定地说，梦的主要属性不是化妆，你们也一定会对此表示赞同。但是经过仔细的研究后发现，这些梦也有化妆的成分存在，即使只是相当浅的程度，但是多多少少在梦的显意和隐意之间都存在着区别。

（四）梦是儿童对日前经历的反应，如果他们对经历的事感到遗憾，抱有希望或有不曾满足的愿望便做梦。为了满足这个愿望，儿童毫会无掩饰地借助梦来达成。

现在就梦所占的地位进行讨论。关于这一点，我们已经知道一些明确的事实，但是只有极少数的梦才可以用这些事实来解释。因为儿童的梦是十分容易完全了解的，所以在儿童的梦中，这种身体刺激的影响很难被发现。不过，即使这样，我们也无需放弃这个刺激生梦的观念。我们必须记住这一点，除了身体的刺激可以扰乱睡眠之外，心理的刺激也同样可以做到。我们知道，大多数时候，正是这些心理的刺激在扰乱成人的睡眠，因为使成人们引起睡眠所需的心理情境，即和外界脱离关系的情境，在这些刺激的作用下都不能达到。他们不睡眠的原因是他们宁愿继续正在做的工作，也不愿意被打断生活。所以不曾满足的愿望是侵扰儿童睡眠的心理刺激，梦是他们对此的反应。

（五）由这个捷径，我们得知了梦的功能。假设梦是对于心理刺激的反应，那么为了消除其刺激而使睡眠继续下去，就需要一个发泄的渠道，梦的价值就在于此。目前仍然不知道这种发泄为什么会选择梦作为动力来实现，然而我们已知道扰乱睡眠的不是梦（以此责备梦的有很多人），恰好相反，梦担负着保护人的角色，使我们的睡眠不被干扰。我们原以为睡眠较深是因为没有梦，很明显这个见解是不正确的。如果没有梦的帮助，就不可能睡觉，都是因为有了梦我们才睡得好。如同巡警在驱逐扰乱治安者时不免要开枪一样，不可避免地，我们也会稍微受到梦的干扰。

（六）梦因愿望而起，梦的主要特性之一就是用梦的内容表示这个愿望。另外，梦不但能使一个思想有表示的机会，还能借幻觉经验的方式来表示愿望的满足，这可以说是梦的一个不变的特性。

"我很想游湖"是引起梦的愿望，而梦的内容则是："我正在游湖"。因此就这些儿童期的简单的梦来说，梦的隐意和显意之间还是稍微有些区别，隐意经过化妆将愿望译为经验。

我们在释梦的时候，一定要设法还原这种化妆作用。如果这是所有梦的最普遍的特性之一，我们就能知道解释前述各梦的方法了。"我看见兄弟手持竹节"的意思并不是"我的兄弟正在节省开支"，而是"我希望我的兄弟要节省开支"，这两个普遍特性之中，后一个比前一个更容易被大家所接受。

在经过广泛的研究之后，我们确信，引起幻梦的常常是一个愿望，而非一种成见、目的或者谴责。不过其他特性并不因此改变，也就是说梦不仅重复引起这个刺激，并且因为被当成一种经验，便使刺激消灭而安静了。

（七）就梦的这些特性来说，我们也可以将梦与过失进行比较。我们在过失里发现了一个牵制的倾向和一个被牵制的倾向，这两种互相对立的倾向导致了过失，过失就是两者互相妥协的结果。梦也同样属于这个范畴；其被牵制的倾向是指睡眠的倾向，而牵制的倾向是一种心理刺激，我们将其称为（力求满足的）愿望，因为目前我们还找不到牵制睡眠的其他心理刺激。梦也是这两种倾向相互协调的结果：人在睡梦中，却仍然实现着自己的愿望。我们满足了愿望，却仍处于睡眠之中。总之，这两种倾向各有一半成功和失败。

（八）大家应该记得，我曾想借"白日梦"来解决梦的问题。"白日梦"具有满足愿望、野心或情欲等特点，不过其采取的方式是思想或想像，虽然比较生动，但与幻觉的经验是决然不同的。因此，"白日梦"还是梦的两个特性的，不过却缺乏为睡眠所特有而为醒时所不能有的那一属性。在语言中，我们也同样发现了梦的这个主要特性，即满足愿望。

诚然，有些梦实际上就是想象过程的重现，但这种情况只在睡眠的特殊状况下才发生，我们将这样的梦称之为"夜中白日梦"（a nocturnal daydream）。除了睡与醒的差别，这种梦与白日梦没有什么差别。另外，我们还能在一些俗语和常用语中发现与白日梦相类似的证据。如俗话说："猪梦橡实，鹅梦玉米。""小鸡梦什么呢？梦见谷粒。"这些谚语所说的已由儿童降至动物，其所主张的梦的内容也是满足愿望。还有很多成语，如"美梦成真""此事是梦想所不及的"；"就连最荒唐的梦也不会有如此想象"等，其含义也大多与"梦是愿望的满足"这一论断相符。

当然，也有所谓"焦虑的梦"（anxiety dreams）、痛苦的梦或无关痛痒的梦，不过这些都没有与之相当的成语。当然我们也会听过"恶梦"这个名词，可是据普通的用法，"梦"总是带有一些满足愿望的涵义。不管是什么谚语绝不会说猪鹅梦见被宰杀的。

一般谈梦者常常会忽略梦的这个满足愿望的特性，这未免有些令人费解。其实，他们早看见了这一层；只不过他们从未承认过这是梦的特性，从未将其作为释梦的引线。他们到底为何这么做，我们想想便能知道，这个我们以后再说。

现在还是来看看通过对儿童的梦进行分析，我们能够轻而易举地得出哪些结论。

（1）保护睡眠是梦的功用；

（2）梦是由两种互相冲突的倾向而起，一种是睡眠，另一种则是满足某种心理刺激；

（3）梦是具有一定意义的心理动作；

（4）梦有两个主要的特性，即愿望的满足和幻觉的经验。

除了上述曾举出的梦和过失的关系之外，我们这个研究还没有什么特别的标识。即使一个从未研究过精神分析的心理学家，差不多也能对儿童的梦作出一样的解释来。可是为何却没有一个人作这样的解释呢？

如果所有的梦都如此幼稚，那么梦的问题早就解决了，我们的研究也早就完成了，就不必去询问梦者，也不必去谈什么潜意识或引用自由联想的方法了。很明显，这是我们应该继续努力的方向。

我们总是能够发现，那些看似普遍使用的准则，其实最后只能用于少数几个梦。因此，我们现在要解决的问题是，儿童的梦所表现的特性是不是较为稳定，或者说意识不明显而愿望不易看出的梦是不是也具有这些属性？我们认为这些梦已经过多次化妆，因此无法立刻加以判断。要分解这种化妆，就一定要求助于精神分析法，当然如果是想单纯研究儿童的梦的意义就没有这个必要了。至少还有一类梦与儿童的梦相似，也没有经过化妆，并容易认出是愿望的满足。

这些梦都由迫切的生理需要如饥、渴、性欲等所引起，作为愿望的满足即在于对这些体内刺激的反应。比如我所记载的，有个1岁零7个月的小女孩因为吃多了水果，消化不良，不得不挨饿一天，结果她当天晚上就梦见一份写着自己名字的菜单，上面还有她喜欢的草莓、覆盆子、鸡蛋、奶油面包等。这个梦显然是对白天挨饿的直接反应。巧合的是，她的祖母，68岁零5个月，因为浮动肾脏（floating kidney）不得不断食一天，结果她当晚就梦见有人请她聚餐，面前尽是山珍海味。其他如饥饿的囚犯、食物断绝的游历家和探险家也都会经常梦见得食充饥。比如，著名探险家诺顿斯柯尔德在他1904年出版的一部关于南极探险的书中，讲述了他和探险队过冬的情景：

我们的梦清晰地显示了我们当时的思想方向。我们从来没有做过那么多、那么鲜明的梦。即使是那些很少做梦的朋友，每天早上起来交换梦境的时候，也常有长梦作为谈资。我们所有的梦都是关于那遥远的故乡，偶尔也涉及我们眼下的处境，不过梦的主要对象还是吃的。

有一位朋友经常在晚上做梦时大嚼，早晨起来时他会因为自己在梦里吃了三道菜而深感愉快。还有一个人梦见了满山都是烟草，另一个人则梦见有船向自己扬帆驶来，一直到它挡住了眼前所有的冰块。还有个梦也值得一提：邮递员送来一封信，之后便反复解释他迟来的原因，他说信刚开始送错了地方，后来费了许多周折才将信件取回。

睡梦中虽然有很多稀奇的事情，不过，令我惊异的是，我们所有人的梦都缺乏想象力。我想，如果我将这些梦都记载下来，必会让心理学家大感兴趣。梦给了我们大家莫大的满足，我们是如何思慕睡乡，你们由此便可想而知了。

另外，在这里我再引一段杜普里尔的话："派克旅行非洲，在几乎渴死时，常梦见家乡那水源丰富的山谷；特伦克在马格德波格的城堡内挨饿时，经常梦见有美食环绕；乔治·巴克曾参加富兰克林的第一次探险，当其粮绝将死时，经常梦见饱食难以消化。"

不管是谁，如果因为晚餐进食过多，入夜大渴，就难免会梦见喝水。不过，大饥大渴并不会因梦而止，醒来时口渴还是要喝水，饥饿还是要进食。此时梦确实没有什么实际的功用，不过显而易见的是，梦的目的在于保护睡眠，使得刺激不会惊醒梦者。假如愿望的强度比较弱，那么"满足愿望的梦"往往能够达到满足的目的。

同样，性欲的刺激也能因梦而得到满足，不过这种满足自有其特点。性欲的冲动不像饥渴那样十分依赖外物，梦遗也能使梦者得到真实的满足；不过对外物的关系也非常重要（这一层等我们后面再讲），因此这真实的满足与梦的对象仍不免有联系，只不过是其中的伪装不是很明显而已。正如兰克所说过的，梦遗这一特点可用来作为研究梦的化妆的适当对象。

对于成人来说，愿望的梦经常在满足自身之外，还含有其他纯由心生的事物，要想弄懂这种梦，我们还要对它继续加以解释。不过，成人如果有这种幼稚型的满足愿望的梦，也未必就是由迫切的生理需求引起的。有些梦带有强烈的感情色彩，明显是某种特定的心理刺激的结果。比如那些充满"焦急"的梦（"impatience" dream），梦者或准备旅行，或打算看戏，或预备演讲，或计划访友，都将他的期望预先在梦中实现了：在动身前旅行者一定到了目的地，要看戏的已经在戏院内，演讲者已经在掌声里陶醉，拜访者则已经在和所想要访问的朋友告别。又如所谓"偷懒"的梦（"comfort" dreams），梦者为了要继续酣睡，便梦见自己已经起床、洗脸、上学，事实上他仍然在睡觉，这个梦的意思是想在梦里起床，而并非想真正起床。

我们之前已经承认，睡眠的愿望常在梦的构成上占据一席之地，就这些梦来说，这个愿望会作为梦的起因而明显地表现出来。因此梦的需要与其他重大的机体需要是同样重要的。

我想在这里请大家参考慕尼黑的沙克画廊中施温德绘画的复制品，从画中我们可知，梦可由强烈的心理刺激而起，对于这一点，画家是十分清楚的。画的名字叫《囚徒的梦》，梦的主题自然就是囚徒的越狱。画中，囚犯梦见自己正在从窗口往外爬，这时，阳光透过窗户照在了他的脸上，他醒了，他的美梦定格在窗口。如果我没有误解或附会，那么可以说站在顶端而靠近窗口的妖神（即囚犯希望取得的位置）其实就是囚犯心目中自己的化身。我之前说过，除了儿童的梦和幼稚型的梦以外，其他各种梦都不免经过多次化妆，难以解释。我们虽可揣测这些梦也都是满足愿望的梦，但一时也不敢就此断言，也无法从梦的显意推定这些梦到底是由什么心理刺激所引起，或证明它们也和别的梦相似是为了解除或减轻其刺激。它们需要加以解释或翻译，对于化妆的历程要进行溯源的研究，显意要代之以隐意，之后才能明确地断定可否用研究儿童的梦而求得的种种结论来解释所有的梦。

第九讲
梦的检查作用

通过对儿童的梦的研究，我们已经了解了梦的起因、主要特征和功能。梦是一种用幻觉的满足将侵扰睡眠的心理刺激消除掉的方法。对于成人的梦，我们所能解释的只有一类，即幼稚型的梦。至于其他种类的梦，不仅没有讨论，也并没有了解，但是我们已经求得的结果却不容小视。一个梦如果完全能得到了解，使得愿望得到满足，这绝非偶然巧合，所以一定非常重要。

我认为其他种类的梦是对一种未知内容的化妆代替物，而对这种未知内容一定要加以研究。我们之所以作这种假设，除了其他理由之外，还因为梦与过失很相似。所以，我们一定要研究以求了解这所谓梦的化妆作用了。

梦之所以神秘莫测，就是因为它具有化妆作用。我们要弄清楚以下几点：（1）化妆的起因（即动因）；（2）化妆的功用；（3）化妆的方法。我们还可以把化妆看成是"梦的工作"（dream-work）的产物。现在可以对梦的工作和其中的所有力量进行描述了。

下面先讲述一个梦，这个梦是由精神分析界的一位知名的夫人（指胡格·赫尔穆斯医生的夫人所记录）。她说梦者是一位年高望重，受教育程度很高的妇人。此梦未被分析，录梦者以为精神分析家会一语道破，无须解释。而梦者也未解释，只是大肆申斥和批判，好像自己深刻理解梦的隐意，她说，"你看，一个日夜只替孩子操心的五十来岁的老妇人，居然会做这样一个荒唐的梦！"

现在可以对梦境进行叙述了，梦是关于大战时的"爱役"。

"她来到第一军医院，对门警说要进院服务，必须与院长当面谈。她在说话的时候，着重强调了'服务'二字，以致警官马上就知道她指的是'爱役'。由于这个妇人有些老，因此警官有些迟疑，后来，还是让她进院了，但是她并没去见院长，而是走进一个大暗室内，室内有许多军官、军医，他们或站或坐地围在一个大餐桌旁。她对一个军医说明自己的来意，军医立刻明白了她的意思。她在梦里所说的话就像是：'我和维也纳的无数妇女准备把自己供给士兵、军官或其他人等……'最后变为喃喃之声。然而她一看军官们半怀恶意和半感困惑的表情，就知道他们都已明白她的意思了。她又继续说：'我知道我们的这个决定很不正常，但是我们都有一颗热诚的心。每一个在战场上战斗的士兵，决不会有人问他是否愿意战死的。'接着是一分钟的静默，很难堪。然后军医用两臂抱住她的腰说：'太太，如果真是这样，那……'（接着又是喃喃之音）。她脱身而退，想道：'他们大概都是一样的'，于是回答说：'天啊，我是一个老妇人，怎么会有这种事啊。有的条件不得不遵守：总得注意年龄，一个老妇人和一个小孩或许不……（喃喃）实在是太可怕了。'军医说：'我很明白'；但是有几个军官，还有一个曾向她示爱的少年，都大声欢笑，那老妇人就请求当着院长的面，把事情弄清楚；她认识院长。可是她突然大吃一惊，她竟然不知道院长的姓名。军医对她充满敬意，告诉她怎么上三楼——从一条很狭的螺旋形铁梯通过暗室，直至楼上。上楼梯时，她听见一个军官的话："无论她年纪大小，这个决定足够惊人，向她致敬吧！"她觉得她走上了一个没有尽头的铁梯，只是在尽自己的义务。"

这位老妇人在几星期内重复做过两次这样的梦，仅内容上稍有些变动，但据她本人说，这种变动都是毫无意义或根本不重要的。这个梦和白日梦很像，很少有不连贯处，而且有许多地方只要稍加询问就能明白：你们明白，但却从没这样做过。

让人感到非常惊奇而又颇有趣的是那些语气忽断的地方；有三处内容好像变得模糊不清了，语气一断，便被喃喃之声所取代了。

由于我们还没有对这个梦加以分析，严格来讲，我们绝对没有对其意义进行揣测的权利，但是仍有若干蛛丝马迹可寻，例如"爱役"两个字，可以作为下结论的材料。而在喃喃声之前断续的话，也都可根据意义进行补充。补足之后，便有一种梦幻生成，也就是表明梦者准备随时尽职献身，来满足军队中各色人员的性需求。这种可怕的性欲幻想的确很无耻，然而梦却并未谈及此事，每当前后关系中应当表露什么的时候，就会在显梦内出现模糊不清的喃喃之声，那些秘密的意义已经完全被消灭或已受到压抑。

这些细节为什么会引起压抑呢？主要是因为其本身的性质太令人惊骇了，对于这一层，我想你们并不难通过推想得知。近来同样的事不胜枚举。以任何一种有政治色彩的报纸为例，你们会发现到处都有删削之后留下的空白。这些空白处，原本一定有新闻检查员不赞许的事情，所以才被删除得一字不留。你们也许会觉得这样太可惜，因为被删的部分一定是新闻中最有趣之处。

有时检查并不是针对整个句子。编著者料想到某段也许会被检查员指摘，因此便把这些句子化硬为软，或暗示影射，或略加修改。因此新闻中不再有空白，但是因那些转了弯而缺乏明了的表示，可以觉察到著者在书写时，已经在内心里作过一番检查了。

　　凭借这个比喻，我们可以这么说：梦里装成喃喃之声的话或删去的也一定充当了检查作用的牺牲品。我们也的确用了梦的检查作用这个名词，并把它看成梦的化妆的原因之一。每当梦中出现了断续之处，我们便知它是因为检查作用。更进一层讲，凡是在较明确的其他成分中，出现的在记忆中较模糊、意义含糊，并且有可疑成分的，我们认为这便是检查作用的证据。然而无论如何，检查作用很少像在"爱役"梦里那么痛快且爽直。而上述第二个方法是检查作用较为常用的，即用暗示、影射、修饰等来代表真正的意义。

　　还有第三种行使职权的方法适用于梦的检查作用，即新闻检查条例无法比拟的，上面分析过的一个梦可以用来说明梦的检查作用这个特殊的活动方式。你们可记得"用一个半弗洛林买三个坏座位"的梦。这个梦背后的隐意为："太匆忙了，太早了"占重要的地位，意思是说"结婚那么早真傻；那么早买戏票也傻，嫂嫂那么匆忙花钱买珠宝也傻得可笑……"

　　在显梦中并未表现这个主旨，显梦的侧重点在看戏买票。由于梦的元素有这样一个重心的移植和改组，因此梦的显意与梦的隐意相差悬殊，以至再没有人怀疑隐意的存在了。这个重心的移植便是化妆所用的主要方法之一，而梦之所以这般奇异，也是因为这个原因使梦者不愿承认这是自己内心的产物。材料的省略、改动和重组——这便是梦化妆和检查活动用的方式和方法。

　　我们现在要对化妆作用进行研究，而检查作用则是化妆的主因，或主因之一。移置（displacement）一词往往兼括排列的变动和更替。梦的检查活动基本如以上所述，我们现在可将注意力转移到其动力学上。我希望你们在对待"检查作用"时不要用拟人说的意义，把检查形容为一个严肃的小鬼，寄居在脑中小房间里行使职权；也不要硬性地确定它的位置，认为有一个"脑中枢"会产生检查的力量，那个中枢一旦受伤，这个力量便立刻停止发挥作用。我们现在可以只把它当作一个有用的名词，来表示一种动的关系。我们也可以不必因此而对这个力量的实施者和接受者各为何种倾向而不闻不问，就算我们发现自己遇到了检查作用仍熟视无睹，也不必为此感到惊奇。

但是这的确是事实，必须记得我们用自由联想法时，曾有一种奇怪的经验：我们知道要用梦的元素努力企求其背后的潜意识思想，会不可避免地遇到一种反抗。对于这个抗力，我们曾说过，它时而很大，时而很小。抗力小，只需要几个联想便能够完成释梦的工作；抗力大，因而不得不使联想变得冗长，让我们与出发的观念相距甚远，一路上还必须要与那些因联想而引起的种种批驳做斗争。这种释梦时所遇到的反抗，现在看来，即"梦的工作"中的检查作用，确切地说，反抗是一种客观化的检查作用。因此可以得出结论：检查的力量并没因对梦的化妆产生促进作用而枯竭，它作为一个永久的机关仍然存在，其对维持已存在的化妆起着重要作用。而且正如释梦时的抗力大小随不同元素而有所变化一样，因为检查作用而引起的化妆程度也随着梦中的各个元素的不同而不同。通过对显梦和隐梦的比较研究得知，一些潜伏的元素消灭殆尽，一些有微小的改动，一些仍居于显梦中，甚至变本加厉。

然而我们的目的是寻求和探究施行检查的和受检查的是何种倾向。这个问题对于了解睡梦和人们的生活都扮演着很重要的角色，如果我们将已解释过的梦作一次概览，那么回答这个问题并不难。施行检查的倾向，就是梦者在清醒时承认或赞许的倾向。你如果对自己的梦的正确解释予以否认，那么你的动机就是促使检查，从而形成化妆的动机，因此释梦就有了必要性。

现在再来看那位五十岁妇人的梦吧。我们虽然对这个梦并未作何解释，但是她自己也感到非常吃惊。如果冯·胡格·赫尔穆斯医生把梦的无可怀疑的意义如实相告，恐怕会她会更加暴怒。梦里污秽的话之所以以喃喃之音代之，正是因为这种批驳拒斥的态度。

其次，我们可以通过这个内心批判的观点来对梦的检查作用所反抗的倾向具有令人不愉快的性质进行描写。它们往往与伦理的、审美的或社会的观点相违背，我们平常根本想不到，就算想到也必深感厌恶。而且这些在梦里化妆的被检查的愿望，正是自我主义无限制的表现；由于梦者的自我呈现在各梦中，而且地位很重要，虽然它知道如何在显梦里隐身。这个梦的自我神圣主义（sacro egoismo）和睡眠时的必要心理态度——即和整个外部世界隔离的态度——并不是没有一定的关系。

打破一切伦理束缚的自我由受美育所拒斥、道德规律所制裁的性欲需要所支配。而对快乐的追求，我们将之称为"力比多"，即肆无忌惮地选取常人不能容忍的事物作为自己的对象。不仅是自己的妻子，还包括普通人都视为神圣不可侵犯的——如母亲和姊妹，父亲和兄弟等。

那位妇人的梦其实也可以算是乱伦的梦，她的"力比多"明显是以儿子为对象的。一些我们认为和人性不相容的欲望也足以成梦。憎恨无限制地泛滥，复仇的愿望、杀人的愿望不胜枚举，更有针对至亲的人，如梦者的父母、兄弟、姊妹、夫妇及子女等，以他们为对象。这些被禁止的愿望就像被恶魔所牵引，我们如果知道它们的意义，那么醒来时对就算用最严厉的刑罚来制裁这种愿望也不为过。然而梦的本身却不必对这种邪恶内容承担责任，梦的作用在于保护睡眠不受侵扰。人们一定记得，梦的本性并非邪恶，况且你们也知道有些梦是为满足正当的愿望和身体的迫切需要而生的。由于这些梦在行使职能时并不触犯审美的倾向和伦理道德，因此便没有化妆的必要。你们也记得化妆的程度与下边的两个因素成比例：第一，被检查的愿望越是骇人，则化妆的程度越大；第二，被检查的要求越是严格，则化妆也越繁琐。因此一个严受管束而拘泥太过的少女不得不将一种严格的检查作用强加给梦的兴奋，以这种方式给梦化妆，这种兴奋在医生看来只是一些可以允许的、无害的"力比多"欲望，而梦者本身在十年后同样会得出这样的结论。

你们现在仍没有勇气来怒斥我们释梦研究的结果。我想你们对释梦的工作还不是很了解；然而我们首先要义不容辞地抵御某些可能的攻击。这个研究的弱点显而易见：我们的解释是以之前的假设为前提，如梦的确存在某种意义。因为催眠获得的潜意识观念能用来解释常态的睡眠，如一切联想都受束缚等。

现在如果把这些假设加以演绎来帮助释梦得到可靠的结果，则我们也许能够断定这些假设是正确的。但是如果得到的只是我描述的那种，那又如何呢？当然，也许会有人说："这些结果是不可靠的、荒谬的，甚至是不可能的，因此那些假设存在着一定的误区。或许梦始终不是一种心理现象，也可以说在常态心理中不存在潜意识，或许我们的技术还存在漏洞。因此作这种种假设远比接受那些由我们的假设演绎而得到的可恶结论来得更简单和完满。

的确，简单固然简单，完满固然完满，但这不一定是正确的。你们¹还要等待，此时还不能妄下判断。首先，我们的解释有可能会引发一种更强而有力的抗议。你们说这个结果让一般人感到不愉快甚至厌恶，然而这并不至于对我们产生非常严重的影响。我们对梦的背后有些愿望的倾向作了解释，而梦者本人也对此有异议，这才是一种确实的、更有力的抗议。有一个梦者说："什么？你要通过我的梦来表明我不愿花钱给妹妹办嫁妆和为弟弟付学费吗？但是这根本不可能，我为弟弟、妹妹终日操劳，我这一生都在尽我做兄长的职责，由于我是长子，况且这事我已经向我亡母保证过。"²又有

---

1 原文此处为"我们"，但根据上下文意思，此处为作者笔误，应为"你们"。——译者注

2 同上。——译者注

3 同上。——译者注

一妇人说："你是说我希望我丈夫早死？那简直是无稽之谈！或许你不相信，我的婚后生活有多么愉快，而且如果没有了他，我就等于失掉了在人间所拥有的一切。"又有一人说："你觉得我对自己的妹妹有性的欲望？这未免也太可笑了。我们兄妹向来不和睦，已有好几年都不谈话了。我对她漠不关心。"

如果这些梦者不承认、也不否认那些原本属于他们的倾向，我们或许可以不为所动，也可以说这些就是他们意识不到的事物。然而如果他们在自己内心发现一种和我们所解释的愿望恰恰相反，而且以他们的生平行为来证明这个相反愿望占有着优势，我们便不得不知难而退了。我们如果把整个释梦的研究斥为一种能够导致谬论的工作而加以抛弃，现在就正是时候。

不，这还不是时候。在作了详细考虑后，就算是再强有力的抗辩也不容易站得住脚。如果精神生活果然有潜意识倾向的存在，则在意识生活中相反倾向占优势就不重要了。心灵内或许有同时容纳两种互相反对或矛盾的倾向的地方，也许一个倾向的优越会使相反倾向降落到潜意识之内。因此之前讲的第一种抗议只是说，释梦的结果既不简单，又令人很不快。

对于第一点，我们可以说，不管你们如何喜欢简略，也决不会因此而使梦的任何一个问题得到解决，你需要在一开始就下决心承认梦的复杂关系。至于第二点，你若以好恶作为评判科学是非的标准，那显然就大错特错了。如果释梦的结果令人不快，甚至于恼羞成怒，那又有什么关系呢？"这无害于存在。"这是我年少行医时，就曾听我师父说过的话。如果我们要切实地了解这个宇宙，便不得不低头，坦然地摒除自身的好恶。假使一个物理学家证明说地球上的有机生命即将灭绝，你一定不敢反对说："那不可能，我很反感这种预测。"我想，如果没有另一个物理学家出来证明前一个物理学家的前提或估计有误，你大概只会默不作声。如果你只按照好恶行事，那么你就是在对梦的结构机制进行模拟，而不是想对梦作任何了解。

你也许不再介意被检查的梦中欲望的可厌性质，而另提一个抗议，认为人性决不至于这么可恶。但是你能否用自己的经验来证实这句话呢？暂时不去讨论你把自己看作是何种人，但是你曾看见过那些和你一样甚至比你优秀的人怀揣善意，你的仇人义薄云天，你的朋友不再嫉妒，所以你才不得不对性恶的观念进行驳斥吗？难道你不知道很多人在性生活上都很难信赖和控制吗？或者你竟不知道我们在睡梦中的一切过度和反常的行为都是人们每天在清醒时所犯的罪恶吗？精神分析也不过是在证实柏拉图的格言："恶人亲往犯法，止于梦者便为善人。"

现在把这个丢开不谈，请看看目前仍蹂躏着欧洲的大战：试想大规模的暴戾欺诈风靡于文明各国之内。你真的以为几个杀人如麻、争城掠地的野心家若没有几百万同恶相济的追随者，便能使这潜伏的恶性尽情暴露吗？谁还敢在这种情况下力辩人性不恶吗？

你也许会认为我对大战持有偏见，而要向我表示：一切英雄主义、自我牺牲及公众服务的至高无上的善良品质也都表现在大战之内。的确不错，但是你不要因为精神分析而对这方面做了肯定，就对它的其他方面进行诋毁，我们常常被这样冤枉。

我们决不愿否认人性的高尚，也从来没有贬损过人性的价值。相反，我不仅将被检查的恶念向你们全盘托出，而且当提到有检查作用压抑这些恶念时，我会让它们隐而不现。我们之所以对人类的性恶这般强调，只是因为别人总是否认这一点，这不但不能改善人的精神生活，反而会让其变得复杂难解。如果我们现在对这种片面的道德观弃之不用，那么就一定能在人性善恶的关系上找到更正确的公式。

这个问题可以到此结束了。释梦的结果虽然存在着奇妙的一面，我们也不要为此就放弃释梦的工作。或许将来会有另一条路来了解这些结果，而目前应该坚持这个说法，即梦的化妆是因为自我以为的倾向对夜间睡眠中的恶念进行检查的结果。如果我们问这些恶念何以在夜间发生，或如何发生，那便仍有很多还需要探究之处和许多还未得到解答的问题。

如果我们此时对这些研究的另一结果视而不见，那便不免会犯错误。对于那些干扰睡眠的梦的愿望我们本不了解，只是释梦时才知道它们，所以我们曾说这些愿望"当时是属于潜意识的"，它的意义如上所述。

但是我们必须要承认它们还不只是当时属于潜意识的。因为我们已经多次提到过，梦者虽因释梦而了解它们的存在，但对其仍持否认的态度。这种情形正像解释'打嗝'那一舌误时，餐后演说家曾愤怒声明自己当时或无论何时都没有轻侮过他的领袖。我们那时就已不敢相信他说的是真话，我们确信演说者永远不清楚自己内心想的是什么。每当对化妆复杂的梦境进行解释时，我们总是会看到相同的情境，我们的学说也因此而更增添了一层意义。我们现在就可以说，精神生活中有一些历程和倾向是我们所不明白的。那些不曾明白的，或许会长久地不明白，或永远也不会明白。这便使潜意识一词有了新的涵义："当时"或"暂时"等形容词并非这个词的要义，潜意识不仅是"当时隐潜的"，简直可以说是永远隐匿的了。后文将进一步讨论这一点。

第十讲
梦的象征功能

我们已经知道由于梦的化妆导致了梦是难于理解的，而梦的化妆又是对不道德的潜意识欲望冲动施行的检查结果。当然我们不敢说检查作用是化妆作用的唯一原因，我们若对梦作进一步地研究，便能发现化妆作用存在着其他原因。换言之，如果消除检查作用，我们依然不能对梦有所了解，而显梦也不能和梦的隐意保持一致。这是促成化妆的另一个因素，是通过我们觉察到精神分析技术的一个缺陷而引发的。以前我认为有时针对梦中的单独元素，被分析者很难引起联想；但这种情形当然没有像他们所说的那么多。

若分析者坚持不懈，则仍可由大多数例子引出联想，但是针对一些少数例子来讲，确实完全不能引起联想，即使真的硬要联想，也不是我们想要的。精神分析的治疗如果遇到这种情形，便有意义可寻，这里暂不提及，但是在为一般人释梦或为自己释梦时，以上情形也有发生的可能。在这种情形下，无论怎么劝说，都不会奏效，直到最后我们才知道当梦里出现特殊元素时，便会产生这种不愉快的障碍。原本我们以为这只是技术失败中的特例，现在才知道这是某一新原则作用的结果。所以，我们便试着用自己的办法来解释和翻译这些不能引起联想的元素。令人惊奇的是，每当我们敢于这样翻译的时候，往往能够获得完满的意义，反之，只要决定不用此法，梦便失去连贯性而变得毫无意义。这种实验开始时，我们本不敢这样认为，但相同的例子越来越多，使得我们不得不信。

为了演讲，我准备了一个概述，虽然比较简洁，但并不会引起误会。我们来对一组梦的元素，使用一种固定的翻译，就像我们在通俗的释梦书上看到的，对梦里各种事物都采用同样的那种翻译。可是你们要记住我们使用自由联想法的时候，梦的元素却从未有过这种固定的代替物。你们也许会立刻觉得这个释梦的方法比自由联想法更不靠谱。但是我们是用自己的亲身经历来搜集的许多适合用这种方式翻译的例子，于是知道释梦有时不用完全应用梦者的联想，只要应用我们自己的知识就够了。至于这种知识源自哪里，下半段我们会讲到。

我们可以把梦的元素和对梦的解释的固定关系称为一种象征的关系，而梦的元素本身便是梦的隐意象征，从前，当我们研究梦的元素和其隐意的关系时，我曾列举三种关系：（1）以部分代替全体；（2）暗喻；（3）意象。我又提出了第四种可能的关系，但并没有把这种关系解释清楚，这第四种关系便是刚才提及的象征关系。关于这个问题，在我们未举出特殊的观察以前，请把目光放在那些可供讨论的让人感到有趣的方面。我们梦的理论中最引人注目的部分也许就是象征作用。

第一，既然象征和被象征的观念之间的关系固定不变，且后者似乎是前者的解释，所以我们的技术与古人和一般人的释梦截然不同，然而从某个程度上讲，象征主义是暗合古人和一般人释梦的意思的。因为有象征，我们能在某种情形之下解释梦而不必询问梦者，其实不管怎样，梦者都不会以象征相告。如果我们知道梦中常有的象征、梦者的人格、他的生活状况及梦前接受的印象，便能够立即释梦，仿佛一见面就能翻译出来。这个实例既能使释梦者满意，又会使梦者叹服，所以远远胜于麻烦的询问法。然而你们可不要因此而产生误会，耍花样绝不是我们的一贯招数，自由联想法决不能代替基于象征作用的释梦法。象征法是联想法的补充，而它所得的结果只有与联想法合用才有成效。

关于梦者心理情境的问题，你们要知道我们不仅仅解释熟人的梦。一般来讲，我们对于引起梦的前一天发生的事实基本无从知晓，因而被分析者的联想就是所谓心理情境的知识的来源。

有一点特别值得注意，即关于梦和潜意识之间的这个象征作用的问题居然引起了最激烈的抗议，尤其是后文即将讨论到的那几点。即使善于判断的人对于精神分析在其他方面已深表同情，可在这一点上也极力反对。

如果我们记得下面两件事，则这种行为便更令人惊异了：（1）象征作用并不像梦那样独特，也非梦的独特性质；（2）精神分析虽不缺乏独创的见解，但是梦的象征作用并不是精神分析开创出来的。如果要我们列举近代此说的先辈，则当首推施尔纳（1861）；精神分析只是证明了他的学说，而且在某些重要问题上还作了修订。

也许你们希望通过几个例子，讲明梦的象征作用的性质。我愿把我知道的内容都告诉大家，但是我自以为我们的知识没有如我们所期望的那么丰富。

象征关系的实质是一种比拟，但和任何其他的比拟不同。我们认为有特定的条件制约着这种象征的比拟，但尚未能弄清楚这些条件是什么。一物一事能够比拟的事物并不都在梦中呈现而成象征，相反，梦也能够代表任何事物，它只是人们梦的潜意识中精神元素的象征，因此二者存在界限。我们也必须承认，对于象征的概念目前还无法指出明确的界限，因为象征同代替物、表象等极易混淆，甚至与暗喻十分相近。有些象征的比拟基础较易看出，有些象征则必须追求其比拟中的共同因素或公比。有时只有认真仔细思考才能发现其隐义，有时在思考后，仍无法解释其意义。而且即使象征是一种比拟，这种比拟也不会由于自由联想法而表露；梦者对这一切毫无察觉，所以说应用象征也不是有意的。而若是要以此来引起他的注意，他确实也不愿承认。由此可见象征的关系即一种特殊的比拟，至于其性质怎样，我们还不清楚，也许以后的一些发现能增加我们对这个未知量的了解。

梦中用象征来作为事物代表的数量很少，如父母、儿女、兄弟、姐妹、生死、裸体、人体——此外还有一物，但暂时无须提及。

房屋代表着整个人体所常用的象征，这件事施尔纳也曾知道，只是他把这个象征的重大意义夸大了。一个人在梦里顺着房屋的前面攀援而下，时而感到愉快，时而感到恐怖。如果墙面平滑，房屋指的就是男人；如果房屋有壁架和阳台则代指女人。父母在梦中则是皇帝和皇后或国王和王后，亦或其他高贵人物。这么说来，梦的态度是恭敬的。儿女、兄弟、姐妹等所受的待遇并不亲切，往往被象征为害虫或小动物。出生的象征往往与水联系紧密，或梦见落水，或梦见从水中爬出，或梦见把人从水中救出来，或梦见被从水中救出，这都代表母子的关系。梦见乘车旅行则往往是垂死的象征，而种种隐晦的暗喻则表示死亡，如梦见赤裸着身体，用衣服和制服遮盖。我们也由此发现象征和暗喻渐渐没有了严格的分界。

这些事物的象征是这么贫乏，以至于关于性生活的事物如生殖器、性交等象征的丰富就不能不让人感到吃惊了。梦中的多数象征都是性的象征。虽然和性有关的事物很少，但是其用来象征的数目则非常多，二者在数量上很不相称，每一个事物各自都有许多意义相同的象征。因此，最后的解释是引起一般人的攻击。梦的象征方式五花八门，而其解释却相当单调。

　　这固然是大家不想见到的，但这是事实，能有何办法呢？由于这是在这次讲演里首次提到性生活，我有必要把声明我讨论这个问题的态度。精神分析对任何事而言都不能隐蔽，所以我们不用为讨论这种重大问题而感到羞愧。因为无论何事都要先正其名，然后才会减少无谓的争论。无论坐在这里的听众是男还是女，我都一律平等对待。演讲科学不容得隐瞒，也不能只适合女性的要求，既然在座各位女士来听讲，便是在表明要和男子接受相同的待遇。

　　在梦中，男性生殖器有各种不同的象征，普遍来讲，其比拟所依据的共同观念比较明了。首先，神圣的数字"3"象征着男性生殖器。其更重要、更受两性关注的部分（阳具）其象征可以是手杖、伞、竹竿树干等长形直竖之物；也可能是有穿刺性和伤害性的物体，如小刀、匕首、枪、矛、军刀等种种利器；也可以是如枪炮、手枪及左轮手枪等种种兵器。后面这些东西因其形似，所以是非常合适的象征。少女在焦虑的梦中，往往被佩刀或佩来福枪者追赶。这种梦比较常见，这种象征，连梦者自己都能解释清楚。有时男性生殖器以水所流出之物为象征，如：水龙头、水壶或泉水；有时以可拉长之物为象征，如有滑轮可拉的灯，及自由伸缩的铅笔等。其他如铅笔、笔杆、指甲锉刀、铁锤及其他器具等，也显然是男性的象征。这些意义都很浅显易懂。

　　因为阳具有违反地心吸力直竖向上举的特点，所以也用气球、飞机，近来可用齐柏林飞船为象征。但是梦中出现的高举还有另一种关于勃起的更有力象征，它使生殖器成为人的主要部分，于是梦者自己便飞起来了。梦中高飞是普遍发生的，有时也非常美丽，现在如果把这种梦解释为性兴奋的梦或阳举的梦，你们也不要因此而大惊小怪。精神分析研究家费德恩曾对这个解释的可靠性作了证明，而以精明著称的沃尔德曾用臂和腿的不自然姿势进行实验，他的理论原本和精神分析大小一致（也许他对精神分析一无所知），但他的研究结果也说明了同样的道理。你们不要因为妇女也会梦见高飞，就来驳斥我们的学说，要知道梦的目的在于使欲望得到满足，而妇女往往在不知不觉中有一种想变成男人的欲望。而且你们如果熟悉解剖学，就不至于假设女人和男子不能有相同的感觉而实现这个欲望，因为女子的生殖器有和阳具一样的一小部分叫作阴核，在儿童期和在性交以前它和阳具占有同等地位。

有些男性的象征就像爬虫和鱼，尤其是蛇作为著名的象征比较难领会，更难理解的是帽子和外套为什么也能作这种象征，但它的象征意义是没有问题的。至于手脚代表男性生殖器是否也可视作象征会让人产生疑惑。但又由于它和鞋袜、手套的关系，就不得不将其视为象征之一。

女性生殖器则以一切有空间性和容纳性的事物作为象征，例如罐和瓶、坑和穴、口袋、保险箱、各种大箱小盒及橱柜等，船艇也属于此类。很多象征是指子宫，而不是指其他生殖器官，比如火炉、碗柜，尤其是房间。在这里，房屋的象征和房间的象征相关联，而门户则代表阴户。木和纸等制造的各种材料，如书和桌等也是妇人的象征。

针对动物界而言，蜗牛和蚌一定是女性的象征；就身体各部分而言，则嘴代表阴户；就建筑物而言，则小礼堂、教堂都是妇女的象征。而你们应该知道，对这一切象征理解的难易程度是各不相同的。

乳房也是性的器官；女性的乳房和臀部都是以苹果、桃子和一般水果为象征。两性的阴毛在梦里则往往通过森林丛竹的形式表现出来。

女性器官的复杂部位常可比喻为有树、有水、有岩石的风景；而男性官因为其特殊构造而往往象征着各种复杂而难于描述的机器。女性生殖器还有一个象征能注意，那就是珠宝盒，而梦里的

"宝贝""珍珠"也能是爱人的代表，糖果往往象征着性交的快感。通过自己生殖器而得到的满足则以各种游戏为喻，比如弹钢琴。手淫则以溜动、滑动和折枝为喻，都非常典型。尤其要注意的是，手淫的象征是拔牙或掉牙，其要义是用宫刑作为手淫的惩戒。至于性交的特殊象征则远比我们期望的少，但在这里也能举出如骑马、登山、跳舞等有节奏的活动，又比如受暴力待遇，如为武器所威胁及为马蹄所践踏等。

你们不要把这些象征的解释和用途看得太简单，实际上，在各方面所遇到的往往都出人意料。比如，两性所用的象征常可互相交换，这点使人难以置信。有很多象征可兼用来代表女性和男性：比如小男孩、小女孩或小宝宝。有时女性生殖器往往象征着男性，而男性生殖器往往象征着女性。这点不好理解，除非我们对人类性概念的发展已略有所知。就某些例子而言，这种象征好像模棱两可，而实际却不是这样，最显著的如口袋、橱柜、武器等则永远是单性，不是两性可互用的。

现在脱离被象征的事物，而从象征本身讲起，来表明性象征的起源，对于取义较不明显的象征则可以稍加说明。这种象征可以用帽子为例，帽虽偶尔也代表女性，但也常有男性的意义。同理，外套代表男人，虽然有时是专门针对生殖器的。这到底是什么原因呢，你们完全可以随便提问的。领结下垂，是男性的象征；衬衫、内衣则往往是女性的象征。衣服、制服隐喻着裸体，上面已经说过。拖鞋和鞋则意味着女生殖器。桌和木材象征着女性，这点虽然费解，但仍然无须怀疑。登山、登楼或登梯的动作很明显是性交的象征，其兴奋的增加和节奏的性质相同，如登高者上升时呼吸短促，仔细一想便能了解这点。

我们已知道女性生殖器可被比喻成风景，高山巨石可作为男性生殖器的象征，而庭园则往往象征着女性生殖器，水果代指乳房，而不是指孩子。有情欲且感官兴奋的人往往被喻为花卉，野兽是女性生殖器的代表，尤其是处女的生殖器。关于这层，你们要记得花原本是植物的生殖器官。

房间的象征意义是我们已经知道的。这个象征还能够扩大，于是门窗（即房间的出入口）用来指阴户；房间开闭的意义可以类推：开房间的钥匙即象征着男性。这些材料是用于研究梦的象征作用的，但是并不完备，一边扩充的同时，一边还可以深入。但是我认为足够了。你们也许深感不快，认为："我真的生活在性的象征中间吗？我周围的一切事物，我所穿戴的衣服鞋帽和我所接触的一切难道都仅仅是性的象征吗？"这些疑问确实有一定道理，对于梦的象征，梦者既不提起半句，我们究竟怎么揣摩这些象征的意义呢？

我的答复是：我们的知识来源广阔，有戏语和笑话，有民间故事，有神话和神仙故事，有关于各民族习惯、风俗、歌曲和格言的传闻，还有惯用的俗语和诗歌。这些方面存在很多相同的象征，其中有许多意义都不言而喻，都可自然了解。如果我们把这些来源一一分开考察，便可知它和梦的象征作用有着很多相同点，使我们不会不相信我们解释的正确性。

我们曾说过，据施尔纳的见解，人往往在梦里用房屋作为象征。如果将这个意义加以扩充，则大门和窗，小户都能成为体腔出入口的象征，而屋的正面可以是平滑的或有壁架和阳台。俗语中也有同样的象征，比如，毡帽和头发。在解剖学里，身体的出入口统统叫作'户'或'门'，如幽门或阴户等。

父母入梦变成帝王和皇后，第一次听见并不觉有些奇怪，但在神仙故事里，确实有和这个相平行的事实。有许多神仙故事开头便说："古时有一个国王和皇后"，难道我们不知它的意思就是"古时有一个父亲和母亲"吗？针对家庭生活来讲，儿子有时叫作公子，而长子叫作太子。国王叫作"庶民之父"。有时小孩被叫作小动物，例如在英格兰西南部的康瓦尔郡，被叫作"小蛙"，在德国被叫作"小虫"，表示疼爱孩子，便将他们称为"怪可怜的小虫"。

现在我们回来谈房屋的象征。房屋突出的各个部分在梦里能够作攀登之用，这便和一句著名的德国话暗合，讲到德国胸部特别发达的女人，便说："她有能供我们攀登之处。"此外还有一句和此相同的俗话："在她的屋前有许多木材"，我们之前说木材是女性母亲的象征，从此处似乎又能得到证明。对于木材这个题目还有很多话可谈论。为什么木材代表女人或母亲，那是不易理解的，但在这里我们能够利用各国语言加以比较。在我们的国家里，也有把孩子叫作"小猫""小狗"的——这种化广为狭的过程很常见。现在在大西洋里有一个名叫马德拉（madeira）的岛，岛名是葡萄牙人发现这个岛时所定，因为那时岛上有茂密的森林，而葡文"木材"就是madeira。但是你们都知道这个madeira只是拉丁字materia的变式，而materia又有原料之意。materia源自mater（意为母亲），用来制造任何物品的原料都可看作那物品的生母。所以说木材是女人或母亲的象征，我们也只是续用这个字的古义。

与水有关的事常表示分娩，比如入水或出水，那表示自己分娩或自己出生。我们不要忘记这个象征指的是双重进化的事实。不仅人类，一切陆生动物都是从水生动物进化而来的（这是关系较远的重要事实），而每一个人，每一种哺乳动物第一期的生活都是在水中经历的（即胚胎在母亲子宫的羊水内生活时），所以分娩时是从水里出来的。我自然不想让梦者知道这件事，而且我认为他没有必要知道此事。也许他还是孩子时听别人说过，但我认为这和象征的构成无关。

小孩在托儿所里听说婴儿是鹳鸟带来的，但是鹳鸟是怎么得到婴儿的呢？在池中或井中——那就又是从水中出来了。我有一个病人，当他还是孩子时（那时他是一位小伯爵）听到这件事，后来不知他去了哪里，整个下午都见不到他的踪影，找到他时，他就躺在宅内湖边，盯着水面，想要看看水底的婴儿。兰克对神话中英雄的降生曾作过比较研究，在这种神话中——最早为阿卡德的萨贡王（约公元前2800年）——弃孩子于水中和救孩子出水二事占据了重要地位。兰克明白这就是分娩的象征，它象征的方法和梦所用的一样。无论什么人如果梦见救一个人出水，他便认为这个人是他的母亲，或任何人的母亲。而在神话中，救孩子出水的总以为自己是这孩子的生母。一个笑话讲，有人问一个聪明的犹太孩子，谁是摩西的生母，那孩子回答说"公主"。那人说："不对啊，公主只是把孩子从水里取出来。"孩子说，"那就是她生的呀"，可见他对神话解释得挺好。在梦里出发旅行是垂死的象征；同样，在托儿所里，如果儿童问一个死者去了哪里，保姆们会告诉他那人"远行"去了。诗人也用同样的象征说死境是"旅行家到了就回不来的乌有之乡。"日常谈话中，也常常把死喻为"最后的旅行"，无论什么人如果深知古礼，便知道丧仪都很隆重，比如在古埃及，往往用所谓的《亡灵书》赠给木乃伊，认为是其最后旅行的指南。因为坟地和活人的房屋差别极大，所以死者的最后旅行最终便真成了真实的事了。性的象征也不只属于梦，你们应该知道有时候轻侮女人，戏呼之为"铺盖"，可谁都不知道这就是一种生殖器的象征。

《新约》中有："女人是较脆弱的器皿"。犹太人的圣书，文体与诗颇为相近，也有很多性的象征的表示，这些象征很少有人了解，所以在如"所罗门之歌"里，其注释曾引起许多误会。在后来的希伯来文学中，也常常用房屋来比喻女人，用门户作为生殖器的出入口的比喻。比如男子若发现妻子已不是处女，就说，"我发现门已开了。"这种象征在希伯来文学中也很常见，比如有妇人谈到她的丈夫，"我把桌子为他摆开，但是他把它推翻了。"

跛孩之所以跛，据说是因为男人"将桌子推翻"了。这些我都引自布吕恩的列维的书：《圣经和犹太人法典中性的象征》。船在梦里意为女人，语言学家也主张这个信仰，他们说Schif（德文'船'字）的原义是泥造的器皿，和Schaf（意为木桶或木制器皿）为同一个字。至于火炉是指女人或母亲的子宫，也可以从希腊科林斯的珀里安德尔与其妻梅里沙的故事中获得证明。据希罗多德的译文，这个暴君原本很爱他的妻子，但因妒忌却把她杀了。他在杀害妻子之后，看见了她的影子，并命令影子诉说有关他妻子的事，于是那已死的妇人证明了她的身份说，他（珀里安德尔）"把他的包子放在一个冷火炉里了"。这是一句隐语，并非第三者所能明白的。还有克劳斯所编的《不同民族的性生活》是研究各民族性生活的必读之书，书中说某部分德国人讲到给女人接生时说，"她的火炉已粉碎了。"生火和烧火的相关事宜都含有性的象征，火炉或火灶则代表女人的子宫，火焰代表男性生殖器。

如果你们因梦中常见的山林风景象征女生殖器而感到十分惊奇，那么你们通过读神话便知"地为人母"这句话在古代宗教仪式中的地位，这个象征还支配着整个农业的观念。至于梦里以房间表示女人则可从德国的俗语中追溯它的起源；德语以Frauenzimmer（指妇人的房间）代表Frau（即妇人），即人可以用自己所住的房子为代表。又如说到the Porte（土耳其宫廷），意指苏丹和其政府，而古时埃及的国王法老也只有"大宫廷"的涵义，但是这个溯源的推论看起来比较肤浅。在我看来，房间象征女人，是因为它有"人居其中"的特征。而我们也对房屋所含有的这个意义有了了解。从神话和诗歌的角度看，我们可以把镇市、城堡、堡垒、炮台也当作女人的象征。现在如果对那些不说德语和不懂德语的人的梦进行研究，便能证明这点。近年来我治疗过的病人，多数是外国人，虽然说他们的语言中没有与德文Frauenzimer一字相当的字，但是根据我的记忆，他们的梦也一样用房子代表女人。象征超出了语言的范围，这是以前梦的研究家舒伯特在1862年所主张的。不过我所有的外国病人都对德文略知一二，所以这个问题只能让那些只知道本国文而不懂德文的外国病人的分析家作最后的判断。

对于男性生殖器的象征，没有一个不是出自俗语、笑话或诗歌之内，尤其是古希腊诗人拉丁的作品。但是我们不只看见梦中有这种象征，且能从各种各样的工具中看到，尤以锄犁为最。对于男性生殖器的象征，范围又大，争论又多，我们为节省时间，最好对此存而不论。我只想对这三个数目略说几句。这个数目被看得十分神圣是否源于它的象征意义，暂且不说，但是有许多如苜蓿叶等分三部分组成的自然物，就是源于它们的象征意义，而被用在盾形纹章和徽章之上。又如所谓的"法国的"三瓣百合花、西西里和人岛两岛所通用的怪徽章"trisceles"，外形是一个通过中心点射出的三脚跪着的像，也只为男性生殖器的化妆，因为古人认为生殖器的影像是消灾避祸的有效工具；现在所有护符也可认为是性的象征。这种护符多用小小银质悬饰做成，如四叶苜蓿、猪、香蕈、长梯、扫烟突、蹄铁形物等。四叶苜蓿代替了三叶的，作为象征，三叶当然比较合适；猪在古时是丰盛的象征；香蕈是阳具的象征，有一种香蕈因为和阳具很像，所以其学名为Phallus impudicus；马蹄铁的轮廓和女性的阴户十分相近；而其长梯和扫烟突则是性交的象征，因为一般人往往以扫烟突形容性交。（参看《不同民族的性生活》）我们对长梯入梦是性的象征有所了解，而由成语看来，Steigen "升登"一字实有性的意义，例如：Den Frauen nachsteigen（意即盯梢女人）和einalter steiger（意指年老的登徒子）。法文表示进行的字为la marche，而un vieux marcheur之意也指年老的登徒子。这个联想或许可以用下面这个事实作为根据：即有许多大型动物在性交时，雄性一定会趴到雌性背上。

折枝象征着手淫，不只由于折枝的动作和手淫十分相似，而且在神话中，二者也有很多类似之处。然而对于以掉牙或拔牙作为手淫或手淫的惩戒，即阉割的象征要特别注意；民族故事中也有和这件事相同的，只是梦者极少知道罢了。我想许多民族的割包皮仪式和阉割的形式相似。近来还听说了一些澳洲原始部落在成年时举行割包皮仪式（指对男童成年的祝贺），而其他附近的部落则用拔牙仪式代替。

在这里举完这些事例，就该收尾了。这些只是一些例子，如果搜集这种事例的真正的语言学、人类学、神话学、民族学的专家，而并非我们这些对此知之不深的人，那么所搜集的材料就将更丰富且更加有趣味，而我们对于这个问题的了解程度真的很有限。

首先，梦者虽能作出象征的表示，但他对这种象征却并不了解，哪怕清醒的时候，也未必能认识。这个事实有些太奇怪了，就像你忽然惊讶的发现你的女佣人居然懂梵语，虽然你知道她自小就在波希米亚的一个乡村内长大，未曾学过梵语。这个事实显然不易和我们的心理学说相调和。我们只好说梦者关于象征的所有知识是潜意识的，是他潜意识的心理生活的附属。然而，即使有这个假定，也没有带给我们多大帮助。我们以前只是把暂时不知道的或永久不知道的潜意识倾向的存在做了一个假定，现在这个问题膨胀了，实际上我们不得不相信潜意识的思想关系、知识和不同事物之间的比较，并因此常常用一个观念代替另一个观念。这些比拟并不意味着每次都要提供全新的材料，它们本身就是随时可以应用的、现成的。为什么这么肯定呢？因为尽管语言不同，每个民族所用的比较也都是完全一致的。

那么这个象征的知识究竟是从哪里来的呢？语言的习惯仅仅属于知识源流的一小部分，其他方面和与此相当的事实多不为梦者所知。因此我们必须先把这些材料加以整理。

第二，这些象征的关系并非梦所特有的，因为我们知道一样的象征在神话和神仙故事，还有俗语、民歌、散文和诗歌之内都存在。象征的范围十分广泛，梦的象征只是其中的一小部分，因此我们便从梦着手研究其象征问题。有许多象征常出现在别的地方，但在梦中看不见，或即使出现在梦中，次数也极少；反之，有许多梦的象征也只是偶然在其他地方出现，这是我们已经知道的。由此我们可判断象征只是一种古用今废的表示方式，其中的某些部分在形式方面稍作了改变。这里，我想起了一个很有意思的精神病人的幻想，他认为世间一定有一种所谓"原始语言"的东西，而这些象征就是这种原始语言的遗物。

第三，你们一定认为其他方面的象征都不以性为转移，可梦的象征却为何都代表性的对象和性的关系呢？这实在难于理解。我们能否假设原本属于性的象征以后在其他方面被选用，或这方面的象征方式降低为别的表示方式呢？显然，这些问题都不是只通过梦的象征便可解答的，因此，我们对真正的象征和性有着特殊密切的关系持坚定的支持态度。

关于这一层，我们最好请教一下语言学家乌普萨拉的斯珀（他的研究与精神分析无关），根据他的意见，在语言的起源和发展上性的需要占据非常重要的地位。他说，在进化上，动物最早发出的声音就是召唤异性伴侣的工具，在之后的发展中，语言作为一种元素就成为原始人工作时所伴随的声音。这种有节奏的声音与工作造成了联想，于是工作也伴有性的趣味了。所以原始人仿佛是以工作来代替性的活动，而让工作变得愉快。那么工作时所发出的字音便有双重意义，一方面和性的动作有关，另一方面则与劳动或性的动作的代替物有关。时间久了，字音逐渐失去了原来的用法和性的意义。几代之后，出现的有性的意义的另一个新字也是一样，于是此字也被用于新的工作方面。由此而产生一些基础字，这些基础字原本属于性，后来失去了性的意义。假如这种说法是正确的，那么我们至少就有了以它来了解梦的一种可能性。正是因为梦把这些原始情形的一部分保留了下来，所以梦里才会有诸多性的象征，而为什么以武器和工具来代替男性，材料和事物又为何用来代表女性，由此也便有了答案。于是象征的关系可以视为古字相同的遗意，比如古时一度和生殖器同名的事物现在在梦中可以作为生殖器的象征。进一步来讲，我们所有与梦的象征相平行的事实都能让你们明白精神分析为何会引起普遍的兴趣，而心理学和精神病学则不能这样。精神分析的研究和神话学、语言学、民俗学、民族心理学及宗教学等许多其他学科有着很密切的关系，而研究的结果又给这些学科提供了有价值的结论。因此，当你们听说精神分析学家写了一本以促进这些关系为唯一目的书，你们也大可不必吃惊。这里，我指的是《初恋对象》（*lmago*），它的编者为萨克斯和兰克，于1912年首次出版。精神分析与其他学科之间存在着一种施多于受的关系。精神分析那些令人惊奇的结果虽受其他学科的证实而收获颇丰，但是总体来说，也正是精神分析给这些学科提供了有实效的研究观点和方法。人类个体的精神生活接受精神分析的研究，它所产生的结果能用来解决人类生活中的诸多谜题，或者至少也能为这些问题带来解决的希望。

至于对假定的所谓"原始语言"或用这个方法为主要表示的精神病究竟怎样才能有深切的了解，我还未曾提及。你们如果对这一层存有疑惑，就无法领会整个问题的真义。有关神经病的材料可在神经病患者的症候和其他表示方式中找到，而精神分析正是要解释和治疗这些现象。

第四个观点让我们重回原点。我们曾说过，就算没有梦的检查作用，梦的解释也很困难，因为那时我们一定要将梦的象征译为日常的语言。因此象征作用是和检查作用并存的梦的化妆的第二个独立因素。检查作用也常常利用象征，这个结论十分明显，因为它们的共同目的是使梦变得奇异并难解。

通过对梦的进一步研究，能否发现化妆作用的又一个因素，我们马上就能知道。但是在结束梦的象征作用的问题以前，一定要再提一下这个奇怪的事实，那就是艺术、宗教、神话、语言虽然毫无疑问地充满象征，但是只有梦的象征作用引起了受教育者的强烈反对。这不都是因为象征和性的关系而引起的吗？

第十一讲
梦的工作

　　如果现在你们已经懂得了梦的检查作用和象征作用，那么，尽管你们还无法完全了解梦的化妆作用，但也能对大多数的梦进行解释了。你们可以应用以下两种方法，这两种方法是相互补充的：（一）引起梦者的联想，直到能通过隐念的代替品来求得其原有的隐念为止；（二）运用你们自己的知识来对梦里象征所代表的意义进行补充。而因此引起的疑难之处，待以后再讨论。

　　我们之前曾对梦的元素和隐念的关系进行过研究，但是当时的准备不够充分，因此现在重新加以讨论。我们将它们之间的关系归纳为四种：（一）以部分代全体；（二）暗喻；（三）象征；（四）意象。现在可以把讨论的范围扩大，而将整个显梦和由解释获得的隐梦作比较的研究。

　　我希望你们永远不要把显梦和隐梦混为一谈。假使你们能清楚地辨别这二者，那么你们对梦的了解程度，恐怕就不是我的《释梦》一书的多数读者所能做到的了。但我还是有必要强调一下下一个层面，即梦的工作就是隐梦变做显梦的过程。相反，因为显梦回溯到隐念的历程就是我们释梦的工作，所以释梦的目的是将梦的工作推翻。

针对儿童的梦而言，其愿望的满足虽然清晰可见，但梦的工作也存在一定的活动，因为白天的愿望往往进入梦境而变成现实，思想则往往会成为视觉的意象。这种梦可以不去解释，我们只需对这两种变化的经过进行回溯就足够了。至于其他样式的梦，其梦的工作颇为复杂，因此把它称为梦的化妆来表示区别。

对于化妆的梦，为了恢复梦的原来隐念，我们便不得不加以解释。由于我曾有机会比较许多种梦的解释，所以我现在才能对将梦的工作进行细述，并知道它是如何处理梦的隐念的材料的。但是请你们不要报过多地希望，对如下这段话，你们必须用心倾听。

梦的工作的第一个成果是压缩作用。所谓压缩，就是指显梦的内容比隐念简单，貌似是隐念的一种简写体。没有经过压缩作用的梦，或多或少都要经过压缩，而且有时压缩的程度很大。而与压缩相反的作用绝对不会出现，即我们不会发现显梦的内容比隐梦丰富，或显梦的范围比隐念大。压缩的方法一般有如下几种：（一）某种隐念的成分完全被消灭；（二）隐梦的许多情结中，只有一个片段侵入显梦之中；（三）某些性质相同的隐念成分在显梦中融合为一体。

如果你愿意，可以保留着"压缩"这个词，关于上面的第三种方法，可以找到很多相关实例。比如在你们自己的梦中，也会有"数人合为一人"的压缩例子。在这种混合而成的影像中，一个人相貌像甲，穿着像乙，职业又像丙，但是你自己始终把他看成是丁。因此在这个人身上会体现四人所共有的属性。关于物件或地点，也会出现这种混合的影像，只要这些物件或地点有一些共性能让隐梦支配就行了。

一个新的不稳定概念由此形成，而用这个共同属性作为核心，压缩的各部分彼此混合之后，往往会形成一种模糊的图片，仿佛几个影像同时投影在一个感光片上。

在梦的工作中，这种混合影像占有相当重要的位置，我们能够证明，混合影像在开始时并不存在，它们是梦把这些影像混合在一起时特意制造出来的。例如，选择一种特殊的语言来表示一种思想。我们曾见到过这种压缩或混合的实例，它们是造成舌误的主要因素。有位年轻人说要"送辱"一位太太，其实这就是"送"和"侮辱"混合在一起造成的口误。有时候，为了使话语变得诙谐幽默，也会使用这种压缩。

除此之外，压缩现象虽不常见，但确有许多幻想和梦中数人合二为一的现象相当，因为也有许多成分在实际上原本不相隶属，而在幻想上合为一体，比如古代神话中半人半马的怪物和滑稽的动物，或是"布克林"的图画等。其实所谓"创造的"幻想并不是发明新的东西，只是把各方面的材料重新整合起来。进行中的梦的工作有如下特色：尽管在梦的工作的材料中有一些不愉快且可摒弃的思想，但是这种思想却能通过正确的形式表达出来。梦的工作把这些思想转换成了另一种形式，奇怪的是在翻译成另一种文字或语言的过程中，它使用的居然是一种混合法。翻译者在其他地方总要保留原文所有的区别，尤其是所差无多的事物的区别，而梦的工作会采用诙谐的方式，以双关语来表示两种思想，并因此而将两种不同的思想混合起来。针对这个特点，我们不能苛求自己立即对其有所了解，然而这对于我们解释梦的工作来说，的确起到举足轻重的作用。

压缩虽足以让梦变得模糊，但它并不能让我们感到梦的检查作用的势力有多大。我们也许会认为压缩是机械或经济的原因造成的，但是不管怎样，检查作用都在其中担当一定的角色。有时压缩的成就可能会出人意料：两种完全不同的隐念，常混合成一个显梦，因此我们对梦似乎有了一个稍微满意的解释，可同时却又忽视了第二种可能的意义。

而且压缩对显梦和隐梦的关系存在一定影响，即两者的各元素间的关系尤其复杂。由于互相交错的原因，使得一个明显的元素同时代表若干个隐念的元素，而一个隐念元素又能化为若干个明显的元素。当释梦时，我们会发现一个明显的元素的种种联想不会依次呈现；若要它呈现，往往必须要到整个梦得到解释之后。因此，梦的工作是通过一种特殊的样式来表示思想的；既并非字与字一一对应，也不是一个符号对一个符号的翻译，更不是有规则可以遵循的选择作用，当然也不是某一常用元素代表其他若干个元素的代表作用。它所采用的是一种与此截然不同且更为复杂的方法。

"移置作用"是梦的工作的第二个成就。这里并没出现新的问题，我们清楚这都是梦的检查作用的工作。移置作用有两种方式：（一）一个隐念的元素不以自己的一部分为代表，而以没有多少关系的其他事物来替代，其性质和暗喻很相近；（二）其重点由一重要的元素，移置到另一个不重要的元素之上，梦的重心被移置，于是梦就以异样的形态出现了。

人在清醒时的思想，也常用暗喻代替原意，但和梦的暗喻有一点重要区别：觉醒时所用的暗喻容易了解，而这替代物的内容也和原意有着一定的关系。比如说笑话时也常利用暗喻，那时已经省略了内容的联想，而用不常见的表面联想所取代。比如或取谐音，或取双关的意义。不过这种联想仍须大家所了解。如果暗喻所指的真意难以被辨认，则笑话将会完全失去其原意。而梦中代用的暗喻，则完全没有这些限制，它和原意的关系，既浅薄又疏远，所以不容易被了解。而且一经说明，便觉得与笑话完全不像，其解释也十分牵强。只有当我们因暗喻不能逆溯到原意时，梦的检查作用才算完成目的。

就算我们的目的是要发表思想，移置重心也并不合理，虽然我们在清醒时也会偶尔用这种方法来开玩笑。要说明这一点，用下面的故事为例比较恰当：某村有一个铜匠犯了死罪，法庭判决他有罪，但是村里只有他一个铜匠，却有三个裁缝，因此铜匠不能死，所最后以用一个裁缝来顶替他的死罪。

梦的工作的第三个成就，从心理学的角度上讲，最为有趣，即将思想变为视觉现象。我们知道梦中的思想不能完全转变成视觉现象，许多思想仍然保持其原形，并在显梦中表现为思想或知识，此外，视觉现象也不是思想变形的唯一可能方法。但是它却是梦的主要特征，除了另一种情况；这部分梦的工作变化非常少，而且视觉现象作为梦的成分，也为我们大家所熟悉。

很明显这种方法实施起来并不容易。可设想你们现在要通过绘图来说明报纸中的一篇政治论文，必须要将文字改成图画。文中所有具体的人和物都可以用图画代表，而且可以表现得更完满。但是如果你们要将一切抽象的文字，包括指示各种思想关系的语词，如关系词、连接词等，统统都改成图画，就会遭遇重重困难。就抽象的文字而言，你们或许能采用各种方法，比如将文章的内容先译成其他各字，这些字就算很少见，但其语根的成分较为具体，所以作出这种表象比较容易。你们或许还能由此想到这样一个事实：抽象的文字原本就是具体的，只是它们具体的原义渐渐失去了意义而已。所以一旦有可能，人们便不免去回溯这些字原有的具体涵义。比如，"占有"一物的实际意义，是"坐在它的上面"。这就是梦的工作的进行方法。在这种情形下，你们要求精确的表示是很困难的，也不能埋怨梦的工作难以用图来加以替换。（在对这几页文稿进行修改时，我偶然看到了报纸上的一段新闻。我把它抄了下来，用来证明上述几句话。预备役军人M曾发誓违背婚誓就会遭受断臂的惩罚，而他真的遭到了上天的报应。他的妻子M夫人安娜控告K夫人克勒孟坦对丈夫不贞，她控诉当自己的丈夫M在前线服役期间，K夫人与之私通。在私通期间，M每月送给她70克朗，此外，她还接受了M的一大笔钱，以至于原告M夫人和孩子们陷入挨饿的凄惨境地。M夫人从自己丈夫的同事口中得知，他曾和K夫人共同去酒店饮酒到深夜。而被告K夫人有一次曾当着几个士兵的面，询问她丈夫是否会离开自己的"发妻"到她那儿去，而K夫人的寓所看管人也多次看见M夫人的丈夫在K夫人的房间内穿过什么衣服。然而，K夫人在利物浦斯诺特的法官面前说不认识M。她发誓，他们之间没有发生亲密关系。但是，一个叫M的阿伯丁的证人提供证据说他曾亲眼看见原告的丈夫和K夫人接吻，K夫人为此非常惊恐。前几次开庭，M在被召出庭受讯时，坚决否认自己和被告的亲密关系。可是昨天，地方法官收到他的一封信，信中推翻了自己之前的供词，供认他和K夫人一直私通到去年的六月。而上几次出庭，他之所以否认和被告私通，只是因为在开庭前他们见了面，被告跪求他不要声张。他接着写道："今天，我不得不在庭前招供实情，因为我的左臂折断了，我认为这是上天对我犯罪的惩罚"。法官判决如下：该刑事犯罪为时已久，案件无法成立，原告撤销其控诉，被告得以开释。）一些如"因为""所以""然而"等等表示思想关系的语词，如果你们要用图来表示，显然不会那么容易，因此，这部分只能省略。同理，梦的思想内容也会随着梦的工作而化为物体和活动等材料。

如果那些非图画可以形容的关系能被替换成更生动的影像，你们或许就会觉得满意。同样，梦的工作能通过显梦的形式特点，就像它的明晰性，或隐晦性，和区分为不同部分等，成功地把大部分的隐念表现出来。梦的部分成分数目和梦的主题或起伏的隐念数目几乎相等。一个起始简短的梦，和后来详尽的主梦有着导引或因果的关系。梦内情境的改变，则是次要的隐念的代表。所以，梦的形式也非常重要，它本身需要解释。一夜里的几个梦往往只有一次，表示梦者为能够完满地控制一个不断加强的刺激而努力过。而在单一的梦里，一个特别困难的元素需要用多个象征作为它的代表。

如果我们继续将隐念和显梦进行比较，则不管在哪方面都有可能会产生出人意料的事情，哪怕梦中荒谬绝伦的事实也有着各不相同的意义。在这一点上，医学家释梦和精神分析者释梦有着更加显著的区别。从医学家的角度来看，梦荒谬的原因是梦时的心理活动暂时宣告停止，而从我们的角度看，梦是荒谬的，是因为梦的隐念含有"它是荒谬的"这种指责。之前讲过的去剧场看戏（一个半弗洛林买三张戏票）就是一个很好的例子，其表达的意见就是："结婚太早未免太荒谬了。"

我们在释梦时，发现梦者往往对某一个元素是否曾入梦，或入梦的是否就是这个元素持怀疑态度，而对其他元素则没有这样的反应。通常来讲，隐念中确实没有和这些怀疑相当的东西，它们统统因检查作用而起，是压抑不能完成导致的。

我们最为惊人的发现之一是梦的工作处理隐梦中相反意念的方法。隐梦中材料的互相连贯的各点在显梦中凝缩在一起，这点是我们已经知晓的。但是相反的意念和相同的意念都会以同样的方式来处理，特别要用同样的显梦成分表示出来。如果显梦的成分正反两面，其代表的意义分三种：（一）同时代表正面和反面的意义；（二）仅仅代表它自己；（三）代表相反的意义，那么释梦时怎样处理这些情况，还需要看前后关系而定。因此梦内没有"否"字的代表，至少没有清楚的词语来表示。

值得庆幸的是，梦的工作的这种奇怪现象可以在语言发展上找到类似的情况。语言学家大多主张在最古老的语言中，所有相反的词如：强弱、明暗、大小等，都是用同一词根来表示的，即原始文字的歧义性。比如"ken"在古埃及语中，原意是"强"和"弱"。说话时因音调和姿势的不同，没有使两歧的字引起误会；在书写时，则加上所谓的"限定语"，即画一幅图，比如在"ken"之后，画一个挺胸直立的人则其义为"强"，如画一个屈膝下跪的人，则其义为"弱"。直到后来，同一原始文字的两个意义才因语根的微小变化而表示两种不同的意义。

不仅最古老的语言是这样，较近代的，或现在存在的语言，发展到了最近阶段也仍然保存着许多早期的两种含义。如果把相近的语言相互比较，就可得到更多的例子：英文：lock＝闭锁；德文：Lock＝洞、孔穴，Lücke＝裂隙。

梦的工作的另一特点也可在语言发展上得到证明。在古代埃及语和其他后来的语言中，音的位置变换，一前一后，导致用不同的字来表示相同的基本观念。所有英文、德文这类平行的，比如：Topf（pot）—pot（锅）；Boat—tub（桶）；Hurry（匆忙）—Ruhe（rest）（休息），拉丁文和德文平行的，例如：capere—packen（to seize）（捉住）；ren—Niere（kidney）（肾）。

除此之外，梦里还有情境的倒置或亲属关系的倒置，使我们仿佛置身在一个混乱世界之中，比如猎人追兔在梦里往往变成兔追猎人。而事物的前后程序也跟着颠倒，所以在梦中表现为先果后因，使我们想起三流戏院中所演的戏剧，主演者先倒地而死，然后才听见使他丧命的枪声。有时梦里各元素的位置整个被倒置，所以释梦时，可以将最后位置的元素改放在前面，而位置最前的元素改放在后面，这样才好理解梦的意义。比如梦的象征作用也有这个现象，如，落水和出水都表示分娩或出生，而上梯和下梯的意义也相同。梦的工作的这些特征依附于原始语言文字的表达方式，其难以了解的程度与原始的语言文字几乎等同，这一问题且稍后评论。

现在将这个问题的其他方面提到讨论日程上来。显然，将隐念变成知觉的形式，尤其是视觉的影像，是梦的工作所要完成的事。我们的思想原本就是采用这种知觉的形式。感觉印象是其最早的材料和其发展的最初期，更确切地说，是先有这些感觉印象的"记忆画"，后来渐渐才有文字附着于这种图画之上，连络起来以成思想。所以，梦的工作是让我们的思想倒退，而返回发展过程中所经的老路，而记忆画在这个倒退的过程中进展为思想时的一切新生物都不得不随之消失。这就是梦的工作的意义。

懂得了梦的工作的历程之后，我们对显梦的兴趣就不再那么强烈了。但是我仍想对显梦加以论述，因为我们在梦里直接感觉到的部分终究只有显梦。

诚然，在我们眼里，显梦已经失去了重要的地位。不管它是郑重地组合起来，还是分裂为前后不相联络的图画，对我们来说都无所谓。虽然梦的表面看起来意义充分，但是我们知道这种梦的表面形成于梦的化妆作用，和梦的内容没有必然联系，正像由意大利教堂的门面，不能够完全推知其中大概的结构和基地的设计一样。有时梦的表相也有其意义——赤裸裸地表现隐念的要点。但是，我们要清楚这一点，必须要经过释梦而明白其化妆的程度之后才能做到。有时两种成分的关系非常密切，也可能会产生类似疑问；即由这种联系看来，虽然可以推想隐梦里的大部分成分也有类似的关系，然而我们有时深信隐念中的一些成分在入梦后却距离很远。

大致地讲，我们不能用显梦的一部分来解释显梦的另一部分，就像梦是互相连贯，表里如一的。就大多数的梦而言，其构造其实就好比粘石——用水泥将各种石片互相粘合，而使表面上的界线与里面各种石块原来的界线不同。梦的工作的这一机制，被称为"润饰"，其目的在于把梦的工作的直接产物合成一个连贯的整体。在润饰时，梦的材料往往排成大相径庭的次序，而为了完成这个目的，隐念会竭尽可能地交错穿插这些材料。

然而我们不能过分夸张梦的工作存在的可能成就。它的活动无外乎如下四种：梦的压缩、移置、意象及润饰。梦中所有判断、批评、惊异或演绎推理等表现都不是因梦的工作引起，也很少是后来对梦的回忆的表示。但大部分还是隐念的断片，改造成梦境相合的方式，然后侵入显梦中。

除极少数情况外，一般梦中的会话都不是梦的工作所创造，而是对梦者自己之前所闻或所说的话的模仿和补充，进入隐念而变成梦的诱因或材料。梦的工作也不包括数的计算，显梦中若有计算，一般只是数目的混合，或者仅仅是估计，或只属于隐念中某种计算的副本。在这种情形下，难怪我们对梦的工作产生的兴趣，不久便转向隐念，而隐念则以化妆的形式在显梦中流露出来。但是我们通过理论的探讨，也不应该让兴趣偏离太远导致全梦被隐念替代，而将适合前者的评语附加在后者身上。我们无须因精神分析的结果被人误用，而使二者发生混淆而感到奇怪。要知道"梦"只能用于梦的工作的产物，或只能用以称隐念受梦的工作处理后而取得的方式。这个工作很别致，在精神生活中可算是独一无二的。

所谓压缩、移置及思想变为还原的影像等作用，都是新奇的发明，是我们在精神分析上的收获。你们还可通过与梦的工作平行的现象知道精神分析和其他研究的关系，尤其是对于语言思想发展的研究。如果将来你们对梦的工作的机制是神经病症候的一种范本比较了解了，就更能领会这个发现的重要性了。

目前我们还无法充分了解梦的研究在心理学上的重要作用。但是以下两点值得参考：（一）这种研究可用来证明潜意识的精神活动——也就是梦的隐念的存在；（二）释梦的结果往往出乎我们的意料，它会使我们认识到心灵的潜意识生活的范围实际上非常广泛。

第十二讲
梦例的解析

请大家不要因我只讲的释梦的断片而没有为你们解释长梦而感到失望。大家不要以为只要经过长期准备就能很好地解释一个长梦，或认为完满地解释数以万计的梦之后，就能举出许多好例子以证明自己对梦的工作及梦念的理解了。这些想法并没有错，但还是存在很多困难的。

首先，释梦并不是我们的主要任务。那么我们究竟在什么情形之下才来释梦呢？为了精神分析工作的训练，有时我们会没有目的地研究一个朋友的梦，或长期地研究自己的梦。我们主要研究的都是受精神分析治疗的神经病人的梦。这些人的梦所提供的材料要比常人更加丰富，我们解释他们的梦通常是为了达到治疗的目的，一旦能从这些梦中获得有利于治疗的事物，我们就不会再一一解释了。另外，在治疗时，因为有很多梦起源于潜意识的材料，而对这些材料，我们尚不能完全了解，也很难对其进行充分地解释，所以在这些精神病人被完全治愈之前，释梦便成了泡影。我们需要将神经病的一切秘密搞清楚，才可以对这些梦加以讨论，由于我们只是以为神经病研究作准备的目的来讲梦的，所以我是做不到这些的。

我现在倒希望你们自愿放弃这种材料，而选择常人或你们自己的梦进行解释。不过这些梦的内容往往又是无法解释的。

无论我们有多不愿意，由于梦经常侵入人格最秘密的部分，所以若想彻底地释梦，就不能有所忌讳。关于述梦，除了由梦的材料而引起的困难外，还存在另一种困难。要知道梦者本人对梦已经感到很惊奇了，而在那些不明白梦者人格的人们看来，就会更觉吃惊了。有很多精神分析的著作都对梦进行过精巧的和详尽的分析，我也曾在刊物上对病状的经过进行过分析。而在有关释梦的例子中，最好的当属兰克所发表的对一位少女的两个有关的梦的分析。关于梦的记载大约只有两页文字，而关于分析的叙述则占了76页。短时间内我们无法进行详讲，我们也完全不必对一个冗长而变化多端的梦进行多重解释。我只需从神经病人的梦里选取几段进行略述，就能看出梦中这个或那个孤立的特点来。最容易指出的是象征，其次是梦的表象的倒退性的某种特点。我将告诉你们以下各梦值得一述的原因。

（一）

有一个梦只包含两幅简单明了的图画：一幅是在星期六的早上，梦者的叔父正在吸烟；另一幅是一个妇人像抱着自己的孩子一样抚抱着梦者。

关于第一幅图，梦者（是一名犹太人）说他的叔父是一个很虔敬的教徒，他从来都没有在安息日抽过烟，将来也决不会。第二幅图的妇人只是使梦者想到他的母亲。这两幅图的思想显然是互相关联的，然而究竟有怎样的关联呢？因为他明确表示，他的叔父实际上决不至于做出梦中的行为，于是立即引进了"假使"一词。

"假使我的叔父是如此虔敬的教徒，却也在安息日吸烟，那我也不妨受母亲的抚抱了。"由此可以看出，在安息日吸烟和为母亲所抚抱，在虔诚的犹太人看来都是禁忌的事情。大家应该记得，我曾说过，解梦的工作，其实就是将梦里某些已经被删除的关系，重新进行整理补充，使梦的思想回复到初始的状态。

（二）

对梦的论述使我在社会上几乎成为梦的公共顾问。这些年来，有很多人给我来信讲诉他们的梦，并期望得到我的意见。这些成了我可能释梦的宝贵材料。如果梦者不将自己所知道的全讲述出来，我们就很难理解他的梦。下面是慕尼黑的一个医科学生的梦，而我之所以征引这个梦，主要是为了让你们知道，如果梦者不将他所知道的都据实以告，我们是很难理解他的梦的。我想你们的心中一定认为，释梦的理想方法是翻译象征，为此宁愿抛弃自由联想法。

据梦者所述，1910年7月13日，天将亮的时候，他做了这样一个梦：我梦见自己骑自行车在杜平街穿梭，突然后面有只狗向我追来，咬住了我的鞋跟。我拼命往前骑几步，就下了车，坐在石阶之上，并用力打走紧紧咬住我鞋跟的狗，与此同时，有两位老太太在我对面坐着，狰狞地注视着我，随后我便惊醒了。从象征我们并看不出什么，但是梦者后来对我们说他在街上看见一个女子，对之非常喜欢，却没有认识的方法。因为他原是一个喜爱动物的人，他知道那个女子也是如此，所以他恨不得通过她的狗为媒介而和她认识。

他又说自己曾几次调解争斗中的狗，旁观者赞不绝口。他所羡慕的女子还常和此狗一同出来散步。在他的显梦内这个女子似乎不存在，只能看见她的狗。也许狰视着他的老太太就是女子的化身，他再说出来的话却对我们没什么帮助了。至于梦中骑自行车只是他记得的情境的直接写照，因为他每次遇见少女和她的狗的时候都在骑自行车。

（三）

当我们的亲人去世后，我们会在一段时间做特殊的梦，将死者去世的事实和自己想要他复生的愿望联系在一起。我们时常有死者入梦，虽死犹生的梦境；有时也似乎半死半活，而每种情境都有特有的标记。在梦里和在神仙故事里复活是被允许的，特别在神仙故事中，复活更是常见，所以这些梦不能说是毫无意义的。据我分析，这种梦的结果似乎总是能找到合理的解释，然而要死者复活的愿望总是最奇异的表现。我想选择有关这方面的一个梦来讲述，这种梦听起来似乎很八卦，而其分析的结果却足以说明上面理论中指出的各点。

梦者的父亲在数年前去世，他的梦境是这样的：他的父亲死后不久被人掘出，并且面有病容。他继续活着，而我则尽力阻止他注意……之后便梦见其他的事情。

他父亲的死是事实，但实际上并没有被掘出，这是不存在的事情。据梦者讲述在其送葬回来之后，有一颗牙齿开始作痛。犹太人有一格言说："牙痛，可以将齿拔去。"他便按照格言真的去拜访医生想要拔牙。但是牙医却告诉他牙痛贵能忍耐，拔牙不是办法。牙医想要用药杀死齿下神经，让其三天后再来，他会把已死的神经取出。梦者认为这一取出，便应了梦境中的"掘出"。

他说的有道理吗？事实上，这两件事倒也不是完全呼应的。因为取出的是牙下已死的部分并不是牙齿本身，但据我们的经验，梦的工作是可以有这种遗漏的。因为关于牙的一切话语根本不适用于他的父亲，如果我们硬是将已死的父亲和已死的却尚留在口内的牙联系在一起，那就无怪显梦是如此地荒谬。那么父亲和牙之间到底有什么公共的成分呢？我想一定是这样的：梦者又说他常听人说，梦中掉牙，就是要死亲人的预兆。然而这种俗语的解释根本没有道理。因此，我们只能在梦的内容的其他成分中发觉梦的真意了，这不免令人更感怪异。

我们还没来得及追问，梦者就开始向我们细述他的父亲的病和死，以及父子之间的关系。父亲久病卧床，医药费是一笔很大的开销，而对父亲的悉心照顾也使他劳心费神，但是他毫无怨言，仍然忍耐着，从没有产生过希望父亲快点死去的想法。他自诩不会违背犹太人的孝敬观念，并坚守犹太人的法律。难道他的梦没有相互矛盾的地方吗？当然有！他曾将牙齿和父亲合为一体。他一方面要以犹太法处置病牙，认为牙痛应立即拔牙，另一方面同样以犹太法对待父亲，认为做儿子的应该承担整个负担，不必顾惜金钱或精神上的损失，而不对父亲有所怨恨。假如梦者对于病父和病牙有同样的情感，换句话说，假如他希望因为父亲的死，他的病痛和费用可以早日完结，那么两者情境的相同不就可以令人信服了吗？

我认为，这的确是梦者对久病的父亲的态度，他以孝顺自诩只是为了阻止这种念头的出现。在类似的情形下，人们往往都会希望病父快死，但在表面又装作善意的考虑，认为"这对父亲也是一种幸福的解脱。"不过，我们应该特别注意的是，此时梦者隐念上的樊篱已被摧毁。梦者思想的第一部分只是暂时的，是潜意识的，也就是说，只有梦的工作正在进行时，才会这样。另一方面，他对父亲厌倦的情感才永远是潜意识的，可以溯源到儿童期。这个隐念已经在他的父亲生病期间经过化妆进入到了潜意识之内。

对于形成梦的相关内容，我们也可以做此推断。虽然在梦里他没有一点儿对父亲怨恨的表示，但是我们如果研究梦者在孩提时代对父亲怨怒的起源，就能够知道，

他畏惧父亲是因为父亲曾禁止他在儿童期和青春期后的手淫行为。这便是梦者与他父亲的关系，他对父亲的情感略带敬畏的色彩，而敬畏则来自早年的性威胁。

现在，我们可以用他的手淫的情结来解释梦中其他的说法了。"他面有病容"，实际暗指牙医的另一句话，即："这里没有牙就未免不好看了。"同时也暗指青年在青春期内因性欲过度而流露或害怕自己流露的"病容"。由于梦的工作，梦者将自己在显梦里的

病容转向他的父亲，使得自己精神上如释重负。

"他继续活着。"这句话一方面是指他虔诚地求得父亲复活的愿望，也符合牙医保牙不拔的允诺。

"我尽力阻止他注意"非常巧妙地引导我们用"他已死"这几个字来完成这一句话，实际上这是对手淫情结的一种补充。年轻人当然要设法掩盖自己的性生活，而不使父亲探悉。最后，我还要告诉大家，所谓"牙痛的梦"，常暗指手淫和因此而招致的惩罚。

由此可见，这个不可解的梦，是由三个因素组成的：一是梦的压缩作用引导人们进入解梦误区；二是梦者删除了隐念中所有的中心思想；三是梦者原始的隐念被双关的代替物取而代之。

（四）

有些直率平凡的梦，就其本身来说，丝毫没有怪诞荒谬的地方，但却引发了这样一个疑问，我们梦见这些无聊的琐事到底是因为什么呢？我们之前曾多次想探求其原因，现在引述这种梦的一个新例子。这是一位少女在一个夜晚发生的三个耐人寻味的梦。

1.梦者正从自己屋内厅上走过，头部突然撞上了灯架，导致血流不止。这种事在现实中从来没有发生过。不过她的说明却非常耐人寻味："你知道那时我的头发真令人害怕。昨天，母亲对我说：'好孩子，要是真这样，你的头就会很快秃得像屁股了'。"由此可见，头部成为替代身体下部的物体。至于灯架的象征，无须梦者解释，我们也能够了解：凡是能够拉长的物体，都象征着男性生殖器。因此，这个梦的真意是指女性身体下部与阳物接触而出现血流不止。这个梦还可有别的意义；根据梦者进一步的联想，这个梦也含有月经来潮的意义。

2.梦者在葡萄园中，忽然发现一个幽深的洞穴。她知道这个洞穴原来有一棵树插在里面，但是不知何时这棵树被连根拔去了。关于这一点她说，"树已不见了。"意思是说，自己在梦里没有见到树。不过这一句话却表示着另一思想，即让我们相信，不去怀疑象征的解释。这个梦涉及另一个关于性的幼稚见解，即认为女孩本来和男孩的生殖器是相同的，后来因被阉割（树根拔去），导致拥有不同的形状。

3.梦者站在书桌的抽屉之前，抽屉是她所熟悉的，因此如果有人触动抽屉，她就会马上知道。我们知道，书桌的抽屉以及所有抽屉箱盒都象征着女性生殖器。她知道交媾（或者据她的意思，任何接触）之后，生殖器便会暴露出来，而这正是她向来害怕的事。我认为这三个梦的主要重心在于"知"的一个观念。她记得，在孩提时代对于性事件的探索，而她深为自己因探索而获得的知识感到自豪。

（五）

这里还有一个象征作用的例子。不过这次我要简要地叙述一些将梦前的心境。一个男人和一个女子发生爱恋，共同度过了一夜。男人说女人的品质是母性的，每当拥抱之时，他都会有生孩子的愿望。可是，他们每次性交时却又不得不设法避孕。清早醒来后，那女人便诉说了一个梦。她梦见有一个戴红帽子的军官正在街上追她，她拼命地逃跑，但他紧追不舍。她跑上楼梯，气喘嘘嘘地逃到房里，将门紧闭上锁。她从锁孔中看到那个男子正坐在门外凳子上流泪。

红帽军官的追逐和女人的气喘上楼梯这两件事，很明显是交媾的象征。而梦者将追逐者关在门外，则是梦中常有的假装作用的一个例子，因为在交媾完毕前，即引身而退的其实是男人。同理，她又将自己的悲痛之情转移到男子身上，因为在梦里哭泣的是他，而他的眼泪同时又代表了精液。

我想你们一定经常听别人说，精神分析认为所有梦都有性的意义。现在大家应该清楚这个责难是不正确的了。想想那些满足愿望的梦，用来满足那些最显著的需要，如饥渴、自由等等；还有安乐的梦（comfort dreams）、焦虑的梦（impatience dreams）和贪欲自私的梦。不过你们一定要记得，根据精神分析的结果，化妆显著的梦大多数表现的是性欲（但也略有例外）。

（六）

我给大家举了这么多关于梦的象征的例子，其实是有一个特殊用意的。之前我曾说过，要你们相信精神分析的发现确实是一种困难的工作，现在你们应该同意我的这种说法了。不过精神分析的各个主张是彼此密切相关的，因此，相信了这一点，就很容易让你们接受整个理论的其他各点了。我们也可以说，如果你们肯举起一个小指头赞成精神分析，那么不久之后就可以举起整只手赞成了。如果你们承认过失的解释是能够满足的，那么在逻辑上，你们就不会怀疑其他的部分的了。梦的象征作用也应该可以说是引起这种信仰的另一个捷径。

我现在再告诉大家一个梦。这个梦之前曾公开刊布，梦者是一个穷苦社会中的女人，她的丈夫是一个更夫。大家可以放心，这样一个女人不可能知道精神分析的方法，更不知道什么是象征作用。所以，你们完全可以判断我们从性的象征而得到的解释到底是不是在胡说。这个梦大概是这样的：深更半夜，有人破门而进。她在惊惧中大呼更夫的名字，可是此时更夫已经进入教堂了，而且有两个游民相伴左右。教堂门前有几个石级，后面是一座高山，有一片森林在高山之上。更夫棕黄色的胡子遍及两腮，身披盔甲，十分英武。两个游民静静地与更夫同行，腰下穿有围裙，其形如袋。有一条小路从教堂到达高山，路的两旁生有短草矮树，越往高处越密集，到了山顶就变成了严密的森林。

这里所用的象征很容易辨认：三个人代表男性生殖器，高山、密林和教堂的胜地等象征女性生殖器，而登阶则象征着性交。梦中所谓"高山"的部分在解剖学上也称为阴阜（the monsveneris）。

（七）

我现在想再说一个梦，也能用象征来加以解释。梦者虽然没有理论上的知识，但能解释其所有的象征。因此，这个梦的征信价值更高。这个梦境很离奇，至于引起梦的情形却还无法确定。

梦者说，他正和他的父亲在维也纳的公园里散步，忽然看见一个大圆厅，厅前有一个小屋，屋内有一个泄了气的氢气球。父亲问他这氢气球是用来做什么的，他非常奇怪父亲为什么会问这个问题，但最终还是回答了父亲。接着，他们走进了一个天井，天井内铺有一大张金属薄片。他的父亲举目四望，见没有人就撕下一大片金属薄片来，并对儿子说，自己只须和管理者说一声，就可以拿走。自天井往下走，经过几个石级，就可直接抵达一个深洞。洞的两旁分布着皮座椅似的软垫，洞底有一个长长的平台，平台后面还有一个洞。梦者自己解释了这个梦："那大圆厅代表我的生殖器，至于厅前泄了气的氢气球则象征着阴茎，因为我曾嫌它软弱。"以下是详细的说明。

"大圆厅代表臀部（小孩经常把臀部算在生殖器内），前面小屋则是阴囊。在梦里，他的父亲问他生殖器有什么用途或机能。很明显，这个情境应该倒过来，是梦者发问才对；因为实际上这些问题从来没有问过，我们可以将这个梦的隐念翻译成一个假设的愿望："假如我要请父亲回答……"这个隐念的结果，我们就很容易知道了。铺有金箔的天井，象征意义则无法解释，这实际上是他父亲营业场地的暗示，金箔代表他父亲经营的商品。除此之外，我们对于梦中的措词一律没有改动。

梦者曾经承袭父业，非常反感他的父亲用不正当的手段赚钱，因此，上述的梦似乎在说："（我如果问他），他也会像欺骗顾客那样来欺骗我。"关于撕取金箔则象征经商的欺骗行为，不过梦者却另有解释：他认为这是暗指手淫。这个解释是我们所熟悉的，而且私自手淫而用相反的观念表示出来（即："我们可以公然为之"），也正和这个解释暗相符合。因此，把这件事认为是他父亲做的，正好与梦里刚开始向父亲发问相呼应，都正好是我们意料之中的答案。梦者还把洞穴解释为阴道，因为它的四壁有软垫。在我们看来，入洞出洞都是性交的象征。梦者还根据自身的经验解释了关于第一洞底的平台，和平台之后的第二洞。因为他曾和女子性交，后因太软弱而不能畅所欲为，现在则希望借助于治疗而恢复此事的能力。

（八）

下面还有两个梦。梦者是一个有显著多妻倾向的外国人，根据这两个梦，能够证实一种说法，即两梦之中都有梦者的出现。虽然在显梦的内容中有了伪装，但梦中的皮箱仍然象征着女性。

1.梦者正在做长途旅行，行李由马车送至车站。他的皮箱很多，重叠着堆放在那里，其中有两个黑皮箱是商人旅行家专用的。他对某人关切地说："只要把这些皮箱送到车站就可以了。"实际上，他确实带着许多件行李旅行，在接受诊疗时，他又讲述了很多关于女人的故事。那两个黑皮箱是两个黑女人的替代物。在他那时的生活中，这两个黑女人正占据着重要的位置。有一个甚至要跟他到维也纳，不过由于我的劝告，他发电去阻止了她。

2.在海关检查处，另一个旅行家打开皮箱，一边吸烟，一边满不在乎地说："箱内可没有违禁物。"海关职员露出认可的表情，可是当再搜查的时候，却在他的箱中发现了一件严重的禁运物品。旅行家不得不让步说："这就没法子了。"事实上，旅行家是梦者的替身，而海关职员则是我。他对于我本来非常直爽毫不隐瞒，可是他新近与一位女子发生了关系，却决定不告诉我，因为他怕我认识她。他将被人发觉时的那种羞愧的情境推到了一个陌生人的身上，自己似乎不在梦内。

（九）

这里还有一个象征的例子，是我过去从没有说过的：梦者路上遇见了他的妹妹和两个朋友同行，这两个朋友是一姐一妹。他只与这两个姐妹握了手，却没有和自己的妹妹握手。事实上，他根本不记得有过这件事。不过，他据此回忆道，自己曾在某时对于一个女子的乳房发育的迟缓表示过惊异。因此，这两个姐妹实际上代表着两个乳房，如果这个女孩不是他的妹妹的话，他恐怕就要伸手去摸一摸了。

（十）

接下来的一个例子是关于梦中的死亡象征的。

梦者说，他正在跨过一个非常高而陡峭的铁桥，同行的还有两个人，他本来知道他们的姓名，但醒来时却忘记了。他们两个人突然不见了，而他看到的是一个头戴小帽、身穿套裤、形状如鬼的男子。他问那人："你是送电报的吗？"那人回答，"不是。"他又问："那你是马车夫吗？"那人又回答，"不是。"于是，梦者继续做他的梦，而且梦境越来越恐怖怪异。醒来时，他又在幻想中追忆铁桥忽然断裂，自己坠入到深谷之中。

梦者如果特别强调梦里人物不是他所认识的，或忘记了他们的姓名，那么事实上，这些人和梦者的关系都很密切。就此例来说，梦者有两个兄弟，他如果在梦里害怕其他两个人死亡，那实际上就是表示希望他们死去。关于送电报人一节，他认为电报往往会带来坏消息。从他的制服来看，他应该是一个管灯的人，他可以像死神毁灭生命之火一样去熄灯。由马车夫，他想到乌兰德[1]咏卡尔王航行的诗和波涛汹涌的海上，同行的两个人认为自己就是诗中的卡尔王。他由铁桥又想

---

1 路德维希·乌兰德（1787–1862年），德国浪漫主义诗人。代表作《歌手的诅咒》《诗集》等。——译者注

起最近的一件事和一句俗语："生命是一座吊桥。"

（十一）

下面也可看成是死亡之梦的另一实例：一位素不相识的先生留给梦者一张黑边卡片。

（十二）

还有一个梦应该会引起你们的兴趣，不过这个梦是以梦者的神经病状态为起因的。梦者在火车内，火车就停在旷野之中，他认为将要有意外之事发生，一定要努力逃脱。于是他穿越各个车厢，遇人便杀。死者有司机、警卫人员等人。

这个梦让他想起过去朋友给他讲的一个故事：在意大利的某条铁路线上，有一个狂人正坐在车上的小房间内被护送。一个错误的巧合，让他与一位普通旅客同室而居。结果，狂人杀死了这位旅客。于是，梦者从那时候开始就以狂人自居，因为他常有一个"强迫观念"，认为自己应把知道他秘密的人们全部消灭。紧接着，他又说了另一个梦的起因。前一天，他在剧院里看见一个美丽的女子，特别想娶她为妻，但后来由于对她产生嫉妒，决定将她抛弃。他知道自己极易产生嫉妒，要娶她简直是发疯了。换句话说，他认为她非常不可靠，而他的嫉妒可能要让他杀害所有和他竞争的人，而穿过多个房间则是结婚的象征（以相反之意表示一夫一妻制）。

关于车停在旷野内和怕有意外之事这一层，他对我们讲了以下的故事：有一次，火车在车站外的路线上忽然停车，车厢里一位女士说害怕会发生车祸，最好将双腿提起。"双腿提起"这一句话，让他想起了他和上述女人的事情。他们在两情相悦的日子里，曾经常到这里郊游。接着他又有了一个新论点来支持这个结论，即现在娶她无异于发疯。事实上，据我所知，他仍然抱着想娶她这个疯狂的愿望。

第十三讲

原始的梦和幼稚的梦

我们曾经谈到过，梦的工作会受到检查作用的影响，将梦的隐念变成其他的形式，本章就用这个结论作为出发点。其实这些隐念和醒着的时候熟悉的、有意识的思想的性质是一样的，不过因为它表示的新形式有很多特点，所以我们很难了解。我们曾经讲过，这种表达方式往往回复到早已过去的文化发展阶段——比如象形文字、象征的关系等，或者说语言思想还没有发展之前的初始状态。正因如此，我们把梦的工作所利用的表现叫作原始的或退化的方式。

基于这种原因，我们可以做一个推想：假如我们对梦的工作做更深的研究，就能对现在不是很清晰透彻的初期文化得到一些有意义的结论。我希望这个成为现实，可是目前来说还没有人去做这个工作。梦的工作所追溯的时期是原始的，它具有两层含义：一是指个体的幼年；二是指种族初始形态。因为个体在幼年时期将人类整个发展的过程做了一个简单的重演。我相信要区分那些属于个体初期的和植根于种族初期的潜在的心理过程的可能性是存在的。就比如象征的表示，从来不是个体所习得的，而是种族发展的遗物。

当然上面所指的特点并不是唯一的。我们从自己的日常经验中就能明白，差不多所有人都有遗忘了自己幼年时经历的情况。在记忆中，1～8岁时的经验和8岁以后积累的经验不同，甚至可以说没有一丝相同的痕迹。一些人固然能自诩连续记得自幼年到现在的经验，然而大部分人却正好与之相反，即幼年的经验在记忆里是一片空白。我觉得，这件事还没有引起足够的注意。

儿童在两岁的时候就能够说话了，也能适应一些比较复杂的心理情境，而自己说过的话很容易就会被自己遗忘，过了几年后，即使有人再提起，他也不记得了。但是，幼年时候由于经验的负担不是很多，所以记忆力要比后来好很多。并且我们没有任何根据说记忆是特别高等或比较复杂的心理活动；有时候智商低的人比智商高的人记忆力好。

然而，我请你们一定要留意第二个特点，这第二个特点是建立在第一特点基础上的，即虽然遗忘了幼儿时前些年的经历，但是还会有一些回忆形成梦的意象。这种遗留似乎还缺少证据。对于成人而言，他们通过选择将记忆中不重要的部分淡忘掉而把重要的部分保留；对于儿童而言，他们遗留下来的记忆力并不都是重要的。这些经验往往是无价值的，甚至是丑恶的，以至于令我们感到十分奇怪，为什么这个特殊的经验偏偏被记住了。我曾经试图用精神分析法来研究幼年遗忘和片断回忆的问题，但它的结果未能如我的愿。其实儿童也和成人一样，只在记忆中保留着自己重要的经验。但是我们常看到这样的事情：在记忆中所谓重要的经验，由于梦的压缩作用特别是移置作用，被一些貌似琐碎的事情取代了。因为这个缘故，我称这些幼年的回忆为屏蔽记忆（Screen memories），通过精神分析法可以将童年遗忘的经验重新唤起。

在运用精神分析治疗时，我们常常将幼年时记忆的空白重新填补起来，治疗如果很有效果，我们经常能重新唤起那些早就淡忘的幼年经验，使其重见天日。事实上，幼年的这些印象是永远不会被遗忘的，而它之所以无法表露出来，主要因为它的一部分被潜意识吸纳了。但是有时这些经验也会自然而然地流露于潜意识之外，因而形成一个完整的梦境。

由此可知，梦的工作是可以还原到这些隐潜的、幼稚的经验的。这方面的实例在一些精神分析的书中屡见不鲜。下面是我记录的实例：有一次，我梦见一个对我有过很大恩惠的人，我仔细打量着他：他瞎了一只眼，身子矮小并且很胖，两肩高高耸起……我由此推断他可能是个医生。幸而我的母亲那时还健在，我问她："在我出生后到三岁离开家那年，那位来看我们的医生长什么样子。"她说："那位医生瞎了一只眼，身材矮胖，两肩耸起……"这个幼年遗忘的记忆重新唤起的例子，就是梦的第一种"原始的"特点。这个知识对于另一个问题有一些关联，可是这另一个问题到现在都还没有解决。

我们知道梦起源于过度的性欲或邪恶的念头，因而梦的检查作用和梦的化妆作用是必要的；对于这个理论所引起的惊异，大家应该还记得。假设我们解释这样一种梦，梦者虽然本身对这个解释毫无争辩之意，然而他一定会问这种愿望为什么会侵入他的心内。由于他对于此事似乎一无所知，并且意识到的愿望又适得其反。我们可以毫不犹豫地告诉他，那个他所否认的愿望的起源：这些邪恶的冲动往往起源于过去或不远的过去。事实证明，虽然他现在已经不记得了，但他的确曾经知道这些冲动。比如，某妇人曾经做了一个梦，意思是希望自己的独生女（那时正17岁）早日死去。通过分析，我们帮她找到了产生这一邪念的原因。原来这个独生女是不幸婚姻的产物，她与丈夫婚后不久，因夫妻感情不和就分道扬镳了。当孩子还在她腹中时，她因和自己丈夫吵闹，愤怒之下，以拳击打自己的小腹扬言要杀死胎儿。生活上像妇人这样的母亲有很多，她们现在爱护甚至溺爱孩子，但是曾经怀孕时并不是出于自己的愿望，她也希望体内的婴儿不再生长，并且使用各种手段实现这个愿望，幸好这个邪恶的念头没有产生严重的后果。因此梦者想要让自己女儿死亡的邪念，虽然令人惊奇，但确实来源于曾经这样的联系。

还有一个男人，他在梦里经常有杀害第一个爱子的想法，并且他承认了自己的邪念。从分析中我们得知他的婚姻是失败的，因此，当他的长子还在幼年时，他希望孩子早点死去，他就可以重新来过并且也就此解脱了。

生活中有很多类似的邪念，这种冲动的起源都是一样的，他们都是对过去事情的回忆，并且这件事曾在心理和意识上起到过作用。你们或许会因此而倾向于得出这样一个结论：假设两个人的关系没有丝毫变化，那么梦和邪念就无法滋生。也许你们这个结论是可以得到赞同的，我要提醒你们的是，你们的想法不要仅仅停留在梦的表面含义，而应该对梦的隐含意义做进一步的分析。希望自己亲生骨肉死去的显梦只是一张令人可怕的面具，而梦的隐藏意义却截然不同，也许那亲爱的人是另一人的替身。

以上关于使自己亲人死亡愿望的情形，可以引出一个更加宽泛的问题。你们也许会认为："即使这个死的愿望的确存在过，并且通过回忆得到证实，但这样的解释也是错误的。由于这个愿望早已被克服掉了，现在只能作为一种潜意识存留在回忆中，因为失去了情感的价值，就不足以刺激梦的形成。因此以上结论缺乏证据。

"为何梦里竟会回忆起那一个愿望呢？"这个问题，你们的确有提出的理由。如果想要得到答案，定会牵涉很广。因此我不得不限定讨论的范围，暂时不去谈及到这个问题，希望大家谅解。目前如果能证实这早已克服的愿望的确是梦的起源，我们就达到了目的。这以后也可以继续研究其他邪念是否也能如同此理溯源于过去。

我们知道，"死的愿望"大多源自于梦者无限制的利己主义，而且常为梦的主因。如果任何一个人在我们的生活中成为阻碍，我们都会在梦里把他驱除，而不管这个人是父母、夫妻、兄弟或姊妹。人类彼此的关系本就很复杂，因此这种情形经常会发生。不过，这种恶意竟为人类所固有，就难免让人感到奇怪了，因此假如没有进一层的证据，我们一定不愿意承认这种梦的解释是正确的。要找到这种愿望的起源就要追溯到过去，我们很容易看到个体在过去的某一时期之内，这种利己主义的愿望常以最亲爱的人为目标。一个孩子在幼时（这个经验到后来便被淡忘了）经常会明目张胆地表现这种利己主义。因为孩子总是先爱自己，然后才知道去爱别人而牺牲自己。即使他爱别人，也只是为了要满足自己的需要，归根结底来说，还是起源于自私的动机。只是到了后来，才能使爱的冲动脱离利己主义，因此事实上，孩子是由于自私，然后才学会如何爱人。

在这里，我们可以把孩子对他兄弟姐妹的态度和他对父母的态度放在一起进行比较。孩子们坦白承认，对于兄弟姐妹不但毫无爱恋之情，而且视自己的兄弟姐妹为敌人，加以仇视。这个态度通常会延续到长大成人，或到成人期以后。之后这种敌视往往被柔情所取代，或者说常常被一种较亲密的情感所代替或掩盖。事实上，敌视的心态在年幼的时候就已经开始发展了。两岁半到四岁的孩子，当他们的小弟弟或是小妹妹出生时，他们往往表现出不友好的态度，说自己讨厌新出生的弟弟或妹妹，希望鹳鸟[1]将他们衔走。

然后，他一有机会就会采取一些手段来诋毁或攻击弟弟妹妹，这类事例常常发生。如果两个孩子的年龄相差不大，当孩子的心理活动有比较充分发展的时候，他所视为敌人的弟妹已经存在，那么

---

[1] 欧洲人常欺骗孩子，说孩子降生是由鹳鸟衔来的，这在前文中也曾提到。——译者注

他只得使自己适应环境；相反，如果两个孩子的年龄相差比较大，小孩子的幼稚可爱会引起大孩子仁慈的情感，并且把他视为玩耍的对象。如果两个孩子年龄相差八岁，大孩子又是姐姐，小孩子是弟弟，则大孩子就会出现保护性的母性冲动。说实话，我们如果在梦里有希望兄弟姊妹死去的想法，不要太过惊奇，因为我们可以从童年的经历里发现它的起源，或假定他们依旧住在一起，常常在较迟的几年中找到它的源起。

萧伯纳曾说过："一位年轻的英国小姐，怨恨自己的姐姐胜过自己的母亲。"育儿室里的孩子们，经常会发生争夺父母的宠爱，或发生霸占公有物品，甚至互相争夺房内的空间等激烈的争斗。这种敌视的对象，可以是兄姐，也可以是弟妹。那么这种兄弟姐妹和父子、母女之间的仇恨是怎样产生的呢？

先看看母女和父子的关系，从儿童的观点来看，这种关系自然较为亲密。我们感觉到，父母与子女之间如果没有爱的滋养，比兄弟姊妹之间缺乏爱更可怕。父母与子女之间的爱是神圣的，而兄弟姐妹之间的爱则是凡俗的。从日常的观察中我们发现，父母与已成年的孩子之间的爱往往达不到社会公认的那种伟大和高尚，并且相互间隐藏着敌意，如果双方不受忠孝和慈善道德的约束，那么敌意大爆发也是有可能的。

父子和母女之间这种仇视的动机，女孩子对母亲限制她的意志感到怨恨，因为做母亲的往往用社会的观念来限制女儿的性自由；有时母亲仍然想要争宠，不甘心被置于一旁。在父子之间这种情形表现得更加突出。在儿子眼里，他认为父亲对他的管教是一种社会压迫，正因为有了父亲这道无法逾越的障碍，作为儿子的他才不能随心所欲地释放早期的性快乐，也不能过多地花家里的钱。如果父亲是一个国王，那么儿子希望父亲死去的愿望会更加强烈。父女或母子之间的关系，则看起来不容易产生这种悲剧的局面，因为这里仅有慈爱，且不至于受到任何自私考虑的干扰。

你们也许要问我，为何要讲到这种众所周知而没人敢说的事实呢？因为人们往往会否认现实生活里这些事实的重要性，并且对社会理想确实实现的次数进行过分夸大。但是，如果让说风凉话的人们来讲真话，还不如让心理学家来说比较妥当。事实上这种否认也仅限在实际生活中；因为小说戏剧已经完全推翻了这些理想并且开始对这种动机进行赤裸裸地描绘了。

所以如果大部分人的梦都表现出排斥父母的愿望，尤其是排斥同性的父或母，那是不足为奇的。我们可以假设这个愿望醒时也有，并且可以存在于意识之内。如果它能隐藏在另一动机之后，就像前面所说第三个例子的梦者将自己真意隐藏在怜父病痛的情感背后，这种敌意便很难单独得势，一般较温柔的情感就能够征服它，使其不会表现出来，尔后却会在梦里有所显现。

当我们的解释让它在梦者的其余生活中保持应有的地位时，它在梦中单独表现出来的夸大形式就恢复其真正的比例了（萨克斯）。不过，这种希望亲人死亡的观念，有时在实际生活中也是没有基础的。在清醒时，成人们决不承认会有这种想法。事实上，这种根深蒂固的敌视，尤其是儿子对父亲、女儿对母亲的敌视态度，起源于幼年的最早时期。

我所指的爱的竞争，显然带有性的意味。男孩子早期就有恋母情结，他把母亲视为自己的占有物，却把父亲视为与自己争夺母亲的仇敌；同样的道理，小女孩认为自己在父亲心目中的地位被母亲占领了。从观察中可得出，这些情感起源于孩子的幼年时期，我们将这种情结叫作"俄狄浦斯情结"（Edipus complex），也叫"恋母情结"。这个概念来源于希腊神话中，俄狄浦斯无意中杀父娶母的故事。精神分析学派认为男孩在两岁就具有这种无意识的欲望。

在这个神话中，儿子有两个极端的愿望——那就是杀父和娶母的愿望——只是呈现方式略有改变。我不认为俄狄浦斯情节涵盖了亲子间的所有关系，有些关系比亲子关系还复杂。并且，这个情结有时发展，有时退隐，有时甚至颠倒了关系，然而不管怎样它总是儿童心理最重要的组成部分，但它的影响和结果却常常被我们忽略。还有父母本身也常常刺激子女，引起他们的俄狄浦斯情结。由于他们常常偏爱异性的孩子，因此父亲总是宠爱女儿，而母亲喜爱儿子；或者这种爱可以使夫妻之间冷漠的爱得到替代。

精神分析的研究提出了俄狄浦斯情结以后，不仅不能得到世人的赞同，反之还引起成年人的强烈反对。一些人肯定会否认这种情感的存在，但这种否认是违背事实的，并且夺取了剥夺情结本身的价值。我始终坚信，并且不会对其否认和粉饰。俄狄浦斯情结虽为现实生活所排斥并且放逐在稗官野史之内，但它在神话中有所流露，这却是很耐人寻味的。希腊神话中早已生动地描述了这种大家不可避免的命运，所以我们不能否认这种情结的存在。

兰克先生对这个问题作了细致的研究，并且详细叙述了俄狄浦斯情结经过多种形式的变化、改造和化妆，对诗歌和戏剧所产生的巨大影响，而且这种情结具有和梦的检查作用所产生的相同的变形。所以，在一些年长的梦者里，即使没有与父母产生矛盾，也会呈现出俄狄浦斯情结。"阉割情结"（Castration complex）即因父亲对于早年幼稚的性活动加以恫吓而引起的反应，它与俄狄浦斯情结有着密切的联系。我们由那些已经查明的事实进而可以研究儿童的精神生活。现在我们可以对儿童梦内禁忌的愿望——性欲过度的起源进行解释。因此，我们对儿童性生活状态的研究，必须注意以下各种事实。

第一，说儿童期没有性生活，只有生殖器发育成熟时才有第一次的性欲，事实上这是两个荒谬的不可信的观点。儿童幼年的性生活就有丰富的内容，虽然和成人认为常态的性生活有诸多的不一致。成人常态和变态状况下的性生活有以下不同的方面：一是不论性生活的对象是人或是兽；二是对性生活没有任何厌恶的感觉；三是打破亲属的界限（即同族不婚的界限）；四是打破不同性别的界限；五是将身体其他部分的器官与生殖器同等对待。以上这些界限不是与生俱来的，是随着自身生理发展和教育逐渐形成的。对于小孩子而言，这些界限不能对他们起到约束的作用。他们本不知道人类和兽有什么不同，随着年龄的生长，才知道自己高于兽类。他小时候，并不会对粪便有厌恶感，只是经过教育以后，他们才会厌恶粪便。他小时候对性别也没有任何概念，甚至认为男女的生殖器是一样的构造。他还会将自己最亲近的人或因其他理由而以自己最喜爱的人视为性欲对象，如父母双亲、哥哥、弟弟、姐妹或保姆等。

第二，我们在儿童身上还可以了解到性的另一特点，即在后来的恋爱关系中，他们不仅满足于生殖器上的快感，并认为身体其他的很多部分也可有同样的感觉会产生相类似的快感，因此和生殖器具有相同的功用。因此可以说孩子是多形变态的（polymorphously perverse），我们在儿童的身体发现这些冲动的迹象是因为一方面儿童的一切性生活被教育所制止，另一方面后来的性欲望的强烈程度高于早期的性冲动。这种抑制就形成了儿童期没有性欲的理论。

然而这些表现，有的被成人忽视了，有的失去了性的意味而未被注意，最后完整的事实被推翻了。一些人常常一面在育儿室里斥责儿童在性方面的"顽劣"，一边又坐在写字台边赞赏儿童在性方面的纯洁。

事实上，儿童在独自居住或被引诱的时候，会表现出变态的性活动。成人们把这种表现叫作"小孩的诡计"或是"花样"，并不会严肃地惩罚孩子，这种做法没有错，因为不能用道德和法律去评价和判断儿童，就仿佛他已经成年并且要自己负全责似的。但是事实是存在的，并且是重要的：第一可以成为先天倾向的证据；第二也可以引起后来的发展。我们还可以从中窥视整个人类性生活的秘密。如果我们能从梦的背后看出这些变态的愿望，那只不过是梦在这方面也完全恢复到婴儿的幼稚状态罢了。

在这些禁忌的愿望之中，对于乱伦的欲望，即把爸爸妈妈、兄弟、姐妹当作性交的对象是尤为重要的。你们也懂得，人类的社会是不允许并且厌恶也十分严禁这种兽欲的。学者曾经对乱伦的憎恶作了荒谬的解答：一些人认为这是造物者保存物种的方式，因为亲属性交的结果就是物种退化；一些人认为亲属关系在儿童时期就避免性欲。如果这种推断是真的，人类就不会出现乱伦行为，那么社会就没有将这种乱伦行为设为悬禁的必要，而我们更无从得知。正因为有了这种悬禁，才证明确实有一种强烈的欲望存在。

精神分析的研究已证实，儿童必会先将亲属视为性交的对象，只是后来才反对这种观念，但这个观念的起源，却无法从个体心理学中找到答案。现在我们可以把怎样用儿童心理学来释梦的结果小结如下：

我们已经懂得，儿童遗忘的经验以及心理生活和性的特点，比如利己主义、乱伦行为都可进入潜意识里形成梦。于是，我们每晚做梦的时候都会还原到这种幼稚的幼儿时期。"潜意识就是幼儿的心理生活"的信念，由此可得到证实，但"人性本恶"的可恼印象便逐渐被削弱了。由于这个可怕的罪恶只是指最早期的、原始的和幼稚部分的精神生活，所以只对儿童时期产生影响。我们一方面不重视，是由于它的分量很小；另一方面不是很注意，是因为我们对儿童没有高级的伦理标准。我们的罪恶似乎由于回复到这个幼稚的时期而暴露出来。虽然我们也很惊奇，但是这种表面现象是不足为信的，我们可没有像梦的解释所假设的那么坏。

假如我们梦里罪恶的冲动只是幼稚的，或仅是回复到原始的伦理发展时期，梦不过是让我们在思想和情感上又变成了孩子，那么以这些罪恶的梦为耻是不合理的。可是我们的心理生活并非只有理性，还有很多非理性的成分，即使明知其不合理，我们也难免为这些梦感到惭愧。

我们让这些梦接受梦的检查。假如这些欲望中有一种欲望例外地、赤裸裸地侵入意识，并被我们认出来，就难免会让我们恼羞成怒。而且，虽然有时梦已经化妆，但我们仍能有所了解，我们还是会感到万分羞愧。你们试想，那年高望重的太太对于"爱役"一梦，我们还没有对她解释梦的意义，她就已经怒斥梦的荒谬了。因此，这个问题是尚未解决的。如果我们继续研究梦的罪恶问题，我们可能会得出另一个结论和另一种估价的人性。

对于梦的整个研究，我们得出两个结论，这两个结论可以说是新问题和新怀疑的起点。结论一，梦的倒退作用（the regression in dreams），不仅是形式的，并且是实质的。它把我们的意念用一种原始的方法完完全全地演绎出来，而且唤醒了性欲的原始冲动和自我的古老支配权，甚至让我们恢复了古人一切理智的财富；当然，如果象征可被看成是理智的所有物的话。结论二，梦的古老的幼稚特点，从前虽曾独占优势，现在却只能恢复到我们的潜意识之中，并且改变和扩充了潜意识的观点。

"潜意识"这个词，在此处不再表示一种观念，而是一个特别的领域，它有自己的表现方式和自己的欲望，以及特别的心理机制。但是由释梦获得的那些隐念，并不隶属于这个领域，这与我们醒时的思想种类类似，尽管它们仍属于潜意识。要如何解释这个矛盾呢？我们觉得有必要辨别一下。有些观念起源于意识的生活并具备意识生活的特点——这可称为前一天的"遗念"——它与某些来自潜意识区域的观念集合而成梦，在这两个区域之间完成了梦的工作。潜意识加在这个遗念上的影响，可能会构成倒退作用的条件。在没有对心灵作进一步的探索之前，可以将此看作关于梦的性质最深刻的了解。不过，我们不久就能给隐念的潜意识性质冠以另一个名词，使之区别于由幼稚方面而起源的潜意识材料。

当然，我们还能问：在睡眠时，我们的心理活动到底是受哪一种力量所迫而出现这种倒退作用呢？为何没有这个倒退作用就无法对付那干扰睡眠的精神刺激呢？如果说，是因为有梦的检查作用才使得心理活动必须化妆，并采用在古代可以通行而现在已不可解的表示方式，那么这些现已被克服的旧冲动、旧欲望和旧特性又为何要重新活动呢？总之一句话，实质上和形式上的倒退作用到底有什么用处？

要很好地解决这个问题，我们只能说这是梦的形成的唯一可能的方法。而且就动的方面而言，除此之外，对于引起梦的刺激，也没有其他解脱的方法。不过对这个答案，我们目前还无法给出充足的理由。

第十四讲
欲望的满足

我认为在这里，我有必要重新提下我们研究的经过。我们刚想应用精神分析法时，就遇到了梦的化妆作用。为了让大家对一般的梦的性质有所了解，我决定将化妆问题暂时搁起，先研究小孩子的梦。等到研究儿童的梦已有结果之后，再直接研究梦的化妆。我希望大家对于梦的化妆研究也能掌握一二。不过我们必须承认，由这两方面求得的结果没能互相连贯，因此我们现在要做的事情就是将它们的结果连贯在一起。

我们可以从这两种研究中看出，梦的主要性质在于将思想变形为幻觉的经验。这个历程到底是怎么完成的非常令人惊奇，不过这是普通心理学的问题，我们不必在此谈论。通过对儿童梦的研究，我们渐渐知道了所有梦的目的：让存在于某人内心深处的欲望得到满足，从而消除一些干扰我们睡眠的刺激。关于化妆的梦，在我们还不知道怎么解释以前，当然不能下论断，不过从一开始，我们就希望能够将儿童的梦的观念和这些梦的观念互相连贯起来。如果我们知道所有的梦实际上就是儿童的梦，都是利用幼稚的材料并以儿童的心理冲动和机制为特征的，那么我们就能实现这个愿望了。如果你们对梦的化妆已有所了解，便不禁会问："梦是欲望的满足"这个观念是不是也可以用来解释化妆的梦？

我们刚才已对许多梦进行了解释，不过未对"欲望的满足"这个问题加以讨论。我想在我们之前释梦的时候，你们一定已经多次想到这个问题："你假设作为梦的工作目标的'欲望的满足'是否已经有了证明呢？"这个问题非常重要，因为这就是一般批评家经常提出的。你们要知道，人类生来就对新观点感到厌恶，而将任何新观点缩小到不可再缩的范围之内，就是这种厌恶之情的表达方法之一，而且如果有可能，还会给它加上一个标号。"欲望的满足"就是这么一个标号，它被用来概括我们这个梦的新论。

他们一听说梦是欲望的满足，就会问："梦中哪里才是欲望的满足呢？"他们提出这个问题其实就等于推翻了这个观念。他们立即就想起了曾经做过的某些不愉快的梦，并且会反驳道："他们那么令人恐惧，怎么可能满足什么欲望？"因此，他们便会认为精神分析的梦的学说不可信，不可能解释一切繁多复杂的梦。如果非要做出回答，只能说在化妆的梦中，他们的欲望并没有向外展露出来，而是需要做进一步的分析，等得到真正的结果后才能证明它。

我们知道，梦通常会受到检查作用，因此那些经过化妆的梦，其背后的欲望是为检查作用所禁锢的，换句话说，正是因为某些欲望的存在，梦才不得不以化妆的方式展现出来。不过，我们很难让一般批评家明白这一事实，即：在梦还没有得到解释之前，我们不能问梦到底满足哪一种欲望，他们总是忽略了这一点。事实上，他们之所以不愿意接受满足欲望之说，也正是因为梦的检查作用。因为有这个检查作用，他才以赝品代替真正的思想，从而否认这些被检查的梦的欲望。对于我们自身来说，自然想知道为何会有这些不愉快的梦，为何会有所谓"焦虑的梦"（anxiety dreams）。

这是我们首次碰到梦的感情问题，这个问题固然值得特别研究，可是遗憾的是，我们现在还不能对此加以讨论。普通批评家有一点似乎是对的，即：假如梦是为了满足欲望，不快情绪就没有侵入的可能。要弄清楚"欲望的满足"这一概念，我们应该重视以下三点问题。

第一点，梦的工作有时不能满足所有欲望。这是由于隐念中不愉快的情感虽然常常出现在显梦当中，但分析的结果证明，隐念带来的不愉快要比由这些隐念形成的梦强烈许多。许多例子都能证明这一点，比如一个人因为口渴，于是在梦里喝了许多水，但是他醒来后仍然没有止渴。但这也不失为正常的梦，因为它依旧存有梦的特性。我们要说的是"Ut desint vires，tamen est laudanda voluntas"（虽力量缺乏，但仍不失其为欲望的实践）。不管怎样，它很容易辨别的意向依旧是值得称赞的。这种梦的工作失败的例子的确很多，它之所以失败的一个原因就是梦的内容并不能代替真正的情感。因此在梦的工作进行时，梦里显现的不快内容可以转化为欲望的满足，而不快的情感则始终不变。因为情感和内容很难调和，这时批评家就趁机推翻"梦是欲望的满足"的结论，甚至认为，连那些没有危害的内容也伴随着不愉快的情感。

我们可以这样说，这个批判犯了很低级的错误，因为在这样的梦里，梦的工作满足欲望的倾向是很明显的，而这种倾向只有在这些梦里才会分离展现出来。他们批评的原因在于不熟悉神经病人，总认为内容和情感之间的关系比实际存在的关系还密切，所以当不能了解内容改变的时候，它伴生的情感依旧可以保持不变。

第二点相当重要，但同样被大多数人所忽视。一般情况下，一个愿望一旦得到满足，大多数人都会感到心情愉快。但是也有例外，某些人并不以此为乐，相反还会因此感到焦虑。然而我们知道梦者对于他的欲望的态度是很特别的：他拒斥这些欲望，指责这些欲望，总而言之，不希望有这样的欲望。所以，这些欲望的满足不会使他快乐，相反会让他很不快乐。经验证明，这种不愉快，虽然有待解释，然而它们却是焦虑形成的主要原因。就其欲望来说，梦者判若两人，因某些共同的要点合二为一。

为了更好地说明这一点，我给大家举一个有关神仙与欲望的故事。一个慈爱的仙人说可以实现一个穷人和他妻子的三个欲望。这对夫妻高兴得不得了，他们对于欲望的挑选很是慎重。那女人由于嗅到邻居家烧腊肠的味道，于是就想要两个腊肠。而一瞬间腊肠已经放在了她的面前，第一个愿望就这样得到了满足。男人很生气，认为妻子太愚蠢了，不应该想得如此简单，于是恼怒之下就想惩罚一下妻子，他就说希望把这两条腊肠挂到妻子的鼻子上，于是腊肠就真的挂到了妻子的鼻子上了。第二个愿望也实现了。然而男人的欲望却使女人很难受。故事的结局可想而知，他们毕竟是夫妻，所以第三个愿望就是把腊肠从女人的鼻子上拿走。从这个神话故事中，我们可以得到很多启示。不过，它在这里说明了这个道理：一个人欲望的满足，并不代表另一个人也喜欢，除非两个人非常默契，息息相通。

现在要更完满地解释所谓焦虑的梦也就不那么困难了。需要考虑一点，有时候焦虑梦的内容，很可能未经化妆，好像躲开了检查者的盘问。实际上，这种梦往往是没有隐蔽的欲望的满足，然而这个欲望当然并不是梦者要承认的，而是他早已排斥的那个欲望了。结果引起了焦虑，来取代检查作用。

儿童的梦是梦者已经承认的欲望的公然满足，一般化妆的梦是被压抑的欲望的隐蔽满足，而被称为压抑的欲望的公然满足则是焦虑的梦的公式。我们知道焦虑是表示被压抑的欲望太过强烈，只有经过检查作用，才能得到一些或全部满足。因为我们是从检查的角度出发的，所以应当明白，如果我们的一些欲望被压抑得不到满足，只能通过我们产生不愉快的情绪以示反抗。我们梦里所表现的焦虑，其实是由于那些不能制服欲望的力量引起的。

这种抵抗为何变成了焦虑，我们无法仅从梦的研究就能明白，显然还要在其他方面继续寻找答案。通过分析未经化妆的焦虑的梦，我们可以用其要点来解释轻微化妆的梦以及其他可能产生不快或焦虑的梦。大致来说，焦虑的梦往往使我们惊醒，是因为其背后的欲望还没有得到满足。就这些梦来说，其本来的目的虽然还没有达到，然而其主要性质却未因此而改变。我们曾说梦是睡眠的看守者或监护人，目的是保证睡眠不受干扰。现在，要是这个保护人的力量无法支撑他完成自己的职责，就会和梦一样，只能把人唤醒了。同样地，也有一些人有时在梦里感到焦虑，当被惊醒时，发现不过是梦而已，便会继续沉睡。

你们也许会问，梦的欲望到底在什么时候才能制胜检查者？那就要视欲望和检查作用两方面而定。或许由于某种理由，欲望的力量能变得很强大，然而根据我们得到的印象，二者的势力均衡时发生变化的原因，往往是因为检查者的态度。我们已明白检查作用会随着梦的成分的不同而改变它的强度，而严厉的态度也不尽相同。而且检查作用的普遍行为是不确定的，就是同一成分也常常没有同样严厉的表示。

当检查者突然自觉没有能力与某种欲望抗衡，它便会摒弃化妆作用，并且实施最后的抗衡办法：让梦者由于焦虑而惊醒。这些邪恶的、被摒弃的欲望，为什么偏偏在夜间兴起来扰乱我们的睡眠呢？这种情况虽然让我们觉得奇怪，但还无法对其加以解释。要回答这个问题，我们只能选择另外一种以睡眠的性质为基础的假说。

白天时，检查作用的沉重压力施在这些欲望之上，让它们几乎没有侵入意识的可能。然而到了深夜，检查作用可能像精神生活的某些作用一样，由于睡眠而暂时放松了警惕，或者至少很多力量都削弱了。检查作用放松下来后，被禁止的欲望便伺机活动起来。有些患失眠症的神经病人认为自己当初的失眠是自动的，他们不敢进入睡眠是由于害怕做梦——也就是说，他们特别害怕检查作用放松警惕而带来的后果。你们很容易知道，检查作用的减弱本身是没有什么大害的。由于睡眠可以削弱活动的机能，因此罪恶的意念便伺机而起，但充其量也不过产生梦境而已，事实上是没什么妨碍的。由于这个原因，梦者可以在夜里自我安慰："这只不过是个梦罢了，由它去吧。"便继续沉睡。

第三，不可回避惩罚机制。一些人对欲望的满足并不感到很高兴，相反，他会表现得焦虑不安，就像跟那个拥有欲望的自己是完全不同的两个人一样。从这里可以看出，他们受着惩罚机制的约束。对于这一点，我们同样可借用前面那个神仙故事来说明。首先，腊肠的出现是第一人（妻子）欲望的直接满足。将腊肠挂在妻子的鼻子上则是第二人（丈夫）欲望的直接满足；与此同时，也是为了惩罚妻子愚蠢的欲望。在人类精神活动中，类似的惩罚倾向的欲望很多很多，它们大都强而有力，可看作是某些痛苦梦的主要原因。

也许经过分析，你们会认为所谓"欲望的满足"是缺少依据的，但经过研究就会知道你们的观点是错的。只要把梦的种种内容加以比较分析，便会发现欲望的满足、焦虑的满足、惩罚的满足等说法，其意义是非常狭窄的。然而焦虑和欲望作为同一事件的两个方面，很容易引发联想。据我们所知，在潜意识里，焦虑、欲望被视为同一产物。而就惩罚本身来说，其不失为欲望的一种满足，只不过它满足的是检查者的欲望。因此，虽然你们不赞同欲望满足的理论，但大体上我却未曾让步。不过我们也不希望推诿责任，所以我们必须在每一个化妆的梦里证明欲望满足的真实存在。

现在再来回顾前面我们解释过的那个梦，即关于一个半弗洛林（金币名）买三张座位已损坏的戏票的梦。在那个例子中，我们曾得到很多有关梦的知识，我希望你们还没有忘记。一天，一位年轻的妇人听她的丈夫说，小她三岁的朋友爱丽丝订婚了。当天晚上，她就梦到自己和丈夫一起去看戏，然而剧场一边的座位几乎空着。丈夫告诉她，爱丽丝和她的未婚夫本也要来的，但最后没有来，因为他们不愿意用一个半弗洛林买三个不已经损坏的座位。爱丽丝说，这已经是最便宜的戏票了。

现在，我们已知道这个女人在梦念中对她的丈夫表示不满，并深悔自己结婚太早。但我们也会觉得奇怪，这种悔恨的思想是怎样变为欲望满足的呢？而在显梦中，是如何显露出痕迹的呢？事实上，"太快了，太匆忙了"这种句子中的含义已经因检查作用不敢显露本意，剧场中的空座位就是这个元素的暗喻。而"一个半弗洛林买三张票"这句话，本来让人迷惑，然而现在因为有了梦的象征作用的知识，就很容易理解。"三"这个数字是男子的代表。因此我们很容易把这个显梦的成分解析为："用嫁妆买一个男人，即丈夫"。其言下之意，用我那如此盛大的嫁妆，可以买到一个好十倍的男子。而"到剧院去"实则是指结婚，"买票太早"则暗喻结婚太早，这个代替就等于是欲望得到了满足。

梦者虽然很后悔自己结婚过早，然而却没有像听到女友订婚的消息那样反应强烈。对于自己的婚姻，她也曾在女友面前夸耀过，并且认为自己比她们幸福。正是起源于性的"窥视冲动"的好奇心和"窥视"（lokon）的欲望，才促成了女子早婚的念头。因此，那位妇女梦到去戏院，显然是结婚的代替。现在她既因结婚太早而深觉后悔，于是她就回想到曾经用结婚来满足自己的"窥视欲"（skoptophilia）。又由于受这个古老的欲望冲动的支配，进而用少女时到剧院去的观念来代替结婚的观念。

也许这个例子很难解释潜在欲望的满足，事实上，当我们解释每一个经过化妆的梦时都要这样辗转迂回，这是我们必须采用的步骤。此时此刻，我们不能对这种方法详加说明，我们只能说这样的方法是很有成效的。但是在理论上，我却很乐意对此加以讨论。因为经验已经告诉我们，作为梦的完整理论之一，这种方法很容易引发矛盾和误解。而且你们可能会觉得我已将自己的学说撤回了一部分，因为我曾说梦可以是欲望的满足，也可以是欲望满足的反面，如焦虑或惩罚。

你们可能认为这又是一个好机会，能逼我做出进一层的让步。

还有人说我把自己明白的事情说得太简单了，根本不能令人信服。你们虽然已经接受了释梦的一些理论，但是对于欲望满足的问题，仍不免时常停下来问：即便承认所有梦都有意义，并都能够通过精神分析法研究出来，但是我们到底为何一定要否认所有反面的证据，而勉强将这个意义放在欲望满足的公式之内呢？为什么我们的思想在黑夜里没有白天那么多方面呢？为何一个梦不能时而是某种欲望的满足；时而是欲望满足的反面，如惊惧；又时而是一种决心、一种警告、一种问题的正反面考虑，抑或是一种谴责、一种良心的刺痛或对于一种事业的预备，或者其他呢？为何一定要说是一种欲望，或最多也只是说欲望的反面呢？我们或许可以说，假设其他每一点都得到了赞同，只有在这一点上持有异议，那是不重要的。我们既然已经发现了梦的意义和寻求意义的方法，不也就能够满足了吗？如果我们太严格地限制了梦的意义，那么过去取得的成绩也许又会被抛弃了。但是这种说法是不对的。因为在这个问题上的误解与我们关于梦的知识有重要关系，其结果可能会危及这种知识对神经病理解的价值。另外还有一点，"屈己从人"虽然有一定的处世价值，但是在科学上却无益而有害。

梦的意义为何不是多方面的？关于这个问题的第一个答案是很常见的。我也不知道它们为什么不这样，但既然它们已经这样了，那我也不反对。从我这方面来讲，它们完全可以这样。可是在这个广阔的梦的概念中，却有一个小小的障碍，即实际上梦的意义并非如此。

我的第二个答案主要说这一点，即说梦能代表思想和理智操作的多重方式，依我看，这并不是一种新的观念。有一次我研究某种病理的发展，曾记载了一个梦。梦者连着三天晚上都做了这个梦，而后就不再做此梦了。我那时的解释是，这个梦相当于一个决意，决意一成事实，就没有再做梦的必要了。之后，我又公开了一个梦，当时认为这个梦是用来表示忏悔的。那么我为何先要自相矛盾，现在又一定要说梦只是欲望的满足呢？在我看来，我宁愿矛盾，也不愿承认一个愚蠢的曲解，因为这个曲解可能会让我们失去在梦的问题上所有苦心研究的结果，而且会将梦和梦的隐念混为一谈，认为梦的隐念是这样，梦也一定是这样。梦的确可以代表或还原刚才所提到的各种思想方式，如决心、警告、反省、动作的准备以及计划等。不过，如果你们仔细观察，就能发现这只不过是针对变成梦境的隐念来说的。你们从释梦的经验中可以知道人们的潜意识历程富有这种决心、准备和反省，并通过梦的工作而成为梦景的材料。不管何时，如果你们的兴趣不是集中在梦的工作上，而是集中于人们的潜意识历程，那么你们就不会深入讨论梦，而说梦的本身就能代表一种警告、一个决心或其他，这实际上也未尝不可。

此法也经常用于精神分析的研究，大致来讲，我们不过是想要拆除梦的表面形式，而代之因梦而起的相应隐念。所以，当我们猜测梦的隐念时，却在无意中知道了我们刚才讲过的高级而复杂的心理动作是可以在潜意识中完成的——这个结论的确令人惊异，也令人惶惑。

我们现在还是言归正传吧。你们说梦可代表各种思想方式，如果你们认为这只是一种简约的表达方式，而不认为这些思想方式是梦的重要性质，那你们当然是对的。谈到一个梦时，要么是指显梦即梦的工作的产物，要么就是指梦的工作本身即梦的隐念化为显梦的那种心理历程。如果你们认为还有别的意义，那就大错特错了，这会使你们思想混乱，产生错误的观点。如果你们所指的是梦的隐念，那就请你们说清楚，千万不要因说话指向不明而增加问题的隐晦程度。梦的隐念是梦的工作制造显梦所用的材料，你们为何总是将材料与制造材料的手续混为一谈呢？有些人只知道那最后的产物（指显梦），而不能解释其由来（指梦的起源）和制造的经过（指梦的工作），假如你们分不清显梦和隐念，又与这些人有什么区别呢？处理思想材料的梦的工作就是梦的唯一要点，谈及理论方面，我们没有理由忽略此事，虽然有时在某种实际的情境下也可以忽略过去。

另外，分析观察表明，梦的工作并非只是将隐念译为之前讲过的原始的或退化的表示方式。反之，经常会有一个"虽不属于白天的隐念，但实际是造梦的动机"的事物附加在其上，它就是潜意识的欲望。梦的内容的改造，正是为了满足这个欲望。因此，如果你们只是讨论梦所代表的思想，那么梦就可以是任何东西，如一种警告、一种决心或一种准备等等。此外，它本身也常可为一种潜意识欲望的满足。但是，如果你们将梦看成梦的工作的产物，那么除了欲望的满足之外，它就不再有任何意义了。梦并不仅仅是决心、警告的表示，在梦中，决心等常会借助于潜意识欲望译成原始的形式，而译成的结果则刚好是那个欲望的满足。总而言之，梦的主要特性是欲望的满足，其他成分则可有可无。

我对这些已经十分明了，不知大家也是否搞懂了。当然，要证明这一点并不容易，因为要有证据才行，而证据的取得则要建立在对许多梦作慎重的分析之后。另外，关于梦的概念的最重要之处，只有与其他现象一起讨论时才能令人信服，可是要讨论这些现象，还需有待于未来。假如你们懂得各种现象都有着怎样密切的关系，就能明白如果这种现象没有得以研究，那么就无从深知另一种现象。因为我们现在还不知道关于与梦的现象相似的神经病的症候知识，因此我们不得不暂时停下来。现在我再举一例来进行一种新的推论。

我们仍然举那个我们已经讨论过几次的例子：关于一个半弗洛林买三张票的梦。我之所以选取这个例子，并没有任何特殊的目的。我们都已经了解这个梦具有如下隐念：梦者听到她的朋友刚订过婚，就为自己结婚太早而深感懊悔，又认为如果自己再晚一点儿结婚，或许可以嫁得一个更好的丈夫。因此，她对于现在的丈夫有一些蔑视。我们又知道这些隐念之所以会成为梦的愿望，乃是一种窥视欲，想能够因此自由看戏——这或者是一种古老的好奇心的产物，要看结婚后有何结果。我们都知道，小孩的这种好奇心经常将父母的性生活作为目标。也就是说，这是一种婴儿期的冲动。如果成人具有这种冲动，那么此冲动也一定是起源于婴儿时期。可是，梦者在前一天所听到的消息（即女友订婚的消息）并不会引起窥视欲，而只是引起懊悔。这个（窥视欲的）冲动刚开始与隐念并没有什么关系，因此分析时即使没有牵涉到窥视欲，释梦的结果也是可以得到的。然而，懊悔并不能因本身生梦。后悔结婚太早，根本不足以成梦，除非是因为这个思想激起了从前的那个欲望，即要看结婚后的后果如何。

这个欲望才是构成梦的内容，而用到剧院去看戏代替了结婚，其形式则是早期欲望的满足："现在我可以到剧院去看以前不许看的东西了，不过你还不能，因为我已经结婚了，而你还没有。"如此一来，实际的情境正好变成了反面，于是旧时的胜利取代了新近的懊悔，其结果就是自夸之感和窥视欲同时得到了满足。而正是后者的满足，决定着显梦的内容。因为从显梦来看，梦者坐在剧院内，而她的朋友则独坐在角落里。梦的其余部分，则表现为这个满足情境的所有不易了解的变动形式，隐念仍隐藏在其背后。释梦的工作就是要追求其背后所隐藏的苦痛的隐念，至于那些代表欲望满足的部分可以略而不谈。

说了这么多，只是希望你们能注意这些梦的隐念。其一，大家不要忘了对于这些隐念，梦者是并不知晓的；其二，这些隐念都很容易合理而互相产生关联，因此可看成是对于引起梦的任何刺激的应有反应；其三，这些隐念的价值不次于任何精神的冲动及理智的活动。我想为这些隐念起一个较以前更有限制的名称，即前一天的遗念（the residue from the previous day）。梦者可以承认它们，也可以否认它们。于是，在这个"遗念"和隐念之间我就可以建立一种区别，梦的隐念指的是由释梦发现的一切，而"前一天的遗念"则只是这些隐念的一部分。

于是我们可以这样略述梦时经过情形的概念：除了"前一天的遗念"以外，还有一种强有力却被压抑的潜意识欲望的冲动，梦的产生正是因为有了这个冲动。因为这个欲望的冲动在对"遗念"起作用，所以隐念的其他部分也就随之造成了非醒时所可理解的部分。

我曾经用一个比喻来说明遗念和潜意识欲望之间的关系，现在再说一遍。不管是什么企业，都有一个资本家在支付费用，一个计划家在设计如何实现计划。就梦的结构来说，资本家就是潜意识的欲望，提供必要的精神能力资源给造梦。计划家则是前一天的遗念，决定着消耗能力的方式。事实上，资本家也可以自己做计划，而计划家也可以有资本。这本来可以使实际的情境化繁为简，可是在理论上却因此增加了困难。从经济学上来讲，同是一个人，也会对其资本家的职能或计划家的能力加以区别，而正是因为有了这个区别，我们的比喻才能有相当的根据，梦的形成也有相类似的变化。这一点我就不说了，你们自己去想吧。

姑且停在这里吧，我们不能再往下讲了。我想你们可能早就心怀一个疑问，现在可以提出来了。你们可能要问："所谓'遗念'，是潜意识的，而梦的形成需要的欲望也是潜意识的，这两者一样吗？"

这个问题问得好：这是整个事件的重中之重。它们两者虽然都是潜意识的，但是涵义有所不同。我们知道，梦的欲望是另一种潜意识，它起源于婴儿期内，并且具有其特殊的机制。我们如果用不同的名称来区别这两种潜意识，当然是很便利的，可是我却宁愿等到大家熟悉了神经病的现象之后再说。本来潜意识的概念就已经令人感到匪夷所思，如果现在再说潜意识还分为两种，那就不免要引起各种非难了。

所以，我们就到此结束。这又成了一段未说完的话，不过我们正希望这种知识因我们自己的努力或他人的研究而有进一步的发展。事实上，就我们现在知道的来说，已经够令人新奇和吃惊的了。

第十五讲
关于梦的几点释疑

在结束梦的讨论之前，我们有必要讨论一下这个新学说所引起的几个最普遍的疑难问题。你们在听了这么多次演讲以后，也难免会有下面各种批评。

（一）

你们可能认为，我们释梦的工作，即使坚持一贯的技术，但是一旦碰到有歧义的地方也很难决定何去何从。因此将显梦译为隐念，就不能保证准确。这主要表现在：首先，如果梦里的某一成分既有表面意义又有象征意义，该选取哪一种呢？因为事物被用为象征之后，仍不失为原来的事物。假如没有客观的证据断定这个问题，那么岂不是就由释梦者任意决定关于某一特点的解释了？其次，当两个相反的事物同时出现在同一个梦境中时，究竟是采用正面的意义还是采用反面的意义？释梦者同样会难以抉择。再次，梦里经常会有些事例前后颠倒，遇到这种情况释梦者又可任意假定其有或无了。最后，大家可能听人说过，一个已有的解释未必就是唯一可能的解释。谁能保证释梦者就不曾武断作出解释或者忽视其他完全可以允许的解释？

在这些情形之下，如果释梦者真的可以自由决定，那么从客观上来说其结果就必定不足以信赖。或许你们也可以认为问题不是出在梦这儿，而是由于我们的概念和前提有所错误，才使得我们对于梦的解释难以令人信服。

我当然不能否认你们所说的话，不过我认为这仍不足以证明你们所得的两个结论：一是我们的释梦工作是由释梦者任意取决的；二是释梦的结果如果不完满，那么研究的手续也可能是不正确的。如果你们指责的不是释梦者的任意取决，而是释梦者的技术、经验和理解等，我倒是可以和你们站在一边。因为在释梦的过程中，个人的因素是在所难免的，尤其是解释特别困难的问题时。其实就其他科学的研究来说，也是这样的，同一种技术不同的人应用起来产生的效果也是不一样的，这是没有办法的。比如对象征的解释，看上去似乎很武断，不过只要你们静下心来仔细想想，再联系相关的梦的内容，和梦者当时的整个心境，就会分辨出哪种结果是正确的，哪种是存在偏差的。

你们认为解释不完全是假说的谬误造成的，可如果你们知道两歧性或不确定性是梦本就具有的性质，那这个结论也就没有什么意义了。

我曾说过，梦的工作是将梦念译为与象形文字相类似的原始表示方式。而这种原始的语言本身就具有两歧性或不确定性，但是我们却不能因为这一点而怀疑它们的实际应用价值。又如相反的字在梦的工作内同时出现，这与古文字中"原始语言"（primal words）的意义类似。这些知识来自语言学家阿倍尔。他在写于1884年的书中说，古人虽用这种双关语互相通话，但却不会彼此误会。这是因为我们可以凭说话者说话的声调、姿势以及整个前后关系来揣测，他说的话究竟是什么意思，是正还是反。如果是在写字时，看不出姿势，那他们就以小图画代之，比如象形文字的ken一字，如果附以一个屈膝者的图，就是"弱"的意思，如果附以一个直立者的图，就是"强"的意思。因此，即使字音字符双关，也不会令人误解。

在最古老的语言中各种不确定的意义是常有的，而现代文字中则没有。比如，闪米特语的文字（Semitic writings）现在仅存子音而缺乏母音，读者要想知道全部意义必须要联系上下文加以推测。象形文字所采用的原则也大同小异，因此埃及文字的发音也无从揣测。

在埃及的神圣文字中，还有其他许多不确定性，比如图画到底是从右往左读，还是从左往右读，完全由译者任意决定。如果想要读懂其意义，还要看图上的人脸，或鸟，或朝向。如果题词在较小的物品之上，译者还可以根据自己的喜好和物品的地位随意把图画排成直行，或改变符号排列的次序。埃及字还有一个最令人怀疑的地方，就是文字和文字之间不留空位。每页上的图画之间的距离都一样，我们很难确定某一符号到底是前面句子的结尾还是新句子的开头。而与之相反，波斯的楔形文字，两字之间就有一根斜线作为隔离的符号。中国的语言和文字是最古老的，却一直通用至今。

为了找到中文内种种与梦相类似的不确定性，我还专门学习了一点关于中文的知识。结果并没有让我失望，因为中文里的确存在许多足以令人大吃一惊的不确定性。中国文字有各种表示音节的音，或为单音，或为复音。其中有一种方言只有四千字却约有四百多个音，每一个音平均约有十种不同的意义；有的少些，有的多些。只根据上下文还不足以明白说话者所要表达的到底是这十种可能的意义中的哪一种，于是为了避免误会，需要想尽各种办法。这些方法中的一种是合两音而成一字，还有一种是四"声"的应用。为了便于比较，我还要告诉大家一个更有趣的事实，那就是实际上这种语言是没有文法的。谁都无法确定这些单个音节的字到底是名词、动词还是形容词，而且语尾也没有变化来表明性（gender）、数（number）、格（case）、时（tense）或式（mod）等等。我们也可以说，这个语言就只有原料。这就好比我们用来表示思想的语言因梦的工作还原而为原料，而不表示其相互间的关系。在中文中遇到不确定之处时，就只能由听者根据上下文的意思来进行判断。比如，中国有句俗语叫"少见多怪"。它的意思很容易理解，可翻译为："一个人见到的越少，觉得奇怪的地方就越多。"也可以翻译为："见识少的人，难免对不知道的事物感到奇怪。"这两种翻译只是在文法构造上稍有差异，我们当然无须对两者进行选择。虽有这些不确定性，但中文仍不失为传达思想的一个很便利的工具，由此可知，不确定性未必就是误会的起因。

我们还要承认，梦的地位根本无法与这些古代的语言和文字相比。因为后者原来是作为传达思想的工具的，不管采用哪一种方法，它的目的都是为了让人们明白了解。而梦则不同，梦的目的在于隐瞒，它并不是传达思想的工具，而是不想让自己的某些观点公之于众。因此，如果梦中有很多疑难之点无法确定，我们完全不必感到吃惊或不安。我们从比较研究的结果可以看出，这一不确定性应该被认为是各种原始的文字语言的通性。

事实上，只有实践和经验才能确定我们对梦的了解到底达到何种限度。我认为这个限度很大，只要看看这些善于分析者所得到的结果就足以证明我的这种说法。通常情况下，一般人在科学上遇到疑难问题时都会保持怀疑的态度，借以显示自己的优越，科学家也不例外，但在我看来，这样做是不对的。你们可能不知道，巴比伦和亚述的碑文被近人译成今文的时候，也曾出现过这种现象。一般人都认为这些楔形文字的翻译者是只凭幻想作出判断的，而他们的整个研究都是在欺骗人，不过，"皇家亚细亚学会"（The Royal Asiatic Society）在1857年曾作过一种判别是非的测验。该会将新发现的碑文分别寄给了当时从事这种研究最为著名的四个人——罗林森、欣克斯、福克斯·塔尔波特和奥佩特，让他们各自翻译好了再寄给学会。学会人员将四个人所译的文章进行比较，最后宣布，四个人的译文大致相同，由此可知，在楔形文字翻译上已取得的成绩是可以相信的，而未来的进步也是大可预测的。于是那些不谙此道的学者逐渐不再对翻译者妄加嘲讽了，而之后有关楔形文件的翻译也变得越来越明确。

（二）

很多人认为，有些释梦的结果未免显得生硬或滑稽可笑，并因此而对精神分析大加驳斥，我想你们当中也有人会这样认为。这种性质的批评很多，就拿最近的一件事情来说吧，瑞士虽然号称自由的国家，可是近来竟然发生了某校校长因为对精神分析产生兴趣而被迫解职的事情。这位校长虽然曾经抗议，但是某报登载了教育当局对于此事的决议案，文内涉及到精神分析的几句是这样表述的：

"苏黎世大学费斯特尔教授的书中所举的例子大多属于强词夺理，令人惊愕……这种理论和证据竟然让一个师范学院的校长深信不疑，真是出乎人的意料之外。"

据说这份决议案是他们经过冷静判断的结果，但在我看来，这个所谓"冷静"根本是在自欺欺人。因为只要他们稍作考虑，就不至于采取如此贸然的举动。一个人不可能只根据他第一次所得到的印象，就能得出有关心理学较为深奥的重要问题的正确结论，如果真是那样，那才真是强词夺理。而之所以出现这种情况，主要和移置作用效果有关。大家都知道，移置作用是梦的检查作用最为有力的工具。

因为有移置作用，所以我们称之为暗喻的代替物才得以形成。我们不太容易辨认出这些暗喻本身，要想追溯到它背后的隐念本身也很困难，因为隐念与暗喻是用一种最奇特的非本质的联想而结成关系的。整个问题就在于想把隐念隐匿起来，梦的检查作用的目的就在于此。然而，我们要搜寻这已被隐匿的隐念，就要到它平常所属场所之外去寻找。在这一点上，瑞士教育当局显然没有近来边境的稽查员聪明。因为如果这些稽查员要搜查文件和计划书，可不会只搜查书信匣，他们也会想到间谍和私贩们可能会将物件藏在极难发觉的地方，比如双层靴底之间。如果在这种地方找到违禁物，这当然是"硬拉"出来的，可是也不失为一种很精巧的"发现"。

既然我们已经承认隐梦的元素和表面的代替物之间有着离奇或滑稽可笑的关系，那么也就该知道有很多例子的意义是无法求得的，我们必须依赖已往经验的指导来进行梦的分析。而只靠我们自己的努力要想解释这些梦是不行的，因为我们无法猜出隐念和显梦之间的关联物。要解决这个迷，还需要由梦者引用自己的直接联想（他有这个能力，因为代替物本起源于他的心中），或者由梦者为我们提供材料，以方便我们解决。如果梦者不帮助我们，那么我们将永远无法了解显梦的元素。现在我再给大家讲一个新近发生的例子。

我有一个女患者，她的父亲在她接受治疗期间忽然死了，于是她常在梦里寻找机会使父亲复活。有一次，她梦见她的父亲说："十一点一刻了，十一点半了，十一点三刻了。"这样的时间报告到底怎么解释呢？她告诉我们她的父亲喜欢看大孩子们遵守时间到食堂里进午餐。这个联想虽然与梦的元素相合，却无法解释该梦的起源。从当时的治疗情况来看，我们曾怀疑她是否对自己的父亲怀有怨恨、批评的情绪，或者是她的父亲对她很严厉。后来，我们让她任意联想，不要管是否离题很远。她于是说，自己在前一天内曾听过心理学问题的讨论，有一位亲戚曾说了一句话："原始人（Urmensch）在我们内心复活。"我们从这句话中明白了梦的意义。她为了使父亲能够在自己的心目中复活，竟然在梦中将父亲变成了一个"报时者"（Uhrmensch），一刻一刻地报时，一直到午餐的时间。

我们自然不能轻易放过这种双关语（pun）。事实上，梦者的双关语往往归属于释梦者。另外还有一些例子，我们不好判断它们是笑话还是梦。不过，大家要知道，有些舌误也可能会发生同样的疑难。有一个人说梦见自己和叔父同坐汽车（auto）内，他的叔父抱着他接吻。梦者自己解释这个梦有自淫（autoerotism）之意（"自淫"一词，在我们的"力比多"说内，用以表示不借外物以满足情欲的意思）。

这个人难道为了欺骗我们而捏造出一个笑话来，把auto谐autoerotism之音假借为梦的一部分吗？我当然不会这么认为，我相信他确实做了这个梦。可是为什么梦和笑话有这么惊异的相似之处呢？这个疑问曾让我走了许多弯路，为了找到答案，我甚至对诙谐（wit）本身作了彻底的研究。研究的结果认为，诙谐的起源是：先有一个念头受潜意识的意匠经营，然后发展为诙谐的方式，并因受到潜意识的影响，所以也受压缩作用和移置作用的支配，也就是说，受梦的工作的相同作用支配。这就是为什么梦和诙谐有时会出现相似性的原因了。所不同的是，无意的"梦的笑话"不能像一般笑话那么可笑，要想知其缘故，可以对诙谐作进一步的研究。

作为一种蹩脚的诙谐，"梦的笑话"既不足以引人发笑，也引不起人们的兴趣。从这点来说，我们可以学习古人释梦的技巧；这个释梦的方法不是只给了我们一堆废料，实际上也为我们提供了很多有价值的标准的释梦例子。我还是举那个在历史上具有重要意义的梦为例。关于这个梦的记载，普鲁塔克和道尔狄斯的阿尔特米多鲁斯的说法略有不同。这个梦的梦者是亚历山大大帝。当亚历山大率军围攻泰尔城的时候（公元前322年），遭到了城内军民的顽强抵抗，亚历山大本想放弃攻城，但是，一天夜里，他梦见了一个跳舞的半人半羊的怪物（a dancing satyr）。随军释梦者阿里斯坦德罗斯解释了这个梦，他将"satyros"一字分为ca Tupo（泰尔是你的了），并因此预祝亚历山大取得胜利。受这个解释的激励，亚历山大下定决心攻城，最后确实将城攻陷了。所以，这个解释虽然看起来很牵强，但确实是准确的。

（三）

有些对释梦有研究的精神分析家也可能会怀疑或反对我们这个梦的学说。之所以会出现这种情况，原因有二：一方面是由于观念的混乱；另一方面是以不正确的归纳作为根据而提出了主张，所以犯了和医学上关于梦的学说相同的错误。正如你们所知道的，有人认为梦谋求的是适应当时的情境而解决将来的问题，也就是说，梦有"预知的倾向"（a prospective tendency）或目的。（这是米德尔的见解）

我们已说过这个见解有一定的缺陷——它因没有分清梦和梦的隐念的区别而忽略了梦的工作。如果那些谈"预知的倾向"的人们用这个词代指隐念所属的潜意识的精神活动，那么一方面这并非创见，另一方面，它还有只谈一点不及其余的弊端，——除了从事于应付将来外，潜意识的精神活动还有许多其他任务。还有一种错误的见解更为混乱：认为每个梦的底下都含有"希望他人死"之意。我还不十分清楚这个假说的意思，不过我怀疑这种说法是分不清梦和梦者的全人格的结果。

还有人认为，只要是梦都有两种解释：一种是前面我们所说的精神分析的解释，另一种是叫作"寓意的"（anagogic）解释，这种解释主要在于描写其较高等的精神作用，而忽略本能的倾向。（这是西尔别里尔的学说）这个理论是以少数特例为根据的，也是一种不合理的归纳。这种梦偶尔有之，但假如我们要把它推广，运用到大量的梦的解释中，就不适宜了。此外还有一说，认为各种梦都可用"两性"解释，即常见的梦都可以解释为男性倾向和女性倾向二

者的混合。（这是阿德勒[1]的学说）

你们虽已听过许多次这样的演讲，但未必能明白阿德勒这句话。这种梦当然也会偶尔有之，可是后来你们就会发现，这种梦的构造和癔病的某种症候有些类似。我想说的是，我之所以要将这些新发现的梦的一般特征一一指出，主要是为了告诉你们不要轻信它，或至少使你们对我的关于梦的理论不再表示怀疑。

（四）

有些人认为接受精神分析治疗的病人会为了迎合医生的理论，有意去梦见性的冲动，梦见支配他人或梦到再生（斯特凯尔）等内容，因此，这样的梦的研究未免缺少客观的价值，似乎不太可靠。实际上，这个论点是非常荒唐的：其一，在精神分析治疗法出现以前，梦这种现象就已经存在了；其二，现在接受治疗的病人在没有接受治疗之前，也同样可能做出类似的梦。

因此，对于这个论点所包含的事实根本不值得我们去加以证明，这些事实对于梦的理论也不会产生什么影响。因为梦是由前一天的"遗念"产生的，是清醒时有兴趣的经验遗物。假如医生的话和所施的刺激对于病人产生了重要的影响，那么它们一定是混合于这种"遗念"之内的梦的精神刺激。就如同前一天起而未伏的其他有情感价值的兴趣一般，它们的作用和骚扰睡者睡眠的身体刺激很相似。

和引起梦的其他因素一样，被医生所引起的思绪可能会在显梦之内出现，也可能在隐念之流露出来中。我们知道，梦可因实验而引起，或准确地说，梦的材料的一部分可因实验而被引入梦中。精神分析家对病人的影响，与实验家所处的地位是一样的，比如伏耳

1　阿尔弗雷德·阿德勒（Alfred Adler，1870—1937年），奥地利心理学家，个体心理学的创始人，现代自我心理学之父，代表作《自卑与超越》《个体心理学的实践与理论》等。——译者注

德在实验的时候就会将被实验者的四肢摆成某种形状。

纵使我们可以转移他人的梦的材料，但绝对不能转移其梦的目的，因为梦的工作的机制和潜意识的梦的欲望绝非外界的影响能比得上。在讨论那些起始于身体刺激的梦的时候，我们可以在反应梦者所受的身体刺激或精神刺激中清楚地看出梦的生活的特点和独立性，所以，如果说梦的研究没有客观的价值，那就是混淆了梦和梦的材料。

关于梦的问题，我们已经讲了很多。相信大家可以看出来，我有很多部分略而未讲，而且每一点的讨论都不是十分详尽，这是因为，梦的现象与神经病的现象之间关联太过密切。我们的计划是想以梦的研究作为神经病研究的引线，这个方法要比先研究神经病而再研究梦更好一些。不过，因为我们把梦当成了解神经病的预备，所以我们只好等略懂得神经病的表现形式后，再对梦进行精确的了解。

我不知道大家是怎么想的，不过在我看来，花了这么长时间讨论与梦有关的问题是值得的，如果你们想要快速地了解精神分析理论的精确性，除此之后就再找不到更好的办法了。如果我们要说明神经病的症候是有意义的，有目的的，并且是由梦者的生活经验所形成的，那就必须进行更长时间的努力。

对梦来说，虽然最初有些杂乱难解，但是要在梦内指出这些事实，而证实精神分析的种种前提，则只需几个小时的努力便够了，例如，证明潜意识的精神作用，和其所遵循的特殊机制及其所表示出来的本能的推动力等的存在。如果我们知道梦的构造与神经病症候的构造是多么相似，又能仔细推想梦者是怎样快速地变成一个清醒的合理的人，那么就可以相信，神经病的产生只不过是因为精神生活中力的均衡发生了改变而已。

第十六讲
精神病学与精神分析

时间过去了一年，很高兴又看到你们继续来听我的演讲。去年，我演讲的主题是用精神分析法解释过失和梦，今年，我要让你们了解精神病的现象都有哪些。通过我的演讲，你们将会发现，这些现象和梦及过失有很多相同之处。

在演讲开始之前，我首先要声明今年演讲的态度与去年有所不同。去年，我总是在征求大家的意见之后才进行下一讲，有意与你们进行辩论，任由你们反驳，总是以你们掌握的常识作为评判依据。因为大家对于过失和梦都非常熟悉，而且你们所具有的丰富经验并不比我少，就算没有这方面的经验，要想得到也是比较容易的事情。今年我要改变这一做法。因为精神病的现象对于你们来说并不熟悉，你们不是医生，除了从我的演讲课上听到这些现象之外，没有其他任何与之接触的机会。如果对于讨论的主题一无所知，即使你们具有很强的判断能力，采取去年的做法也是毫无用处的。

当然了，千万不要因为有这样的声明，大家就认为我要以一个权威者的身份来做演讲，而你们只能无条件地接受。如果你们真的这样想，那我就太冤枉了。我不是让你们迷信于我，我只是想让大家对精神病研究产生兴趣。假如你们对精神病很陌生，而且也没有这方面的判断能力，那么对于我接下来要讲的话，你们可以不用相信，但也不要抗辩，只要静静地聆听，最后我的话会慢慢在你们心里产生作用。

信仰难求，所以要想获得它必须付出代价，这样它的价值才会恒久。我研究精神病学已经有很多年了，在这方面也有一些新奇的发现，而你们跟我不同，所以没有权利把研究精神病学当作自己的信仰。当然，我们对于学问不必采取轻易相信的态度，也无需妄加评判而对学问持有异议。这就如同一见钟情，是来源于一种特殊情感的心理作用。同样，我们也不要求病人信仰并拥护精神分析，因为过度的信仰会让我们产生更多疑虑，所以我更希望你们持合理的怀疑主义。我希望你们能够让精神分析的概念在你们的内心生根发芽，并适时地同一般的理论相结合，从而形成自己认定的观点。

换个角度讲，你们不要认为我所讲的精神分析的观点只是一组凭空想象的观念。事实上，这些观念都来源于直接观察或经过观察分析得出的结论，都是经验的结晶。至于这些结论是否可靠，那就要视这个学科将来的发展趋势而定了。我在这个领域进行研究已经有二十五年了，不谦虚地说，这些观察工作都是非常艰难的，需要专心致志地去完成。我总觉得，那些批评家们不愿对精神病学理论的基础进行讨论，就好像这个理论都是主观臆断的产物一样，可以任人随意点评，我无法理解这种批评态度。出现这种局面的原因，可能是医生没有关注神经病人，也不留心倾听他们的诉述，最后没有经过仔细观察而得出有益的结论。我想在此告诉大家，今天乃至以后的演讲，我都不会针对上述情况发表我个人的批评意见。

有人说，"辩论是真理之源"，我无法对此表示赞同。我认为这句话应该出自希腊诡辩派的哲学，而诡辩派的错误之处就在于对辩论术的价值进行过分夸张。我个人觉得，所谓科学的论辩基本上没有多大效果，更别提论辩时大家的观点都是个人观点了。我也曾作过一次正式的科学辩论，当时的对手是慕尼黑大学的洛温费尔德。最后，我们成为了好朋友，友情一直延续至今。从那次辩论之后，我便不敢再做这种尝试了，因为谁都不能保证辩论之后还会有同样的结局。

我拒绝辩论是公开的事实，你们一定会认为我既固执又不谦虚。如果你们真的持有这种观点，那么我可以答辩如下：如果你们经过苦心研究得到了一个信仰，你们也一定会坚决捍卫自己的主张。对于我来说，自从开始研究以来，已多次修改过自己的主要观点，无论是删除还是增加，都照实刊布了。可是这种坦白的态度换到的是什么结果呢？有些人不参考我修正过的结论，只是一味地根据我已往的见解无的放矢。而有些人则嘲笑我善于变化，且诋毁我不足信任。

不断变更自己观点的人自然不值得信赖，因为他最后修正过的学说可能还会存在错误，然而坚持己见、不愿让步的人，也同样会被认为固执而不虚心。事实就是如此，面对这种矛盾的批评，我只能自己给自己寻找安慰了。这就是我所坚持的态度，我依然要根据日后的经验去不断修正我先前的学说。但是，对于我先前的学说，我还不觉得需要对其修正，希望将来也不用修正。接下来，我要详细地介绍精神分析理论在精神病症候中的运用。我会给大家举一个类似于过失和梦的现象的例子，通过类推和对比帮助大家更好地了解精神分析理论。

精神病学中有一种动作叫作"症候性动作"（symptomatic act），在我的访问室里很常见。通常，病人在访问室里讲述完他多年的病痛之后，精神分析家并不会对病人的讲述发表意见。有些人可能会认为，那些病人并没有病，只要用点水疗法（hydrotherapy）就可以了。而精神分析家则不会这样认为，因为他们见闻广博，不能简单地做出这种判断。有人问我的同事，对于那些来访者该如何处理，我的同事说要罚他们重金来赔偿时间的损失。所以，当你们听说即使最忙的精神分析专家那里都很少有病人登门时，就不用感到奇怪了。

我在待诊室和访问室之间设了一道门，在访问室里又有一道门，室内铺上了地毯。这样布置的理由显而易见：当我允许病人从待诊室进来时，他们通常都会忘记关门，有时甚至两扇门都不关。我每次看到这种情形，都会很不客气地请他们回去把门关好，无论这个病人是绅士还是时髦女子。我知道自己这样做让人觉得很傲慢，我也知道有些时候他们并不是有意的。但是，就大多数情况而言，我这样做确实没有错。因为如果一个人将医生的待诊室和访问室之间的门敞开，那么他就是一个下等人，会被我们瞧不起。

在我没讲完这段话之前，请大家不要误会我。一个病人只有当待诊室没有他人共同候诊的时候，走进访问室时才会忘记关门。如果待诊室里有一个陌生人也在候诊，那么他一定不会忘记关门。因为当他看到有陌生人的时候，为了防止他和医生的谈话不被第三者听见，他一定会非常谨慎地将两扇门都关好。所以说，病人忘记关门并不是偶然的，也不是无意义的，更不是无关紧要的，因为他的这种行为流露出他对医生的态度。

这就像有些人去拜见地位较高的人一样，可能会先打电话询问何时能被接见，同时又渴望访问者丛集，就像欧战时杂货店内的场景一样。但是出乎他的意料，当他进来时，发现这个房间空荡荡的，布置又很朴素，这样的场景让他深感失望。于是他会想，既然医生如此失敬，那么就给他点惩戒。所以，他就把待诊室和访问室之间的两扇门都敞开。他的意思是：呸！这里现在没有别人，无论我在这里呆多久，都不会有第二个人来的。如果开始时不对他的这种行为进行打击，那么在谈话时他就会对医生表现得傲慢无礼。

对于这种症候性动作，有如下几点分析：（1）这种动作并非偶然，而是有各自的动机、意义和目的；（2）这种动作发生的心理背景是全部可以指出的；（3）从这种小动作中我们可以推测出一种更重要的心理历程。另外，做出这种动作的人其实并没有意识到这个动作，因为他们绝不会承认之所以开着不关那两扇门，是对我表示侮蔑。很多人可能在刚进入待诊室确实因为没有人而有过失望感，不过这与此后他们发生的症候性动作所存在的关系确实不在他们的意识之内。

为了便于大家更加细致地分析一些常见的症候性动作，也为了便于观察，现在我举一个病人的例子。这是最近发生的例子，之所以选择它是因为它简单、容易叙述。在我讲这个例子的时候，请大家注意其中的相关细节。

有一位年轻的军官，回家探亲时，请我为他的岳母治疗。他的岳母拥有一个幸福的家庭环境，不过因为时常有种无聊的想法，以至于经常让全家人感到苦恼。这位老太太时年53岁，身体十分健朗，性格也比较温和善良，根本不像有病的人。她向我叙述了她的病情，情况大致如下：

她与丈夫自恋爱结婚30年来，感情非常好，从来没有发生过争吵，甚至没有脸红过。她的丈夫是某个工厂的经理，虽然已经到了退休年龄，但是出于义务心，仍然在原单位供职。她的两个儿子都已经成家。她几乎没有什么可以操心的事情。可是，一年前忽然发生了一件意想不到的事情。她收到了一封匿名信，信中说她的丈夫正和一个年轻的女人私通，她竟然相信了这是真的，从此以后她的幸福便被毁坏了。

事情具体情况是这样的：她家有一个女仆，深得她的信任。另外，还有一个年轻的女子，出身虽和这女仆差不多，但是在生活上却比较幸运。她曾接受过商业的训练，因此有机会进入工厂工作，后来因为男职员们、服兵役去了，她便有机会升任待遇较优厚的职务。她就住在工厂里，几乎所有的男职员都认识她，并且称她为"女士"。那失意的女仆知道后，产生了强烈的嫉妒心理，于是只要有机会，她就会以各种理由说这个女工的不是。

有一天，老太太和女仆一起讨论刚刚来访的一位老先生，据说他和妻子没有住在一起，而是和另一个女人好了。老太太很疑惑，说："他的妻子怎么会不知道呢？"转而又说："假如我的丈夫也背着我有了别的女人，那真是太可怕了。"没想到第二天，她便接到了一封匿名信，信里面说的正是她最担心的事情。信件上的字迹是伪造的，她断定这封信是出自不怀好意的女仆之手，因为信中提到的女人正是那女仆所痛恨的女人。虽然老太太明知此信不可信，但是最终还是因为这封信得了病。

老太太精神上遭受了刺激，她当着丈夫的面大声责备。她的丈夫在这件事上处理得很好，他没有生气，而是笑着安慰她，并否认此事，他还将工厂里的医生请来，为自己的妻子诊视。他在第二件事上处理得也很合理，他辞退了那个滋扰生事的女仆。从那以后，老太太自认为自己已经不再去想这件事了，她也不相信信上所写的内容，可是只要听见那女职员的名字，或者在路上看到那个女职员，她就忍不住去怀疑、忧虑，甚至怨骂。以上就是老太太的病状。即使没有精神病学的丰富经验，我们也能够看出来两点：第一，在叙述自己病症的时候心气太平和了，似乎有所隐瞒，这与其他的神经病不同；第二，她实际上还是相信那封匿名信里的内容。

作为一个精神病学者，对这种病症应该采取什么样的态度？我们可以很容易揣测出他对患者待诊室的门那种症候性动作的意见。他认为那件事情纯属偶然，在心理学上不需要研究。但是对于这个老太太的病症，却不能再持这样的态度了。症候性动作看起来并不重要，但是症候却应该引起重大的注意。从主观上来说，症候常伴有强烈的痛苦，从客观上来说，症候也有使家庭破裂的危险。因此，势必要引起精神病学者的兴趣。

首先，精神病学者会分析症候的一些主要属性。那折磨着老太太的观念其实从质上来说是有一定意义的，而老太太的丈夫也确实存在与女职员发生关系的可能性。不过，对于这个观念，也有一些没有什么意义但却无法解释的地方。除了匿名信之外，老太太根本没有理由去假设其忠诚的丈夫会做这种事，尽管这件事并不普通。患者知道这个消息缺少证据，也无法准确地说明消息的来源，所以，她应该清楚这种妒忌是根本没有根据的。她也确实这样说过，不过她却又觉得好像这件事真的发生了一样而深感痛苦。我们把这种不合逻辑和现实的观念，称为"妄想"（delusions）。可以说，那老太太的苦恼是来自于一种"妒忌妄想"（delusions of jealousy），她的表现显然具备这种病的主要特征。

如果这一点成立，一定会增加我们对精神病学的兴趣。一种妄想不会因为事实的存在而消失，也不会起源于实际的存在，那么，它究竟起源于什么呢？妄想可以有各种各样的内容，为什么这种病的妄想偏偏只以妒忌为内容呢？又是哪一种人才会产生妄想，尤其是妒忌的妄想呢？

我们请教精神病学者，本来希望他能为我们找到原因，可是请教的结果仍无法使我们满意。我们有很多问题，可是他只讨论了一个。他可能会通过研究这个老太太的家族史，给我们一个答案，因为他认为一个人的家族史中如果常发生类似的情况，或者有精神错乱的病人，那么其本人也可能患有妄想。也就是说，这位老太太发生妄想，很可能是因为她有引起这一妄想的遗传倾向。不过，话虽这样说，难道就意味着事实确实如此吗？难道说这就是她得病的唯一原因吗？难道能说病人之所以发生这种妄想而不是其他妄想是无法解释的吗？所谓的遗传倾向可以支配一切吗？不管她过去有过怎样的经验和情绪，就不能在此时或彼时发生一种妄想吗？大家或许很疑惑，为什么科学的精神病学无法给我们以更深层的解释。我可以坦率的告诉大家："一个人有多少，才能给多少；只有骗子才会说空话去欺骗别人。"

精神病学者对于这种病也不知道该怎样作进一步的解释，只能通过诊断和妄测其病的将来变化来安慰自己。那么，用精神分析可以得到更好的效果吗？那是当然的，我要告诉大家，即使像这样隐晦的病症，我们还是可以从中发现一些事实，从而有更深切地了解。我请大家来注意一些细节问题：老太太妄想的根据就是那封匿名信，这封匿名信就是她自己召来的，因为是她自己在前一天对狡诈的女仆说，如果她的丈夫与别的女人私通，那就是天下最可怕的事情了。正因为这样才引起了女仆寄信的想法。事实上，老太太的妄想并不是因为那封匿名信才存在的，而是发源自心中的一种恐惧，亦或是一种愿望。

除这一点外，我对其进行的两个小时的分析也是值得注意的。在她叙述病情经过之后，我曾经请她讲述她的思想、观念和回忆，可是她却很冷漠地拒绝了。她表示，一切都过去了，她没有什么想法了，于是，两个小时后我不得不停止分析。她称自己已经完全好了，那病态的妄想再也不会发生了。她之所以这么说，一方面是由于抵抗，另一方便是因为害怕我对她进行分析。可是，在这两个小时的交谈中，我还是从她偶然说起的几句话中分析出了她妒忌妄想的起源。原来她对于请我来为他诊病的女婿产生了一种迷恋。当然，这种迷恋完全是在老太太不自知的情况下发生的，即使知道也是很有限的。因为他们之间存在着丈母娘和女婿的关系，她的迷恋很容易被隐藏而表现为无害的慈爱。我们从已知道的一切，很容易能够推想出这位好太太、好母亲的心理。

这种迷恋虽然不能存在于她的意识之内，却会深深地进入她的潜意识系统，正是这种潜意识，给了老太太一种沉重的压力。压力产生后，老太太就会寻求有效的解脱，而最简单的解脱方法就是依靠造成忌妒的移置作用的机制。假如她的丈夫与年轻的女职员产生爱恋，那么她便不会因为自己爱上年少的男子而感到良心受到谴责，因此，她以幻想丈夫的不忠实来作为自己痛苦伤痕的一副安慰剂。对于她自己的这份爱，她其实是一直不自知的，不过因为妄想给了她种种便利，于是她的私爱在妄想中的"反影"（指她丈夫与女职员的爱恋）就成了一种必然的妄想和意识了。所有责难当然都是徒劳无益的，因为种种责难只能是针对那"反影"而发，而不能针对她那深埋在潜意识中的"原物"（指她和其婿的恋爱）而发。

下面，我们将精神分析对这个病的研究结果来作一下总结。当然，我们一定要保证我们所收集的资料是千真万确的，这一点大家无须怀疑。

第一，所谓妄想并非是无意义和不可理解的，它已经具有一定的意义和合理的动机，并与病人的情感经验有一定的关系。第二，一种妄想往往是另一精神历程所引起的必然反应，而这另一种精神历程通过其他表示能够推测得知。妄想具有抗拒真实和逻辑客观性的特性，而这都源于它与另一种精神历程存在这种特殊的关系。妄想来源于欲望，是用来自慰的。第三，致病的经验最终决定了这个妄想属于妒忌妄想。大家可以看出这与我们所分析的症候性动作有两个重要的相似之处：一是症候背后的意向，二是症候与潜意识欲望的关系。

这当然无法解决此病所引起的全部疑难之处。事实上，还有很多问题，有些是还未得到解决，有些则因为情况特殊而根本无法解决。比如，这位婚后一直很幸福的老太太为何会爱上自己的女婿呢？就算发生恋爱，也可以找其他的托辞，为什么一定要向自己的心情强行推加在丈夫的身上来寻求解脱呢？大家千万不要认为这些问题不值得探讨。我们已经收集了很多材料，可以对这些问题做出各种可能的解答。患者在年龄上正处于一个特殊的时期即更年期，在性欲上会显得特别强烈，也就是我们所说的性欲亢奋。只这一点就足够说明问题了。另外一个理由就是，其忠实的丈夫上了年纪，近年来在性能力方面已经不能满足她旺盛的性需求了。在临床医学中，确实也有很多类似的案例，只有那些在性能力方面稍显不足的男人才会对自己的妻子特别忠实，特别抚爱妻子，并且对她们的精神不安非常体恤。至于那位老太太其变态迷恋的为什么是自己的女婿呢？在这里，我要告诉大家，其实从远古以来，岳母和女婿的关系，就被人类看作是一种特别有性意味的关系，有很多野蛮民族，还因此产生一种十分有力的禁忌（参见《图腾和禁忌》1913年）。对妻子的性爱，转移向妻子的母亲，这种倾向在少数人身上确实存在，只是这种倾向一直受到文明社会的制约而已。那么我们刚才讨论的这个病例到底是上述哪一种或两种，亦或是三种因素在作怪呢？这个我无法回答你们，因为我只作了两个小时的分析，之后就没有继续下去。

我知道上面我所说的这些事情都是大家所未能了解的，我之所以要说这些话，是想让大家对精神病学和精神分析进行比较。我想问大家一件事：你们是否看出来这二者之间存在互相抵触的关系？精神病学不去讨论妄想的内容，也没有采用精神分析的技术，而只是强调遗传，给我们展现一种普通的远因，却不先去发现其较特殊的近因。可是难道说两者之间一定要存在抵触，就不能互相补充吗？遗传的因素难道就无法和经验的重要性相结合吗？大家可能认为精神分析的探究与精神病学的研究确实没有什么互相抵触的地方。事实上，反对精神分析的并非精神病学本身而是精神病学者。精神分析与精神病学的关系就像组织学与解剖学的关系：一个研究器官的表面形态，一个研究器官的构造，比如组织和其他构成的元素等。这两种研究互为终始，很难看出二者有任何矛盾。大家都知道，现在医学研究的基础是解剖学，可是在过去，社会上是严禁医学家解剖尸体来对身体内部构造进行研究的，正如现在社会上咒骂我们实施精神分析来研究人类心理内部的历程一样。或许很快我们就会承认，假如没有关于精神生活的潜意识历程的知识，精神病学就不能算是有科学基础的。

虽然精神分析多次遭到驳斥，不过或许有人还是会对它表现出好感，希望它在治疗方面可以自圆其说。大家知道，精神病学一直来没有打破妄想的能力，而既然精神分析知道妄想的机制，那么或许能够治疗妄想吧。然而，在这里我要给大家一个否定的答案：不管怎样，就现在来说，与其他治疗法一样，精神分析也还没有能力治疗妄想。虽然我们了解病人有何经历，但我们没有方法使他们自己也了解这一切。大家也应知晓，我对于刚才所说的妄想，也只能作最初步的分析。

你们可能会因此认为这种分析是没什么意义的，反正也得不出什么结果，可我并不这么认为。不管是否能立刻见效，我们都要去研究，这既是我们的权利也是我们的义务。可能有一天，我们那些零碎的知识都会转化为能力，一种治疗的能力，可是这一天什么时候才能到来，我们尚不知晓。进一步说，精神分析虽然无法治疗妄想以及其他神经病和精神病，但也是科学研究的一种必不可少的工具。当然，目前我们还无法实现这样的技术，这是不争的事实。

我们将人作为研究资料，而人是有生命和意志的，要他参加这种研究，就要有一个动机，可是现在他并没有这个动机。那么，就让我用下面这句话来结束今天的演讲吧：对于大部分的精神病来说，目前的知识确实拥有能够治疗的能力；这些病本来是不容易治疗的，不过在某种情况下，我们的技术让我们收获了满意的结果，这在医术上不能不说是首屈一指的。

第十七讲
神经病症候

在上面一讲里，我提到了临床的精神病学通常不去过问个别症候具有怎样的形式或内容；而精神分析则恰恰相反，它以症候为起点，认为症候本身有各自的意义，而且与患者的生活经验有一定的关系。

1880—1882年间，布洛伊尔曾研究并治愈了一个癔病的案例，在这之后，癔病引起了大家的关注，同时他也是神经病症候的意义的首个发现者。法国的让内曾得出过同布洛伊尔一样的结果；实际上他比布洛伊尔还要早一些公布了自己的研究结果，布洛伊尔是在十年之后（1893—1895年，也就是我和他合作的时期内）才将其观察结果公布出来的。

到底是谁最先发现的并不重要，因为我们都知道无论哪个发现都不是一次就能够完成的，成功未必就能与劳动成正比。比如，虽然是哥伦布发现了美洲新大陆，但是美洲并不是以哥伦布命名的。其实在布洛伊尔和让内之前，著名的精神病学家劳伊莱特就曾提到过狂人的妄想，假如我们对其进行诠释，其实也可以发现其中的意义。我一直很重视让内关于神经病症候的解释，因为他曾将这些症

候看成是占据病人内心世界的"隐意识观念"（idees inconscientes）
的表示。不过，让内之后的态度却异常慎重，似乎他只是将"隐意
识"看成了一个名词；只是一个名词而已，并不具有明确的意义。
因此，我便无从了解让内的学说，不过我知道他已经与伟大的地位
擦肩而过了。

与过失和梦一样，神经病的症候也都各有其意义，并且都与
病人的内心生活存在某些关联。对于这一要点，我举几个例子来为
大家加以说明。虽然还不能证明，但我仍然要说，其实不管什么种
类的神经病都是这样的，不管是谁只要进行一番观察，都会相信这
一点。不过，因为一些特殊的理由，我在此不举癔病的例子，而举
另一种很特殊的神经病为例，这种病的起源与癔病是十分相近的。
对于这种病，我有必要先说几句。这种病叫作强迫性神经病（the
obsessional neurosis），不像癔病那么常见，也可以这么说，它表现
得毫不张扬，经常隐藏在病人的心事中，几乎不会在身体上表现出
来。精神分析最初就是以强迫性神经病和癔病这两种病作为研究基
础的，而我们的治疗方法也在这两种病上收到了功效。不过，从强
迫性神经病来说，精神的感受丝毫没有表现在肉体上，因此它比癔
病更容易因精神分析的研究而让人理解。换句话说，它所表现出来
的神经病组织的特点要比癔病显著得多。

强迫性神经病有以下的表现：病人心中充满着实际上毫无趣味
的思想，觉得自己有特异的冲动，并且被迫做些没有什么意义却又
忍不住去做的动作。那些思想抑或是强迫观念本身根本没有什么意
义，对病人来说也是乏味的，或是愚蠢的，可是不管怎样病人却免
不了总是用这些思想和观念来消耗自己的精神，这是强迫思想的起
点。虽然病人也不愿意如此，可是却没有办法抵制。病人面对的问
题似乎关乎生死存亡，劳心费神，无法停止。他内心所感觉到的冲
动也是如此幼稚而无意义的。这些冲动都是些可怕的事，比如犯重

罪的诱惑，病人不仅会因认为这些冲动与自己身份不相符而加以排斥，还会惊慌失色地逃避它们，用各种各样的预防方法来防止它们的实现。实际上，他的确没有一次实现过这些冲动，而预防和摆脱每次都获得了最终的胜利。他真正所做的事情都是些根本无害的琐事，也就是我们所说的强迫动作，这些动作都是日常动作的重复和加工的排练，以致那些平常必要的动作，如上床、漱洗、穿衣、散步等都变成了非常艰难而繁重的工作。那些病态的观念、冲动和动作，并非以同样的比例混合而为强迫性神经病，它们大体上会占较重要的地位，而其病的名称就由此而定。不过所有形式共有的特征仍然很明显。

显而易见，这是一种癫狂的病症。我想精神病学者即使其想法再荒唐，也未必能捏造出这种病来，假如我们没有每天亲眼看见这种现象，也不会相信这是真的。大家不要认为治疗这种病人可以劝告他努力摆脱，别去想这些荒谬的观念，不要做那些无聊的动作而去做合理的动作。事实上，这些也正是病人所愿意去做的，因为他清楚自己的处境，也赞同我们对于他的强迫性症候所持的见解，其实他自己也会提出这种见解。

可是这一切他都是情不自禁地去做的。在强迫性情境中所做的动作，似乎有一种很大的力量在推着他前进，他根本无法用常态精神生活中的力量去抵抗。他能采用的唯一一个办法，就是交换代替法，即用一个比较缓和的观念来代替原有的荒谬观念。他可以用其他的预防方法代替原有的那种，也可以做另一个动作来代替原来的动作，但是，这只是在以此易彼，却无法将它完全打消。

此病的一种主要特征就是这种症候的交替（包括其原来形式的根本改变）；值得注意的是，这种病在精神生活中一切的相反价值或极值（polarities，指的是强弱明暗等相反的观念）好像分化得更为明显。除了受积极性和消极性的强迫之外，也会在理智方面产生怀疑态度，以至于可能发展为即使是平常真实的事情也会产生怀疑。虽然强迫性神经病病人都富有精力、善于判断，并具有超出常人的智力，但所有这些症候却都能使病人一天天丧失精力，从而限制自由。大家能够想象得出，要在如此矛盾的品性和病态的表示的迷惑之中找到得病因，这是多么艰难的工作。目前我们所能做的就是对这种病的一些症候进行解释而已。

大家听了上面这些讨论，可能很想了解现代的精神病学对于强迫性神经病到底有什么贡献。其实它的贡献是很贫乏的。除了给各种强迫行为以相当的名称，精神病学似乎根本没什么贡献。

如果单说患这些症候的病人是"退化的"，这当然不能满足我们。这只是一种价值的评判，或者只是一种贬抑之词，不能作为一种解释。我想我们很容易断定退化的结果会产生各种怪态。原本我们就认为这种症候的病人一定与普通人不一样，可是他们就真的比其他的精神病患者和癔病患者，或者精神错乱者更为"退化"吗？很明显，这个形容词太泛泛了。假如你们知道那些有才能的伟人也曾表现出这种症候，就不免会怀疑这个形容词到底是否合适了。不过，由于伟人们十分慎重，而为其作传的人又难免会说谎，因此我们不容易了解他们的本性。他们有些人热爱真理几近疯狂，如左拉，并且他们还有很多古怪的强迫性习惯。精神病学只是称这些患者为"退化的伟人"便算是给出了一个交代，可是从精神分析的结果来看，就像患者那些没有退化的其他各病的症候一样，这些特殊的强迫性症候也是完全可以消除的。我自己在这方面就取得了不错的成绩。

下面，我只举两个例子来说明对强迫性症候的分析，第一个是旧例，因为我还没有发现更好的例子，第二个则是最近遇见的例子。因为这种叙述必须明确而详细，因此我们就只以此两例为限。

曾经有一个年近三十的女人患上了很严重的强迫性症候，我本来是有可能治愈她的，可是后来因我生活上发生突变而使工作受到了影响，这种可能便化为了乌有。具体是怎么回事，我可以之后再告诉大家，还是先说说这个女人。在一天之内，这个女人除了其他动作之外，经常做这样一个奇怪的强迫性动作——她经常从自己的房间跑到隔壁的房间，然后站在房间中间的一张桌子旁边，按电铃把女佣招来，有时让她做些小事，有时又把她打发走，之后她又跑回自己的房间。这种现象本没有什么危险性，但是却勾起了我们的好奇心。

至于是什么原因，病人并没有用分析者帮忙就简单地说了出来。

我根本猜不出这个强迫性动作的意义，也无法给出适当的解释，我也不止一次地询问病人为什么会有这样的行为，意义是什么，可是她总是回答不知道。然而有一天，当我劝说她不要去怀疑某种举止行为后，她忽然间意识了强迫性的意义。她向我详细地讲述了这一强迫性动作的经过。

十年前，她嫁给了一个比她大很多岁的男人。直到在结婚那天晚上，她才知道自己嫁的这个男人是缺乏性能力的。那天夜里，这个数次从自己的房间跑到她的房间，想一试身手，结果都失败了。第二天早晨起床后，他感到十分羞愧，说道："这未免会让整理床铺的女佣看轻。"于是，他随手拿起一瓶红墨水倒在了褥单上面，可是却没有倒在准确的位置上。

我刚开始有些不明白病人叙述这件事与我们刚才讨论的强迫动作之间到底有什么关系；因为我觉得这两种情境除了一个女佣，以及从这个房间跑到另一房间的动作之外，再没有什么相似之处。之后，病人又带我进入到了隔壁房间，我看到在桌子上的台布有一块明显的红斑。病人说自己之所以站在桌旁，是为了使女佣一进来，就可以清楚地看到这块红斑。于是，我们就能从中看出这强迫动作与结婚之夜的情景的关系了，当然，对于此事仍要再加查问才能更加明晰。

首先，我们能够了解到病人是在以自己来代替丈夫，从这个房间跑到另一个房间，是在上演其丈夫的动作。为了便于对照区分，我们可以把桌子和桌布分别假想成床和床单。也许你会觉得这似乎有点太过牵强，不过只要想想我们前面谈到的"梦的象征的研究"那节所讨论的内容，就能明白我们这种假设并不是没有道理的。桌子在梦境中，确实经常作为床的代表，"床和桌"结合起来就是结婚的意思，因此床可以代表桌，桌也可以代表床。

种种这些都可以证明强迫动作富有意义，也可以看成是重要情景的重复排演，不过我们未必就要停留在这个相似之处上。如果我们能够更加认真地思考这两种情景的关系，或许就能更容易了解这种强迫动作的目的；很明显，这个动作是以召唤女佣前来为中心点的。她想向女佣展示桌布上的那块红斑，以印证自己丈夫所说的"这未免会让整理床铺的女佣看轻"那一句话。她重演丈夫的动作，为的是让她的丈夫不被女佣所轻视，因为红斑已出现在应该出现的位置了。因此她不但要重复排演过去的情景，还要加以引申和修改，以便使情景没有任何破绽和缺点。另外还有一层意思，就是要修正让那夜悲剧产生和误泼红墨水的情境，也就是丈缺乏夫性能力那件事。这种强迫动作好像在对别人说："不，他并没有在女佣面前丢脸，他在性能力方面是行的。"

她的整个强迫性动作产生的过程就好像在梦里一样。她通过这个动作来满足自己的欲望，借以恢复丈夫倒红墨水之后的信誉。有关这位病人的其他事实，也能够让我们有理由对她的强迫性动作做出上述的解释：她已与丈夫分居很久，早已产生与丈夫离婚的念头，而且当时正想决定那样做。可是，她内心却始终在乎她的丈夫，于是她强迫自己对丈夫忠实。

为了免受他人的诱惑，她开始过起了离群索居的生活。事实上，她在幻想里已经饶恕了自己的丈夫并将他理想化了。她之所以出现这个病症主要是因为她不想让自己的丈夫遭受恶意的毁谤，也为自己与丈夫分居找了合适的理由。我们当初只是分析了一种无害的强迫性动作，没想到却让我们发现了她发病的主因，同时又推知了一般强迫性神经病的特性。我希望大家对这个案例可以多研究一下，因为几乎所有关于强迫性神经病难以预料的情景在这个案例中都表现出来了。这个症候的解释也是病人在一瞬间自己发现的，并没有经过分析者的指导或干涉，而且这个解释并不是病人幼年时期已经被遗忘掉的经历，而是她成年后真实面对的事实。所以，那些批评家们经常对我们关于症候解释进行的种种攻击，已经站不住脚了。像这样的好案例确实是不容易遇到的。

另外，还有一点。这一无害的强迫动作竟然直接牵涉到了病人最秘密的事情，难道不让我们感到惊奇吗？试想，若是说一个女人一生中最为隐秘、最不愿意告诉别人的事情，还有什么是比自己的新婚之夜所发生的一切更具代表性的吗？而我们现在竟了解了她的性生活的全部秘密，难道说，这真的是事出偶然，没有丝毫特殊的意义吗？也许大家会说，我是为了自圆其说才选择这个案例的，这里，我请大家暂且不要着急下这个结论。我们先来看看第二个例子。这个例子与第一个例子性质完全不同，是一个普通的例子，讲述的是上床前的预备仪式。

有一个年仅19岁的女孩，长得十分漂亮，没有兄弟姐妹，是家里的独生女，因此父母十分宠爱她。她受过高等教育，在智力上比她的父母似乎更胜一筹。本来她的性情是极为活泼的，可是最近不知道为什么她忽然表现出一些只有精神病人才有的症候来。例如，她一改以前温柔的个性，近来经常发脾气，尤其是对她母亲的态度极为恶劣。有时，她又表现得抑郁犹疑，后来竟然发展到不敢一个人上街和走过广阔的广场。对于这个女孩的若干详细症状，请恕我不能再次——列举出来，不过，即使不用详细介绍，大家也能从她的病状诊断出她患有广场恐怖症（agoraphobia）和强迫性神经病。接下来，还是让我们看一下她入睡前的具体状态吧。

这个女孩每晚都入睡困难，这让她的父母十分担心。为了医学上表述的需要，我暂且将女孩每天晚上上床之前所有准备的过程称之为"预备仪式"。大致说来，即使是常人，在每天上床睡觉之前也会有一种仪式，或者说至少需要某种条件才能更好地入睡。这种从醒到睡的经过通常都会形成一定的方式，在每天晚上都照例演出一次。不过，一个健康人所需要的睡眠条件一般能有合理的解释，而且如果外界的情境变了，也能够迅速适应，让这个仪式做出适当的调整。然而，病态的仪式通常是一成不变的，并且还要做出相当大的牺牲来维持这个无聊的仪式。从表面上看，这种仪式似乎也能找到合理的理由作借口，唯一和常态的不同之处是这个形式实行起来太过小心翼翼了。如果我们对其进行更细密的观察，就能够看出其实这种借口的理由是非常站不住脚的，而且这个仪式的所有惯例也无法用所举的理由进行掩饰，有些惯例甚至与其理由相互抵触。

我们这位病人为了能有个好睡眠，即宣称她在夜间需要绝对安静的环境，必须排除所有声音的喧扰。于是，她每天睡觉之前必须做两件事：一是让房内的大时钟停止不走，并将其他所有小的钟表都拿出屋子，就连床边桌上的小手表也不例外；二是要将所有花盆和花瓶之类的东西都慎重地放在写字台上，以免它们在夜间跌落破碎，打扰到她的清梦。事实上，她自己也十分清楚没有必要这么做，因为小手表即使放在床边桌上，也未必能够听到滴答声，而且我们都知道时钟有规律的滴答声未必会侵扰睡眠，有时反而更容易让人入睡。她也承认花盆和花瓶放在原处只要不去碰撞，也不会突然坠地破碎，可是她就是十分担心和忧虑。

事实上，她在预备仪式中的某些动作并不符合她一味求静的动机。比如，她每天晚上睡觉的时候，一定要让自己的卧室和父母的卧室之间的那扇门半掩着，为了达到这个目的，她甚至还设置了各种障碍物在门口，可这样做反而会招致声音。其实，她最重要的预备仪式是铺床的行为。床头的长枕一定不能与木床架接触，小枕头一定要叠着横跨在长枕头的上面，并且成一个菱形，她睡觉的时候一定要准确无误地把头放在这个菱形之上。盖上鸭绒被之前，她一定要用手使劲地抖动鸭毛，使羽毛下降，然后把松软的羽毛压平，使其变得平整。

在这个预备仪式中还有其他一些细节，在这里我就不一一叙述了，因为那些细节离题太远，不能为我们提供新的材料。大家千万不要认为这些琐事很容易进行。她每做一件事，总是担心没有做好而不停地重复去做。就这样翻来覆去，等到她完成这套仪式时已经过了一两个小时。

对于她的强迫性症状，我曾多次对她作出过细致、详尽的分析。刚开始的时候，她坚决予以否认，认为不可能是我分析的那样。后来，她则以讪笑表示怀疑。不过，虽然最初她拒斥了我的解释，但之后又对这个解释的可能性加以考虑，并注意所引起的联想，回忆所有可能的关系，最终还是自愿地接受了我的解释。在接受我的观点之后，她开始逐渐减少原来那些无意义的强迫动作，结果，在治疗还没有结束的时候她就已经抛弃全部的仪式了。

在这里，我要告诉大家，我们现在所做的精神分析工作绝不能只持续地集中在了解某一单独症候的意义上。因为我们时常要放下正在研究的主题，而在分析另一方面问题时又会将其提起。因此，我现在要告诉大家的关于这个女孩的症候的解释，其实就是很多结果的综合。这些结果曾因为研究其他方面而中断过，但是往往在过了几个星期或几个月后又被找到了。

在治疗过程中，我首先让患者了解了这样一个事实，即钟表除了有一般的象征意义之外，还可以代表女性的生殖器。对于这一点，我们可以从日常生活中的一个现象加以印证，如有些女人经常自夸，自己的月经就像时钟一样准时。或许钟表可以代表女性生殖器，正是因为这个原因。这个女孩之所以害怕钟表的滴答声，并认为钟表的滴答声会扰乱她的清梦，实际上是因为这种声音还有另一个含义，就是性欲被激起时阴核的兴奋。她承认自己确实好几次在梦中出现过这种感觉，她因为害怕这种感觉，于是每天夜里便将所有的钟表都移开。而像花盆和花瓶等用于容纳的器物，在精神分析理论中一般也被认为是女性生殖器的象征。因此，这个女孩害怕它们在夜间跌破也是含有意义的。我们知道有一种风俗流行很广，就是一个女孩子一旦订婚，就会在订婚时打破一个花瓶或花盆，让在场的每个人上前拿取一块碎片，以表示这个女孩子已经有了归属，别的男子就不应该再对她有所企图。这一风俗的起源，可能要追溯到一夫一妻制的实行。

另外，这个女孩因这个仪式中的某一部分还联想到了小时候的一件事。当她还是一个孩子时，她曾经手里拿着一个玻璃杯，也可能是一个瓷瓶，在飞跑时一不小心跌倒了，手中的玻璃杯被摔得粉碎，而她的手也因此被割破，流了很多血。她长大时对于性交等事已经略有所闻，深怕自己在新婚之夜因为不流血而被怀疑不是处女。她之所以害怕花瓶跌碎，就是想要抛弃那些关于贞操和初次交媾流血等事的情结，以摆脱会不会流血的焦急。其实，这些不必要的顾虑与防止室内东西发出声响是风马牛不相及的事情，可是她却执意要将其联系在一起。

一天，女孩突然对自己的强迫行为有了奇特的认识，她忽然知道自己为什么不让长枕头接触床架了。她说，在她看来，长枕就像一个妇人，而直挺挺的床架则像一个男人。于是，她似乎是用一种魔术的仪式，将男人和妇人隔开。确切地说，她在潜意识中不愿意让自己的父亲与母亲在一起，不想让他们发生交媾行为。其实，早在她发病多年以前，她就曾想法设法地达到这个目的了。她曾假装胆小或利用惊惧的倾向，让自己的卧室和父母的卧室之间的门开着，事实上，这个办法她发病时依然在用。此举让她可以偷听父母的举动，不过这也让她好几个月都处于失眠的状态。她这样打扰自己的父母还没有感到满足，那时她甚至直接睡在父母中间，于是"长枕"和"床背"真的就被阻而分离了。后来，她长大了，便不能舒服地和父母同床，可是她仍然故意假装胆怯，让母亲和她交换，自己好和父亲同睡。这件事确实是幻想的起点，我们在仪式中也看到了其结果。

如果长枕头代表妇人，那么她抖鸭绒被让毛羽下降，使之隆起，就含有另一种意义了。究竟是什么意义呢？原来"隆起"即代表着怀孕。事实上，她是不希望母亲怀孕的，因为她一直担心父母交媾的结果，会给她生一个弟弟或妹妹来，那样的话她岂不是多了一个竞争对手？长枕头既然代表母亲，那么小枕头自然就是代表女儿了。可是为什么小枕头一定要斜放在大枕头之上形成一个菱形，而她的头又要正好放在那个菱形的中心呢？在日常的绘画或墙面装饰物中，菱形有代表女性生殖器的意思，她是在假借自己代表男人或父亲，而自己的头代表男性生殖器，来阻止新的弟弟或妹妹出生。或许你们会说，在处女的内心里竟然会存在这种可怕的思想吗？我不得不给予肯定的答案，不过大家别忘了这些观念并非是我创造出来的，我所做的只是将其揭露出来而已。病人临睡前的这种仪式自然是十分奇怪，但我们不能否认仪式和幻想之间因解释而显露出来的类似之处。

在这个案例中，我认为重要的一点是，大家要记住这个仪式并非一个单独幻想的产品，而是几个幻想的混合产物，不过那几个幻想总是会汇合于某点。大家还要记住，病人对于性的态度表现出积极的和消极的两个方面：一方面是对性欲的渴望，另一方面是对性欲的反抗。

假如我们将这个仪式与病人的其他一些症候联系起来，或许能得到更多的分析结果。不过，这并非我们现在的目的。大家只要知道，病人在年幼时曾对于父亲有过一种"性爱"，并且这种"性爱"让她近乎痴狂。或许正是因为这个原因，她对母亲的态度才会如此恶劣。另外还有一点，我们也应该引起注意，就是这个症候的分析牵扯到了病人的性生活。我们越深入了解神经病症候的意义和目的，对这些不正常的事情也就越不会觉得奇怪了。

从以上两个例子中，我们可以看出，精神病的所有症候，同过失和梦一样，都与病人的日常生活经历有密切的关系。当然，我并没有让大家就因为这两个例子就相信我这句话的价值，更不会为了让你们信服而继续举例。事实上，每个病人都要经过很长的治疗时间，如果要充分讨论关于神经病理论的这一点，即使我一个星期讲五小时，也要一个学期才能讲完。所以，我只能挑选出这两个例子来作为我所说的证明。如果你们想要更深入地了解，可以参阅一些关于这个问题的著作，如布洛伊尔对于他的首个病案（即癔病）的症候的经典解释，荣格对于所谓早发性痴呆（dementia praecox）的症候的出色说明，以及后来各种心理学杂志上所发表的种种论文。对于这一类病症的研究是非常丰富的。很多精神分析家往往会把注意力放在神经病症候的分析和说明上，而神经病的其他问题会被他们暂时忽视。

如果你们当中有谁对这个问题有过相当的研究，就一定会对证据材料的丰富深有感触，可同样也会遇到一些困难。既然我们已经知道症候的意义与病人的日常生活息息相关，那么当我们在面对不同的病例时，就要注意到一些细节，哪怕这些细节在常人眼里并不起眼，甚至可以说是非常无聊的。只有观察入微，我们才能知道他们产生这个念头或这个动作的原因。

其实，那个经常跑到桌子旁边按铃召唤女佣的病人，她的强迫动作就是这个症候的完满模式。不过，与其决然不同的症候也并不少见。比如一些典型的症候是各种病例所共有的特征，不存在个别差异。如此一来，就很难找出其与病人生活或旧时特殊情境的关系了。我们再来说说强迫性神经病，如那位在睡前做各种琐事的女孩。虽然说她所表现出的很多个别特征可以用来作为一种"历史的"解释，不过几乎所有的强迫性神经病病人都会做出某种动作，并不断有规律地排演。比如，有的病人要每天洗澡很多遍，还有的病人患有广场恐怖症，虽然这种病症已经不再被认为是强迫性神经病，但它却会像一种焦虑性癔病一样，经常表现出很多类似精神病的病态特征来。这些患者当中，有的害怕围绕起来的空地，有的害怕宽敞的广场，有的害怕长的直路或小路，有的则需要有人陪伴或有车在后面跟着才会有安全感。

不过，除了上述这些基本相同的成分以外，具体到每个病人来说，他们所惧怕的内容还是有所区别的。比如甲只害怕狭窄的小径；乙只怕宽阔的大路；丙只有看见周围人少才敢出门；丁只有看见周围人多的时候才敢前行。癔病也是这样，除了很多特点因个人不同而有所区别外，多数都具有此症的共同特点，如以以各人的历史作为解释的根据似乎并不合适。不过我们必须要记住，正是因为有了这些症候，才能进行下一步诊断。如果我们已知晓癔病的一个特殊症候，来自于某一经验或某组经验，例如一种癔病的呕吐起源于一组恶臭的印象，那么假如我们发现另一种呕吐的症候起源于完全不同的经验时，就难免会感到迷惑不解。癔病的病人好像总是会因为某种不可知的原因而呕吐，而经由分析所找到的那些历史原因，往往只是病人因内心需要或随机捏造的一些用以掩饰其目的的借口。

故此，我们只能得出一个令人沮丧的结论，即每个神经病症候病人的不同表现方式，虽然可以根据病人的经验得到完满的解释，可是我们的科学却不能说明那些病案并不常见的典型症候。而且，我还未曾向大家提及在追寻一个症候的历史意义时是会遇到各种各样的困难的。其实我并不打算对大家说这一点，因为我虽不愿对大家有所隐瞒，但也我不想在我们刚开始进行共同研究时，就让大家处于迷惑或惊异的状态。虽然我们才刚刚开始了解症候的解释，但我们也想用已有的知识来逐步征服那些未知的困难。

我想用下面这种想法来鼓励大家：这个症候和那个症候之间，其实很难找出什么基本的区别。如果可以将每个人的不同症候解释为病人的经验，那么与某一经验有关的典型症候也应该可以解释为人类所共有的经验。或许，神经病一切常见的特征，比如强迫性神经病的重复动作和怀疑等，都只是些普遍的反应，只是因病人病理的变化才被迫变得严重和明显起来的。总的说来，我们并没有理由让自己沮丧，我们应该去探索那些更值得去研究的发现。

我们也曾在关于梦的理论中遇见过类似的困难，只不过我们在之前讨论梦的时候，没有提及这个困难。梦的显意本来是很复杂的，它是因人而异的，而我们之前已经详细叙述过分析这种内容而得到的相关结果。不过，我们也能够看出，某些梦是具有一定典型性的，是人们所共有的，内容大致都相同，因此分析起来都有一定的困难。比如，梦见跌落、飞行、浮水、游泳、被拉扯、裸露身体，以及其他各种焦虑的梦。这些梦因其梦者不同而有不同的解释，而其所共有的，我们还尚未找到任何说明。不过，我们可以注意到，在这些梦里，其公共的基本成分也点缀着各人不同的特性，或许由其他梦的研究而得到的关于梦的生活知识，就能够用来作为这些梦的解释，而我们要做的就是逐渐扩充我们赋予这些事实的含义，而不必加以曲解。

第十八讲
创伤和潜意识

之前我曾讲过，我们作进一步研究应以已经学到的知识为前提，而不只是怀疑。虽然大家对前面举的两个例子的分析结论很感兴趣，但我们还没有对其进行进一步的探讨。

（一）

大家可能觉得上面两个例子的病人都很"执着"，对于自己过去的一些事，她们找不到摆脱的办法，从而导致自己与现在乃至将来都脱离了关系。她们似乎是在借病遁世，又好似隐于道院中看破红尘的人。拿第一个例子的病人来说，她的生活一直被那早已结束的婚姻困扰着，可是她却仍然与丈夫保持着关系，没有提出离婚。我们从她的症候中不免对其心生宽恕、赞美和惋惜。事实上，她还年轻，完全可以吸引很多其他男子，可是她却借各种或有或无的理由来维持她对丈夫的忠诚。她不见陌生人，不打扮，而且不签名，不送礼，为的是不让自己的东西落入他人手中，以此来逃避外界的人和事的诱惑。

对于第二例的病人来说，她之所以出现那些症状则是由于在青春期前对于父亲的"性爱"。她觉得只要自己有病，就不能结婚生子。由此我们可以推测出，她是想通过自己有病这一事实，来逃避以后将要面对的恋爱和婚姻，从而达到长期依恋于自己父亲的目的。

我们不禁疑惑：为什么一个人会采取这种怪异的、无益的极端态度来对待生活呢？我们可以假定这种态度是神经病的通性，而并非只是这两个病人所特有的症候。实际上，这确实是各种神经病普遍的、重要的特征。布洛伊尔的第一个癔病病人是安娜·欧，她原是一位聪明伶俐的姑娘，患病时才21岁，她的病是在她去服侍她衷心敬爱的父亲时开始发作的。她的临床症状极为复杂，她总觉得自己不能很好地面对生活，因为她做不好一个女人应该做的事情。经分析我们得知，每一个病人的症候常会让他们长期地执着于过去的生活，而就大多数的病例而言，每个精神病患者表现出来的症候几乎都是他们过去生活的折射。这些生活经历往往可以追溯到他们的儿童时期，甚至更早的吸乳期。与此相类似的，还有近来大战时的流行病——创伤性神经病。这种病症常常发生在某些特殊的遭遇后，例如在车祸、火灾或其他危及生命的可怕经历之后。

创伤性神经病与那些自然发生的，还有我们以往常分析治疗的神经病是不一样的，因此用其他的神经病观点来解释这种病症也是不科学的。不过，此病确也有与其他神经病相同的地方，这个以后我会告诉大家。大家都清楚，对于创伤发生之时的执着是创伤神经病病源所在。这些病人经常会在梦里重现对其造成创伤的情景，而癔病发作时似乎也是病人再将这样的创伤情景完全再现。这些病人过去可能应付不了这种情境，现在也做不到。由此我们便可理解精神历程中的所谓"经济的"概念。

"创伤"一词其实就是这个"经济的"意义。如果一种经验能在短时期内使心灵受到一种极度刺激，并且使之无法用正常的方法求得适应，进而使心灵有效能力的分配受到永久的扰乱，这种经验就被我们称为"创伤的"。在这个概念范围之下，我们把神经病"执着的"经验称之为"创伤的"。如果一个人对一种强烈的情绪经验应付不来，就会造成神经病，因此神经病的成因和创伤病是十分相似的。

实际上，在1893—1895年间，布洛伊尔和我为了把我们观察到的新事实理出一个理论而制定出的第一个公式，就和这个观点并无二致。

对我前文中所举的第一例中的少妇来说，她的病症和这种说法也不相违背。因为她不能忍受有名无实的婚姻，所以她便始终执着于自己的创伤情境。不过对第二例中的少女而言，这个公式就显得有些不足。首先，小女孩对于父亲的崇拜是一种很正常的经验，而这种经验随年龄的增长却在减弱，所以"创伤的"一词在这里就没有了意义。其次，从她病情的经过可以看出对初次性爱的执着，在当时好像全无害处，却在若干年后才表现出强迫性神经病的症候。神经病有很多复杂而多变的成因，但是我们也不必把"创伤的"观点当成错误的观点而舍弃，因为它的解释可以用在其他的地方。

经过上述分析，我们可以看出，刚才所采用的路径即"创伤的"观点行不通，我们只好另辟蹊径了。

"创伤的执着"其实是非常常见的一种现象，几乎每一神经病都含有这样一种执着，但执着未必就会导致神经病。这种执着有时与神经病相结合，有时发生在神经病发作之时。比如悲伤就是一种对于过去某事的情绪"执着"的绝好例子，它和神经病一样，与现在和未来无关。一般人都能了解悲伤与神经病的区别。

我们可以定义一些神经病为病态的悲伤。但是有这样一种人却也不一定是神经病：如果一个人生活的整个结构因有创伤的经验动摇不定，也就丧失了生气，对现在和将来都不产生兴趣，只是沉迷于回忆之中，这种不幸的人不一定会成为神经病。所以我们不能因为太过重视某个特点就把它看成神经病的一个属性，即使它很常见也很重要。

（二）

接下来讲述由我们分析而得到的第二个结论，我们不必对这个结论加以限制。就第一例的病人来说，我们已经对她所做的无聊的强迫行为以及由此而引起的回忆之间的关系进行了讨论，而且也曾由这个关系推测到其强迫行为的目的。但是我们忽略了一个值得我们充分注意的因素：病人在继续她的行为时，并没有意识到自己的行为与已往经验的关系，她根本无法回答这个隐藏在其后的令她冲动的因素。接下来的治疗使病人意识到这个被忽视的关系而且能诉说出来，但那时她也不明白她的行为的目的在于对其过去的痛苦事件的修正，以抬高其亲爱的丈夫的身价。经过漫长而反复的努力之后，她才明白这种动机是促使强迫动作实现的动力。

在她结婚次日早晨的情景和她对于丈夫的柔情，组成了我们称之为强迫动作的"意义"，但她不了解这个意义的两个方面。她在动作时不了解动作原起和原止，所以在她的内心存在着一些精神历程，而强迫动作就是这一历程的结果。也许平时她知道结果，但在此结果之前的历程，她却意识不到。

伯恩海姆曾做过一个催眠试验，他让催眠者于醒后五分钟时在居室内打开一把伞，被催眠者虽不知什么原因但却会照做，我们的病人就与之相类似。这就是我们所说的在我们心中发生的潜意识的精神历程。在其他人没有给出更科学的解释之前，我们可能不会放弃这关于存在潜意识精神历程的推想。

第二例的病人基本上也是如此。她定下一个不许长枕和床架接触的规则，但是关于这个规则的起因和意义她却并不知道。不管她心理上愿不愿意接受这个规则，她在行为上都在强迫自己去实行。她曾试图探究原因，但总是没有结果。几乎没有人能知道强迫性神经病的这些症候、观念和冲动的来源，但是谁都无法阻止这股扰乱正常的精神生活的阻力，就连病人自身也觉得它们像是来自另一世界。在这些症候之中，存在一个与其他方面相隔离的特别区域的精神活动，也就是说，这些症候可以作为潜意识的证据。正是由于这个原因，只承认了意识心理学的临床精神病学，根本无法解释这些症候，只能将其称之为特种退化的象征。强迫观念和冲动的本身实际上与强迫动作的实行是一样的，都不是潜意识的，因为这些强迫观念和冲动只有侵入意识，才能使症候形成。不过，因分析而得出的那些前行的精神历程和因解释而发现的连锁关系可以被确定是潜意识的，至少在病人没有通过分析研究而明白其经过之前是这样的。

另外，大家还要考虑以下几点：第一，这两个例子的所有事实都可以用各种神经病的每个症候来加以证实；第二，不论身处何时何地病人都不知道症候的意义；第三，从这些分析中可以得出，这些症候起源于潜意识的精神历程，在没有其他干扰时，这些历程又可变为意识的。因此，我们可以知道，若是没有心灵的潜意识部分，精神分析便无法展开，更不要提我们习惯于将潜意识看作实有的东西而加以处理。倘若只知有潜意识一词，而从未分析，或是没有对神经病症候的意义和目的进行探究，对于这一问题就没有发言权。精神分析能发现神经病症候的意义，我们可以初步认为潜意识的精神历程的存在有着不可否认的证据。

还有一点，我觉得比第一个发现更为重要，它能更好地说明潜意识和神经病症候的关系，这是布洛伊尔的第二个发现，也是他一个人的功绩，这个发现就是，不只症候的意义总是潜意识的，症候和潜意识之间还存在一种可以相互代替的关系，而症候的存在只是这个潜意识活动的结果；以后大家会慢慢领会他的这个发现。

我和布洛伊尔有一个共同的想法：病人内心存在某种潜意识的

活动，它包含着症候的意义。也就是说，症候发生之前，必有一个潜意识的过程，症候会在潜意识的历程成为意识之时消失。由此可知，这是一个消灭症候的精神治疗办法。布洛伊尔发现使病者把含有症候意义的潜意识历程引入意识，那些症候就会随之消失。此法使他的病人恢复了健康，消除了一直令其头痛的症候。这个发现并不是布洛伊尔单纯推理的结果，而是他在病人的配合下，有幸进行的一个观察。这件事不是与你们已知的事相比较就能明白的，但这却是一种新事实，许多其他的事实都可以用它来作解释。

鉴于这个发现如此重要，现将其进行展开讨论：症候的形成实则是潜意识中其他事情的代替。在正常的状况下，某些精神历程一定要发展到病人在意识内明确知道时才会停止。如果不能这样发展，或者如果这些历程突然被阻而成为潜意识，那么症候也就随之产生了。所以说，症候就是一种代替物。如果我们可以用精神疗法来重新还原这个历程，那么消除症候的工作就能够完成了。

这一发现仍是精神分析疗法的基础。从后来研究的结果来看，当潜意识的历程成为意识的历程之时，症候就会消失，不过要实现这一点，并非一件容易的事情。

如果想消除症候，需将潜意识的某事转化为意识的某事。为了不让大家误以为这个治疗完成起来很容易，我还要再作一些说明。根据我们已经得出的结论，神经病通常是在病人不知道其应当知道的精神历程时形成的，这与苏格拉底的"罪恶成于无知"那句名言很吻合。有经验的分析家通过分析可以很容易地知道病人的潜意识情感所属，所以治疗起来很容易，只要告诉病人这个知识就可以了。

用此方法可以治疗症候的潜意识意义中的一方面，不过对于另一方面，即病人生活的已往经验与症候的关系，就很难由此推测出来了。分析家只能等病人记起来告诉他，因为他不知道病人的所有经验。不过就这一点来说，我们往往可以通过其他途径来达到目的。我们可以通过病人的亲戚朋友了解他已往的生活；从他们的口中我们可以了解是什么事情造成了病人的创伤，因为很多事情往往发生在病人的幼童时期，病人可能不知道或不记得，但他们的亲人可能知道。

如果将这两种方法结合起来，就可能在短时间内消除病人难以治愈的病源。要是这样就太好了，可事实上并不像我们想象得那么容易。这两种"知"是不一样的。在心理学上，"知"的种类不一样它们的价值也就不尽相同。正如莫里哀所说，人各不同，医生方面的知和病人方面的知是不一样的，无法达到相同的效果。医生只是单独地将自己所知道的告诉病人，这样效果是不明显的。确切地讲，这个方法不足以使症候消失，不过，它却可以带来另外一种效果，使分析得以进行；尽管其得出的第一个结果往往是一种坚决的否认。病人会因此得知之前所不知道的事情，也就是症候的意义，只不过，他所知道的也是有限的。由此我们可以看出，无知并不只有一种。

我们要了解这些无知的区别，就需要对心理学问题有深刻的了解，不过，"知道症候的意义就能让症候消失"这句话却仍可以说得上是真理。这个真理所必需的条件是：这项知识一定要以病人内心的改变为基础，而这种内心的改变一定要是以完成精神治疗为目的。我们在此可能会碰到许多问题，而不久之后，这就能被看成是症候构成的动力学了。

现在，我有必要停下来问一下，大家是不是觉得我所说的话太深奥且杂乱？我是否往往说了一段话又加以限制，引起一连串思想，又任它掉落，以致让你们听得莫名其妙？如果真是这样，我感到非常抱歉。我并不愿意牺牲真理来追求简单，而是想让你们充分了解这个学科的复杂和困难，只要你们相信我所说的话，即使现在暂时不能理解，也没有多大关系。我知道每一个听众和读者都会将所听见和所读到的事实按照自己的心意进行整理排列，化长为短，化繁为简，摘略出自己想要记得的。有一句话说得很好：开始时听得越多，最后所得也越丰富。所以，虽然我说的话很繁杂，但希望大家能明白我所说的关于潜意识、症候的意义，及两者之间的关系。还有两点是我们以后要循序渐进研究的问题：一个是临床问题，即人得病的原因及采取怎样的神经病态度面对生活；另一个是精神动力学的问题，即他们产生的从神经病出发的症候的过程。这两个问题是存在着共同点的。

在此我不再作进一步探究，但请大家用剩下的一点时间注意一下上面两个分析的另一特性：记忆缺失或健忘症，这也是以后随着研究大家便会逐渐明白的重要一点。我们可以将精神分析的治疗归纳成"凡属潜意识内的病原都须进入意识之内"这样一个公式，不过也可以用"病人所有的记忆缺失都必须加以补充"这个公式代替它，也就是说我们必须设法消灭他的健忘症。这样说可能会让你们感到惊讶，但其实这两句话的意思是一样的，即我们必须承认，症候的发展和健忘症之间有一种重要的关系。

拿我们分析的第一例病人来说，大家可能会发现这个健忘症的观点很难得以证实，因为病人并没有忘记唤起强迫动作的情境，非但如此，他还记得很清楚，而且就连形成症候的其他因素也未曾忘记过。在第二例中，那举行强迫仪式的少女也具有过去的记忆，只是不够清晰明了而已。她前几年的行为，如坚持将父母和自己的卧室之间的门半掩着，让母亲不能睡在父亲的床上等事，她不仅没有忘记，且都清晰地记得，只是因为内心中觉得不安，并没有将之与自己的病情联系起来。

需要我们特别注意的是，就第一例的少妇而言，她虽曾无数次地实践她的强迫动作，但却从来没有觉得它和结婚之夜以后的情景有什么相似之处；即使要求她直接探索其强迫动作的起源时，她也不曾记起此事。同样，第二例中的少女，即使她每天夜里上演那些仪式，可是却从来没有意识到这个情景的意义。两个例子中的病人都没有真正的健忘或记忆缺失，可是那些正常的，能够用来引起记忆的线索却都已被剪断了，这种记忆的障碍便导致了强迫性神经病。而癔病却有所不同，它的特征是范围较大的遗忘。我们可以从分析癔病的每一个单独症候中得到已往整个印象的线索，如果这些印象不被提起，便可能真的被遗忘了。一方面，由于婴儿期的遗忘，我们不明白精神生活的最早印象。所以癔症的遗忘和婴儿期的遗忘似乎有很大的关系，也就是说这个线索可以逆溯而至最早的幼年。另一方面，我们会发现病人也会淡忘最近的经验，即使不完全遗忘，也会遗忘一些致病或使疾病加重的诱因。他们会忘掉一些重要的细节，或者用自己的假想去代替。在对病情的分析结束之前，我们很难发现那些新近经验的回忆。

我说过这些记忆能力的损坏是癔病的特征，这些症状（即癔病的侵袭）会在没有留下任何回忆的痕迹时就产生。因为不同于强迫性神经病，所以这些遗忘的现象是癔病的心理性质的一部分，而不是一般神经病的通性。一个症候的意义是由两种因素混合而成的，即其来源和趋势或原因，也可以说，是导致症候发生的印象和经验，以及症候所欲达到的目的。

症候可源自于多种印象，这些印象均来自外界，之前都曾是意识的，但后来由于被遗忘成了潜意识的。至于症候的原因或趋势一般都是内心的历程，刚开始可能是意识的，也有可能永远不是意识的，始终保留在潜意识之内。因此，和癔病一样，症候的来源或症候所赖以维持的印象是否被遗忘都无关紧要，而症候的趋势则一开始就可能是潜意识的，所以足以使症候有赖于潜意识。这一点在癔病和强迫性神经病中是一样的。

我们如此重视精神生活的潜意识，难免会引起人们对精神分析的不满。大家不要对此表示诧异，认为人们之所以不满只是由于对潜意识还不太了解，或者很难找到潜意识存在的证据，在我看来，这种反抗有一种更深层次的动机。

人类的自尊心曾先后受到了来自科学界的两次重大打击。第一次是哥白尼发现了我们的地球不是宇宙的中心，而只是无穷大的宇宙体系的一个小斑点。虽然亚历山大的学说也曾表达过相近的观点，但这个发现最终还是要归功于哥白尼。第二次是达尔文在生物界掀起的"进化论"。这个生物学的研究否认了人异于万物的创生特权，证明了人类是动物界的物种之一，并同样具有一种不可磨灭的兽性。达尔文的这个"价值重估"曾引起同时代的人们最激烈的反抗。人们的自尊心受到第三次最难受的打击是来自现代心理学的研究。这种心理学研究向我们每个人的"自我"证明了要主宰自己是一件多么困难的事情，还有，要得到少许关于内心的潜意识历程的信息也是一件极不容易的事情。事实上，不是只有我们精神分析家才要求人类观察自己的内心的，在我们看来，我们只是用人们视之为秘密的可贵经验做了分内之事而已。也正是由于这个原因，世人完全不顾学者的态度和严谨的逻辑而一味地非难精神分析。另外，我们在另一方面也被迫扰乱了世界的安宁，这一层你们以后会明白的。

第十九讲
抗拒与压抑

如果我们想对神经病有更深入地了解，就需要更加丰富的材料。通常情况下，有两种观察材料是很容易得到的，它们都很特别，开头还很令人惊异。因为我们在去年曾经做过这方面的准备工作，所以现在理解起来一定也更容易了。

当我们治疗病人的症候时，病人经常对医生表现出强烈的抗拒态度，这种境况很是奇怪，甚至无法令人相信。可是，这样的情形是不能对病人的亲友们说的，因为即使说了，他们也会认为是我们在为遮掩治疗上的失败或持续时间过长而找借口。

病人通常并不承认这种情形是抗拒。如果我们能使他们认识到而且承认这种情形，那就是我们治疗上的一大进步了。想想看，病人因为症候已经让自己和亲友身心俱疲了，为了治疗又在时间、金钱和精神上做出巨大的牺牲，最后却因为抗拒而终止了所有的治疗。这样说可能你会认为有点不近情理，但事实就是这样。假如你们责备我们不合乎情理，那么我们只需要举一个普通的例子就能证明我们所说的：有一个人因为牙疼而去看牙医，可是当牙医拿起钳子说要治疗他的腐牙时，他马上就会找出各种理由推脱了。具体来说，精神病患者所采用的抗拒方式繁多而精巧，很多时候都难以识别，精神分析师往往需要长时间的观察提防。

我们在精神分析治疗中所使用的方法，大家应该已经在释梦的环节有所了解了。我们会想办法让病人处于一种安静的，方便他进行自我观察的情境当中，然后告诉他不要去想任何事情，将内心所感觉到的一切，诸如感情、思想、记忆等，根据浮现在心中的先后次序一一描绘出来。我们会清楚明白地警告他，不要对任何观念或联想有所选择或做出任何取舍，即使是他认为太"讨厌"或太"无聊"的事情，或者认为太"不重要"，或太"无关系""无意义"而没有必要说的事情也不能舍弃。我们的目的是让他只注意浮现在意识层面上的思想，让他放弃任何方式的抵抗。我们会告诉病人，治疗是否会成功，治疗时间是长还是短，都取决于他是否遵守这个基本的规则。从这个方法中我们可以看出，凡是那些让病人怀疑或否认的联想，常包含着导致发现潜意识的材料。

这样的一个规则建立起来以后，随之发生的第一件事就是，病人开始以它为抗拒的首要目标。病人会采用很多方式用来进行抗拒：他首先会说自己内心一片空白，而后又说想到的太多了，以至于没办法进行选择。随后，病人可能还会批驳医生的观点，质问你的那一套是否行得通。接下来，他就说无法讲述自己觉得羞惭之事，而恰是这种想法让他不再遵守信约了。或者，他记起一件事，但是因为这件事关乎他人而不是他自己，于是他就不按照此规则行事了；又或者，他刚刚想起的事情真的太不重要，太无价值，或太荒谬绝伦，便自认为医生不会对他这种想法感兴趣。他就这样磨蹭着时间，突然想到这种办法，忽然又用那种办法，虽然他一直说他要说出所有的想法，最后可想而知，他根本只字未提。

每个病人都不例外，他们都在想办法将自己羞于出口的想法隐藏起来，以抵抗分析者的治疗。

　　有这样一个病人，平时他很聪明，然后利用这种方式把在他看来很甜蜜的恋爱隐藏了好几个星期。我对他说不应破坏精神分析的规则，他却说，这是他个人的私事。精神分析的治疗法当然不能允许病人有这样的庇护权，否则，就相当于我们一方面想方设法追捕罪犯，一方面却又允许在维也纳城内开设一个特别保护区，并阻止在市场或圣斯蒂芬教堂附近的广场上抓人。如此一来，这个罪犯当然就会隐身于这些安全的地方了。我曾经也决定给某人这样例外的权利，因为他必须重新获得做事的能力，而他又是一个文官，受誓约的束缚不能将某种事件告诉别人。最后他对治疗结果非常满意，但我却很不满意；此后，我就决定不再在这样的条件之下进行治疗了。

　　强迫症的病人常常会因为多心或疑虑而使我们治疗的规则沦为无用，而焦虑性癔病的病人有时会让这个规则变得更加荒谬可笑，因为他们常常会做一些风马牛不相及的联想，使分析无从下手。我不喜欢把治疗上的困难告诉你们，只要你们明白，由于我们的决心和韧劲，最后终于能让病人遵守一点治疗规则了，可是他们又把抗拒转向了另一个方面，这个时候他们常表现出理智的批判，他们把逻辑作为工具，将在普通人眼中所看到的精神分析学说的困难和不精准的地方都表现了出来。如此一来，我们就要从每一位病人口中听取科学界对我们施加的所有批判和抗议。不过外界批评家对于我们的责备，仍然毫无新意，所以这些对我们而言没什么大不了的。

　　事实上，病人们仍然是可以晓以道理的。他很乐意我们去指导他，驳倒他，并且推荐参考书给他们，他从中可以明白很多东西。总之，如果不去分析他，他就可以立即成为精神分析的拥护者。然而，即使在求知这个过程中，他的抗拒也是会表现出来的，而他这样做就是为了逃离面前的特殊工作，我们当然不会同意。

　　就强迫性神经病来说，他们的抗拒还会使用一种特殊的方式，那种方式是我们早就想到的：分析进行得很顺利，没有受到牵制，于是病案中的问题渐渐明了，可是后来我们觉得很奇怪，为什么如此多的解释却没有取得明显的成效，没有使症候获得很大改善。最后我们才发现原来强迫性神经病的抗拒又恢复到以怀疑为特征上了，让我们没有任何办法。病人好像是在对自己说下面这样的话："这些分析都特别有意思，我很乐意继续接受。假如它是真的，当然对我很有益处，但是我无法相信。因为不信，对我的病就不会有作用。"这样一直下去，到最后病人失去了耐性，最终又表现出了坚决的反抗。

理智的抗拒不是最坏的，我们很容易战胜它。糟糕的是，病人知道怎么在分析本身范围内加以抗拒，而要征服这些抗拒在分析法上是非常艰苦的工作。病人不去回忆曾经生活中的一些感情和心境，而是将这些感情和心境表现出来，使其重新复活起来，通过"移情作用"（transference）来反抗医生和治疗。举个例子来说，假如患者是一名男性，他会把医生视为他的"父亲"，从而以儿子的身份来向"父亲"索取个人独立和思想独立的权利。他之所以反抗，也可能因为想努力获得与父亲平等的权力或胜过父亲，再或者因为不愿意再次担负报答父母之恩的责任。很多时候我们感觉病人喜欢找医生的过失，让医生感觉自惭形秽，试图打败医生并且完全颠覆医生想治疗疾病的心愿。要是换做女性，为了达到抗拒的目的，有的女性会巧妙地移爱于医生。但是当这个爱达到了一定强度，病人对于实际治疗的所有兴趣及治疗时的所有约缚就全部消失了。那么，病人随即而来的妒忌和受到各种委婉的拒绝后而产生的忌恨，无疑会破坏她和医生的良好关系，如此一来治疗的效果也就无从谈起了。

我们不应该严厉责备这种抗拒。因为这些抗拒涵盖了病人以往生活中很多重要的素材，并且这种材料的表现方式会使人信服，所以，如果分析家的技术巧妙，就很容易把这种抗拒转化为助力。我们要注意的就是，这种材料常常会先表现为一种抗拒，一种伪装，并且对治疗有所妨碍。我们也可以说病人用来以反抗治疗的，是他自我的性格特性和他自己的态度。正是因为所有这些性格特性会随着神经病的状况和要求而表现出来，我们才观察到了一些平时不容易理解的材料。不过，大家不要认为我们把这些抗拒的呈现看作威胁分析治疗的偶然危险。事实上，我们明白以上的抗拒是一定会呈现出来的。只有当这些抗拒不能确切地被唤起，并且充分让病人了解他抗拒的时候，我们才会觉得不满意。因此，我们知道了克服这些反抗，乃是分析的重要工作，是让治疗稍微看到效果的证明。

另外，大家还应该注意一点，即病人经常利用分析时所有偶然发生的事情来阻挠分析的开展，比如利用分散注意力的事物，或者他所仰慕的人对于精神分析的指责，或者是很容易加重神经病强度的所有机体紊乱等。每次病人的病状改善都可能会引起反抗治疗的动机。由此，大家大约可以知道了，分析时一定会遇到和克服的抗拒到底有怎样的力量和方式了。关于这一点，我之所以不厌其烦地讲，是因为我想让你们了解，我们关于神经病的动力学概念依据是我们所有病人对自己症候的抵抗治疗的经验。

布洛伊尔和我曾经用催眠术作为实行心理治疗的工具。布洛伊尔的第一位病人就是在接受催眠暗示的情境中接受治疗的。最初，我采用的也是这个方法，我不得不说那时候的工作很顺利，时间也很充足，可是它的效果不是很好。所以，我后来不再用催眠术了。我知道只要催眠术还在使用，这些病症的动力学就不可能被了解。因为在催眠时，病人的抗拒是医生没办法看到的。催眠消耗了抗拒的力量，当然也能进行一些分析和研究，但是反抗力会因为凝聚在一起而没办法被攻破，如此一来就与强迫性神经病的怀疑产生了一样的效果。所以，我不得不说，只有丢掉了催眠术，精神分析才算得上真正开始。

如果抗拒的测定非常重要，那么与其轻率地假设它的存在，还不如行动。或许一些神经病确实因其他原因而联想停滞，或许对于我们学说的那些责备确实值得引起我们的注意，或许我们不应该草率地将病人理智的抗议看成抗拒的表现形式而不去理会，可是，即使如此，我也要告诉大家，我们对于抗拒所做的判断并不是草率行为，我们有机会观察这些批判的病人在他们的抗拒出现以前，和其抗拒消失以后的行为。

当病人接受治疗的时候，他们抗拒的强度随时在变。每当我们接近一个新问题的时候，他的反抗力经常会随之增加；每当我们要加以研究的时候，其反抗力便会升到最高度；当研究结束的时候，他的反抗力也会随之消失。假如我们的治疗方法没有错误，一般不会马上引发病人的强烈反抗。因此在分析的时候，我们可以明确地看出，同样一个人在分析的过程中会出现不同的反抗表现，可能一会儿批判反驳，一会儿沉默。在分析过程中，每当病人对于某件事情感到特别痛苦的时候，也就是反抗力最为剧烈的时候，就表示他们的某些潜意识材料进入了意识领域。他们的行为与情绪性迟钝（emotional stupidity）者的行为相类似。此时，如果病人在医生的帮助下克服了这个强烈的反抗，那么他就获得了重新认识问题的能力。不过，在之后的一段时期，他仍不能独立行使批判力，他们仍是情绪的傀儡，受抗拒的支配。这时，只要是他不喜欢的事情，他便会想方设法批驳，然而只要是他喜欢的事情，他便立刻相信。也许我们都是如此。一个受过心理分析的人，其理智由于太受感情生活的支配，必须经过很长一段时间的巩固，才不至于在此方面感受到压力。

对于病人极力反抗症候的破解和心理历程恢复平常的状态这样一个事实，我们到底应该怎样解说呢？我们说在这里所遇见的是一种强有力的余波，它反对治疗的进行，而当时引发病症的也一定就是这同样的力量。在症候形成时，一定也有过某种历程，这种历程的性质如何可由我们的经验推知。通过布洛伊尔的观测，我们已了解，症候的发生必须先有某种精神历程在正常状态时没有进行到底，导致意识无法引发，症候就是这种未完成的历程的替代品。我们现在知道了那些我们猜想在工作着的力到底在哪里。病人一定曾经努力让相联系的精神历程无法入侵意识，最后就成为潜意识的，而因为是潜意识的，所以有构成症候的能力。往往在分析治疗的时候，这同样的努力又会活动起来用来反抗化潜意识为意识的想法。这便是我们所知道的抗拒方法，由抗拒而发生的致病历程我们则称之为压抑（represion）。

现在我们来更明确细致地讲述这个压抑历程的定义。这个历程是症候发展的最重要的先决条件，然而它有别于其他经历，它没有平行的迹象。我们可以举例说明，某个人在心里有一种强烈的念头想要去实现，但当他想到实践的后果时便又拒绝了这个想法。于是，这个强烈的愿望就只能存留于记忆中。这整个决断的经过都是动作者自我（Ego）充分认识的。假如同样的冲动受到克制，结局会有很大差别：冲动的力量仍就存在，然而在记忆里几乎没有什么痕迹。自我虽然一无所知，但是压抑的历程依旧能被完成。所以，这个比较仍不足以让我们对关于压抑的性质有更深的了解。

压抑这个词汇可以因为一些理论上的概念而被赋予比较清晰的意义，我这就给大家讲解一下这些概念。为了达到这个目的，首先要从"潜意识"一词的纯粹叙述的意义进而叙述它的系统价值。也就是说，我们认为一种心理历程的意识或潜意识只是该历程的属性中的一种，但未必是决定性的。

如果这种历程是潜意识的，那么它不能侵入意识也许只是它所遭遇的命运的一个标志，而未必是它最后的命运。为了获得这个命运更详细的观念，我们也许能这样说每一个心理历程（有一种情况例外，这个我们容后再说）：可先存在于潜意识的状态之内，而后发展而转变成意识的状态，就如同照相一样，先是一张底片，而后印成正片，最后变成图像。然而并不是所有的底片一定都能印为正片，同样，每一个潜意识的精神历程也不一定都化为意识的。我们可以这样解释这种关系：每一个单独的历程都先属于潜意识的心灵系统，随后在某种情况之下，由这个系统转化为意识的系统。

如果用空间的概念来解释这些系统的话，可以把这些系统比喻成前后两间相互毗邻的房子。潜意识的系统就是其中的大前房，在这个前房里，各种精神兴奋就像许多个体，相互拥挤在一块。和大前房毗邻的外间小房子，有点像接待室，意识系统就停留在里面。然而这两个房间之间的门口，有一个守卫在那里看守，专门对进出的个体进行盘查，任何个体要想从大前方进入到外间的小房子，都必须经过守卫的同意。如此一来，那些守卫看不顺眼的个体要想进入小房子就非常困难了。即使有些个体通过某些途径，趁守卫疏忽而进入了外间小房子，那么最终也会被护卫赶出去。这充分说明了潜意识的控制作用。

我们可以将这一比喻扩充到具体的叙述中。在里间的大的房子内，潜意识里的兴奋是不会被另一间房子里的意识所感知的，从一开始它们就是逗留在潜意识里面的。如果它们想要进入外间，但却遭到了守卫的阻拦，从而无法成为意识，我们就称它们为那些兴奋的个体被压抑了。然而就算被准许入门的那些兴奋也未必能成为意识，那些个体只有在能够引起意识的注意时，才可成为意识。所以，我们通常将外面的这间房子称为前意识的系统。假使我们称任何一种冲动是被压抑的，意思就是说这种冲动因为守门人不允许它入侵前意识，结果导致它无法冲破潜意识。至于那个守门人则是指我们在分析治疗中去释放被压抑的意念时所遇到的抗拒力量。

你们或许认为这些概念既粗略又古怪，不是科学的讲述所能允许的。我知道它们失之简略，甚至知道它们是错误的，然而除非我错了，否则我们有很多比较高明的定义来取代它们。至于到时候你们是否仍就认为它们是古怪的，我便不得而知了。

不管怎么样，它们暂且可以充当一种对解释的有用的帮助，而只要它们对说明有帮助，我们就应该重视。但是我仍然认为在这些过于简略的假说中，这两个房间和二者之间的门口的守门人，这站在第二个房间最后作为观察者的意识，都与实际的情形差不多。并且我很乐意你们承认，我们所用到的潜意识、前意识、意识等名词，与其他学者所讲到的或应用的下意识（sub-conscious）、交互意识（inter-conscious）和并存意识（co-conscious）等名词相比，争议较少，并且相对容易自圆其说。

如果是这样，那么我认为更为重要的推想是，我们用来解释神经病症候的心理系统的假说能产生普遍的效果，从而使常态的机能有更明显的效果。对于这个结论，我们现在不作细说，但是假如我们因为病态心理的研究而对向来很难理解的常态心理机能有了更深的了解，那样我们就会对症候形成的心理学上更加感兴趣。换句话说，你们真的还没有看出这两个系统及其与意识的关系那些概念的依据吗？潜意识及意识之中的守门者就是让显梦形式受它摆布的调查人。那些唤起梦的刺激的白天存留下来的经验，是前意识的材料。这个材料在夜里熟睡时，受到潜意识和被压抑着的欲望和激动的干扰，从而利用本身的能力，加上联想的关系，形成了梦的隐意。这个材料在潜意识系统的组织下，受到意匠的管理，例如压缩作用和移置作用，其经过的情况连常态的精神生活即前意识的系统都无法得知，也没办法承认。这两个系统的区别也是机能的不同，潜意识和意识的关联是一个永久的特征。因此从它对意识的关系即可决定每一种历程属于这两个系统中的哪一个。梦是正常的现象，因为即使健康的人睡觉也会做梦，梦和神经病症候的一些推论是可以应用于常态的精神生活的。

由此可见，压抑只是症候形成的一个必要的先决条件，而症候则是某些心理历程被压抑的产物。不过，即使我们了解了压抑的作用，我们仍然需要经过长时间的研究才能了解症候的形成经过。压抑作用还有其他方面的问题，比如：哪一种精神的激动才被压抑？压抑背后到底有怎样的力量？有什么企图？关于这些问题，我们只在某一点上知道一些。在我们研究抗拒作用的时候，知道了抗拒的力量源于自我，源于明显的或潜伏的性格特性，可以说，正是这些力量造成了压抑作用，或者说至少起了一部分压抑作用。目前我们了解的也只有这些。

我们即将讲述的第二种调查对我们也很有帮助。通过分析，我们经常可以找到神经病症候背后的结果，这对你们来说已经不算新鲜事了，我在讲前面的两种神经病时就指出了这个事实。但是两个神经病例子到底能说明什么呢？你们当然有权要求有两百个或者更多的例子来对此说明，然而我对此并不认同。你们应该依赖自身的经验或信仰，至于这种信仰，可以用各精神分析家所公认的证据为基础。

你们要知道，对前两个例子来说，由于症候分析的结果，让我们深入到了病人私密的性生活中。第一例症候的目的或者说趋势非常明显；第二个例子也许受到了另一个因素的影响变得有些模糊，这个另一因素留待以后再说。从这两个例子我们能够推知其他受分析的例子也都莫不如此。不管什么时候，我们都会因分析而得出病人性的经验及欲望，不管什么时候，我们必须肯定症候是为了达到相同的结果，这个结果就是性欲的满足。病人想用症候来达到满足性欲的结果，因此症候事实上是无法获得满足的代替品。

试着再想想第一例病人的强迫动作。因为丈夫的生理缺陷，这个女人不得不与她所爱的丈夫分居，可是由于两个人感情深厚，她又不愿意对丈夫失忠。如此一来，她只能通过强迫性症候来满足了自己的私欲了，而且这么做还可以抬高丈夫，为丈夫辩护，特别是他的阳萎。她所表现出来的症候与梦相似，基本上是一种欲望的满足，尤其是性爱欲望的满足。在第二个例子当中，我们分析得知，这个女孩的预备仪式主要是为了阻止父母的性交或再生一个孩子。大家可能认为她是想借此仪式让自己取代母亲。事实上，这个症候的目的还在于想排除性欲满足的障碍，以满足病人的性欲。关于第二例的复杂之处，我们稍后再做详述。

我请大家注意，至今为止，通过我们对压抑作用、症候形成和症候的解释，其相关的理论就涉及到了三种神经病，即焦虑性癔病（anxiety hysteria），转变性癔病（conversion hysteri）和强迫性神经病。我们常把这三种病合称为移情神经病（transfernce neurosis），它们都能接受精神分析的治疗。

除此之外，其他神经病还没有经过精神分析的严密研究，就其中某一类病而言，之所以无人研究，主要是因为没有受治疗影响的可能。你们要知道精神分析还是一门很年轻的科学，它的研究还需要一些时间和经验，并且在不久之前，采用这种方法的还只有一个人而已。不过，我们目前正从各方面对非移情神经病的症状进行较深切的了解。我想不久的将来就可以告诉大家，我们的假说和结论如何因适应这种新材料而渐渐发展，还能表明这些进一步的研究不仅没有让我们的知识产生矛盾，而且还增加了我们知识的统一性。所以，前面说过的一切只适用于这三种移情神经病，我现在还想补充一句，将可使症候的意义明了的程度进一步增加。关于致病的情境如果加以比较的研究，便可将这个结果可以简化为一个公式，那就是，这些得病的原因是他们的性欲在现实中得不到满足而使他们感到某种缺失。你们将看到这两个结论是怎样完美地互相补充的。正因为如此，症候才可被解释为生活中无法得到满足的欲望的代替品。

我说的神经病的症候是性的满足的代替品，这句话的确可能引发很多抗议。今天我也只打算讨论其中的两种。如果你们有人原来分析过大量的神经病人，也许会摇头说："这句话对一些症候就不管用；因为这些症候可能含有一种相反的企图，即想排拒或者制止性的满足。"对于你们这个意见，我不想分辨什么。就精神分析来说，很多事情要比想象得困难，要不然也没必要用精神分析来说明了。

前面所举的第二例，病人的仪式中确实有许多动作可认为有这种禁欲的意思，如把时钟拿走来防止夜里阴核的勃起，再比如提防着器皿打碎则意味着是想保护她的童贞。就从她上床的很多仪式来说，这种禁欲的意思更加明显，她的整个仪式似乎只是反抗性的回忆和诱惑的防御工作。但是我们从精神分析那里已经知道，相反的事情不一定就是矛盾的。我们或者可以补充这个说法，认为症候的最终结果不是性的满足就是性的抵制。癔病以积极的欲望满足为要点，强迫性神经病则以消极的禁欲意味为要点。症候有达到性欲满足的目的，也能达到禁欲的目的，因为这个两极性（polarity）是以症候机制的一些因素为基础的，只不过我们还没有机会提到这个机制而已。事实上，症候就是两种相反的、互相冲突的倾向之间相互调和的结果。它们其中一方面代表被压抑的倾向，一方面代表那抑制其他倾向而导致症候的主动倾向。即使因素中有一个在症候中较占上风，另一个也不会完全失去地位。就癔病来说，这两种倾向常常出现于同一症候之内。就强迫性神经病来说，这两部分常常有很大区别，那时的症候是具有双重性的，包含两种相互抵消的动作。

关于第二种抗议便较难处置了。如果将症候的解释统统加以探讨，你们最先会认为性的代替满足的概念必须极力扩充才能将解释囊括在内。而且也会指出这些症候不会提供实际的满足，它们只会再生一个感觉或者实现一个由某种性的情结而引发的联想。再或者，你们还会认为这个明显的性的满足常常是幼稚的、无意义的，或许类似一种自淫的动作，或者让人回忆起儿童期便已经得到控制的坏习惯。并且你们会奇怪，认为为什么竟然会有人将具有虐待性质的、令人惊骇的或不自然的欲望的满足看成是性的满足。事实上，对于这类事情我们不会形成统一的意见，除非我们先对人类的性生活作了透彻的研究而规定"性的"一词的范围。

第二十讲
"性的"含义

"性的"一词究竟有何种含义，相信大家一定有自己的看法。首先，你们肯定认为它是不正当的，不应该从嘴里说出来或显见于纸上的。曾经有一个著名的精神病学者，他的几个学生想要让他相信癔病的症候常带有性的意味。为了证明这一点，他们让他到一个患癔病的女人床边。那个女人的症候明显是在模仿生孩子的动作。

老师看了回答说："生孩子不一定就是性的啊。"没错，生孩子不一定就是不正当的事啊。

我知道大家不赞成我在讲这种重大的问题也说笑话，然而，这个故事并不全是笑话。说实话，要给"性的"这样一个词下个定义，是很难的。或许，只有和两性相关的事情我们才能用"性的"一词来形容，可是，我们必须知道，这样的话就未免太空泛而不确定了。

如果作为中心点的是性的动作本身，大家可能会认为"性的"就是指由异性的身体（尤其是性的器官）获得快感的满足。更狭义地讲，就是指生殖器的接合和性的动作的完成，即性交。可是真要是这样，大家几乎都会认为"性的"和"不正当的"是一样的意思了，而生孩子一事似乎与性没有什么关系。如果大家把生殖的机能看成性生活的要义，那么估计你们也会将手淫、接吻等事排斥在"性的"定义之外，不过，手淫、接吻虽然不是以生殖为终点，但却无疑是属于性的范畴的。既然大家都看到要为"性的"下定义是如此困难，我们在这里就不再去尝试了。

虽然"性的"一词未必能有完善的定义，但是笼统地讲，大家还是明白"性的"一词的意义的。一般来说，"性的"含义通常指两性的差别、快感的刺激和满足、生殖的机能，以及不正当而必须隐匿的观念等。这也只是一般意义上的、实际生活上的见解，具体到科学上就不单单指这一点了。通过艰苦的研究（只有具有克己自制的精神才有可能完成这种研究），我们已经知道，一些人的性生活有异于常人，我们将他们称之为"性倒错者"（the perverts）。

在性倒错者当中有一类人，似乎并不存在两性差别的概念，他们只对于同性感兴趣，而对于异性（尤其是异性的生殖器）则毫无兴趣，甚至会感到厌恶和恐惧。可以说，这类人完全没有生殖的机能，我们把这类人称为同性恋者。他们往往在其他方面的心理发展，不管是理智的还是伦理的，都达到了无可指摘的高尚标准，只有这方面有此缺陷，因此科学家称他们是人类的一个特种，即所谓"第三性"（third sex），但他们与其他两性享有均等的权利。对于这个意见存有异议的，以后有机会可以加以批判。"第三性"常常自诩为是人类中的"优异者"，事实上当然不是这样，他们当中也存在与其他两性一样多的低劣的和无用的个体。

这些性倒错者本来也可以因有情欲的对象而像常人一样达到自己的目的，不过，这类人人当中存在一些变态的人，他们的性活动和兴趣与普通人差别很大。这些人的种类不仅很多，也有很多难以理解的情况，因此可以与布劳伊格赫尔所画的用来表示"圣安东尼诱惑"的种种怪物，或者用福楼拜所描写的在他的悔罪者面前走过的一大队衰老的神像和崇拜者相比。

我们可以将这些人分为几类：第一类，他们性的对象已经改变，和同性恋者一样；第二类，他们性的目标已经改变。第一类的性倒错者，他们都不需要生殖器的接合，而是用对方的其他器官或其他部位代替生殖器（比如以嘴或肛门来代替阴道），他们不管是否存在障碍，也不管是否可耻。另一些人虽然还以生殖器为对象，但并非因为它们的性机能，而是因为其他相近的机能。对他们来说，别人认为不雅的排泄机能也足以满足他们的性欲。有些人根本不以生殖器为对象，而是以身体的其他部分，如妇人的胸部、脚跟或者毛发等作为为情欲的对象。还有一些人甚至不需要身体的任何一部分，而只需一件内衣、一只鞋或一条内裤就可以满足他们的情欲，他们就好像拜物教的信徒。还有一些人表现得更加恐怖，他们不喜欢活人的身体，而是喜欢不能抵抗的死尸。当然，这是因为受了犯罪的强迫观念的驱使，是被文明社会所不容的。这些骇人听闻的事我们就不再多说了！

第二类的性倒错者，他们性欲的目标只是正常人所做的一种性的准备动作。有一些人偷看别人的私处或窥探别人的性活动，来寻求性的满足；有一些人则裸露自己身体的私密部分，也期望对方也这样做。还有一些虐待狂，他们专门想通过给对方造成苦痛和惩罚来满足自己的性欲望，轻一点的，只是想让对手屈服；重一点的，直至对手身体受重伤才肯罢休。与虐待狂者相反的是被虐待狂者，他们只想被对方虐待或受惩罚，不管是实在的或象征的。还有一些人兼有这两种病态的现象。最终，我们还知道属于这两大类的性反常者中每一类还可分两种：第一种是在实际上寻找特殊的方式得到性欲的满足，第二种只是在幻想中得到满足，不需要有现实的对象，幻想就可以满足他的愿望。

这些疯狂的、怪诞的、骇人听闻的行为无可置疑地构成了他们的性生活。不只他们自己是这样想，承认它们的代替性质，就连我们也必须承认这些行为在他们生活上的重要；就像常态的性的满足在我们生活中的重要位置一样，甚至有着相同或者更大的付出。我们也可以粗略或详细的阐述出这些变态癫狂的现象和常态的现象到底哪里不同。大家还要知道性的活动里所有的不好现象在这些方式里依旧存在，有时它已经达到了使人厌恶的程度。

我们到底应该持怎样的态度来对待这种性的满足方式？假设我们表示愤怒、厌恶，而且自信没这些欲望，那根本没用，这不能解决问题。这种现象和其他现象有着共同之处。你如果以这些现象是怪诞的、癫狂的为借口，想不予理睬，避开逃离这样的话题，那是容易被驳倒的，因为这些现象是普遍的、随处可见的。但如果你们认为这些现象只是性本能的变态，我们关于人类的性生活的理论没必要因此被修改，那就必须进行一场严肃的答辩了。我们如若不能了解这些病态的性的方式而让它们和常态的性生活联系起来，那常态的性生活也一定不会被了解。总之，我们在理论上不得不完满地阐释所有倒错的存在以及它和常态的性生活的关联。

为了达到这个目的，我们可以借助一个观点和两种新证据。这个观点应归功于伊凡·布洛赫，他认为，"所有的倒错都是退化的表现"，他的说法是没有根据的。因为不管任何时代，从远古到现代，不管什么民族，从最原始的到最文明的，都有这种性的目标和对象的变态，并且一般人偶尔也会接受这种变态现象的存在。至于那两种证据则来自于精神分析对神经病人的探究；它们在性的倒错理论上有很大的影响，这是确定的。

我们前面说过神经病的症候是性的满足的代替，也说过若从症候的分析来阐释这句话，是很困难的。实际上，我们应把那些称为"倒错的"性的需求看成是一种性的满足；因为症候的解释以此为根据是很常见的。同性恋者自认为是人类中最优秀的，然而如果他们知道任何一个神经病人都会有同性恋的倾向，并且多数的症候都表现出这种潜伏的同性恋倾向，那么他们自认为的优越感就立刻消失殆尽了。而那些直接大胆地说自己是同性恋者的人，他们同性恋的倾向和行为是很明显的。可是这些人的数量与处于潜伏期的具有同性恋倾向的人相比，简直是少之又少。实际上，我们必须把选择同性为对象这类事情看作是爱的能力的一个常态，并且一天比一天了解这件事的重要性。同性恋和常态的不同会依然存在，而这些不同在实际中的重要价值往往要大于他们在理论上的价值。

我们有必要下一个定论，认为妄想狂（paranoia，是精神错乱的一种，目前已经不再属于"移情神经病"）常常会因为企图控制其强大的同性恋倾向而引起。你们也许还记得前面讲述的第一个女病人，他在强迫的行为中，模仿一个男人即她已经分居的丈夫的行为。神经病的女人经常会出现这种以女装男的症候，虽然这样的行为事实上不能认为是同性恋，但却与同性恋的起源有很大的关联。

或许正如你们所了解的，癔病这种神经病能在身体的每个系统，例如循环系统、呼吸系统等中发生症候，因此可以扰乱身体上的一切机能。通过分析的结果可以知道，那些用其他器官代替生殖器的，被称为倒错的冲动都会在这些症候里显现出来。

因此，生殖器可以被其他器官所代替。我们正因为对癔病症候的研究才知道身体器官除了它们原有的机能之外，还兼有性的意味，而且如果性对它们的要求太强大，则会使原有机能受到牵制。所以我们遇到的在与性无关的器官中，作为癔病症候的感觉和冲动基本上都是变态性欲的满足。现在，我们就会更加明白营养器官和排泄器官为什么会产生性的刺激了。性的倒错也可以有类似的特征，只是性的倒错的症候比较容易分辨，而癔病的症候解释起来则要大费周折了。此外，大家也要认识到，倒错的性的冲动是病人人格潜意识的一部分，并不属于意识的部分。

强迫性神经病的症候虽然很多，但是因为精力过多而导致施虐狂的性倾向的目标变态是最主要的。这些症候根据强迫性神经病的组织，被用来抗拒那些变态的欲望，有的则表示其满足和拒绝之间的矛盾冲突。但是满足是没有捷径的，它了解怎样在病人的行为中徘徊以达到它的目的，并且让病人自己惩罚自己，过分烦恼和沉思等是这种神经病的其他方式。再比如说过分地将常态中仅仅属于准备动作的看成是性的满足，如偷窥、抚摩及探索的欲望。由此，我们就找到了这种病之所以会以接触的恐惧和强迫洗手占很重要的地位的原因。大多数的强迫性动作都是变了样子的手淫，手淫往往被看成是各种性幻想唯一的基本动作。

我可以更加详细地阐释倒错和神经病之间的联系，然而我觉得我所说的已经达到了我们想要达到的目的了。但是我们也不能因为倒错的倾向在症候的说明上有一定的优势，便过多地猜想人类的这些倾向具有普遍性及强烈性。大家已经知道，缺乏常态的性的满足能引发神经病，实际上，正是由于这种缺乏，性的需要才促使性的激动去寻求变态的发泄。至于具体过程，你们以后会慢慢了解。

不管怎样，你们都会明白这种"侧面的"阻遏必然会增加倒错冲动的势力，因此如果实际中的常态的性的满足没有受到妨碍，那么倒错冲动的势力一定会因此减弱。除此之外，在明显的倒错状态中还会看到另一种相似的成因。就一些例子来说，性本能或者因为暂时的被阻碍，或者由于永久的社会制度的阻碍，而几乎得不到常态的满足，所以常会引起倒错的状态。而从其他例子上来看，倒错的倾向和这些条件几乎没有任何关系，它们似乎就是某人性生活的本来状态。

可能就目前来说，你们认为这样的解释不仅不能说明常态性生活和倒错性生活的关系，反而增加了混乱。然而你们要明白这样的一个论点：假如性的满足的实际障碍或者缺乏，能使那些曾经没有表现出倒错倾向的人们现在表现出这种倾向，那么我们可以断定这些人很容易发生倒错的症候；或者换言之，倒错的倾向已经在他们体内存留。因此我们就得到了上面所说过的第二种新证据。

从精神分析的研究上来看，我们已知道，由于分析症候所引起的回忆和联想经常会追溯到儿童期，因此研究儿童的性生活也是很有必要的。近来对儿童的直接观察已经证实了我们所发现的一切。我们知道了一切倒错的倾向都来源于儿童期，儿童不仅有倒错的倾向，并且有倒错的动作，这和他还没有成年的程度正相符合。概括地说，倒错的性生活也就是婴儿的性生活，唯一的区别是范围大小和成分繁简略有不同而已。

现在大家可以用全新的视角来看倒错现象，不会再轻视它和人类性生活的关系了。但是，这些耸人听闻的新发现也许会引发你们不快的情绪！首先，你们肯定否定儿童存在这种所谓的性生活，否认我们研究的科学性，否认儿童的行为和后来倒错的行为有任何关系的那个论证。我们先来说说你们反对的动机，然后再粗略地叙述我们通过观察得来的事实。

你们会说儿童没有性生活，性的激动、性的需要、性的满足等，只有年龄从12～14岁，也就是青春期才会突然获得。这样说，与我们观察得来的完全不符，在生物学上也是没有价值的，这和假设他们生来就没有生殖器，只有到青春期内才开始勃发一样可笑。事实上，青春期所引发的是生殖机能，这个机能起到作用以后，就回利用身体和精神中已有的材料达到它本来的目的。

你们错在没有分清性生活和生殖，因此，你们也无法了解性生活、倒错的症候及神经病。这个错误还包含着一层意义，即大家之所以会犯这个错误，是因为我们都曾作为孩子，在儿童时期也都受过教育，而教育最重要的社会要求之一便是使作为生殖机能的性本能接受个体自身的束缚和控制（即社会的要求）。因此，社会为了达到自己的幸福，就让儿童的正常身体发展暂时往后推迟，直到他在理智上达到一定的成熟度为止，因为可教育性本质上是随性本能的完全发动而停止的。反过来说，如果性本能失去约束，一定会一发不可收拾，那么苦心建设而成的文化组织将会在顷刻间崩塌。然而要想完全掌控性本能也很困难；要么常微不足道，要么过犹不及。社会的基本动机是属于经济的，如果社会中的每个分子没工作可做，社会就会没办法继续他们的生活，因此社会总希望工作的人越多越好，并且希望人们把精力都放在工作而不是性生活上——这种从原始时代就存留下来的永久的生存竞争直到今天依然存在。

教育家的经验告诉我们，儿童性意志的陶冶必须及早开始，我们应在他的青春期之前就开始控制儿童的性生活，而不是等到他的本能势力爆发以后。现在教育的目的就是让儿童的生活变为"无性"，只要是婴儿的性活动便加以禁止，并且让儿童对性生活感觉不快，长此以往，儿童是没有性生活的结论都被科学认定了。

为了使已有的信仰和目的不与事实相违背，人们忽视了儿童的性生活，并将此当成了一个很大的成就，而科学也进行了自圆其说以求自足。小孩子就这样被说成是天真无邪的，纯洁美好的，任谁都不能否定这个结论，否则他就是侮辱圣法的诽谤者。

但是孩子们才不会墨守成规，他们正常且不管不顾地暴露自己的兽性，由此可以看出，所谓"纯洁的天性"是后来学习来的。令人奇怪的是，那些不认为儿童有性生活的人们，却从未放松过在教育上的禁锢儿童们的工作；他们一边不承认儿童有性生活，一边又用非常严厉的态度来处理儿童的任何一个与性有关的行为。还有一层最足以和"儿童没有性生活"的偏见相冲突，那就是在孩子五六岁的时候，但多数人已经遗忘了这个时期。这一段遗忘也许只有用分析的研究才能召回意识，然而也会有成梦的可能性，这在理论上是十分有趣的。

　　我现在要阐明儿童最显而易见的性活动了。为了更好地叙述，我特地引入了一个名词——"力比多"（libido）。与饥饿一样，这个名词指的也是一种能力、本能，力比多是性的本能，而饥饿是营养的本能，至于其他名词，如性的激动和满足等则没有定义的必要。神经病的解释大多和婴儿的性活动有关，那是你们容易了解到的，你们自然也会以此作为抵触的一个理由。这个解释是以分析的研究为前提的，是从某一症候追本溯源。

　　婴儿的首次性的激动与其他重要的生活机能是密切相关的。大家都知道，婴儿期的孩子每天除了吃就是睡。每当婴儿在母亲怀抱内熟睡时，他那舒服而满足的神情与成年人在享受性的满足后的神情十分相像。当然光凭这一点还不足以作出结论。我们知道，婴儿经常有咂嘴吮吸的动作，即使没有进食的时候也会这样。他们之所以这么做，并不是由于饥饿造成的。我们称这种动作为"lutschen"或"ludeln"，在德文中这两个词的意思是"吸吮的享乐"。比如很多婴儿有吸橡皮乳头睡觉的习惯，这实际上是为了享受吸吮带来的乐趣。有的婴儿如果不做吸吮的动作就不愿意入睡。

　　布达佩斯的儿科医生林德纳是第一个认为这个动作带有性的意味的人。保姆和育婴员虽然不谈学理，但对这种吸吮的动作也这样认为。他们都深信婴儿做这个动作就是为了寻求快感，他们把这种动作称为婴儿的"恶作剧"，如果婴儿不自觉地做这种动作，他们就用严厉的方法强迫孩子改正。事实上，婴儿做这个动作除了寻求快乐之外确实没有别的目的。婴儿的这个快乐最初是在吮吸食物时感觉到的，不久后他们发现即使不吃东西这样做也很快乐。由于这种快感的享受是以嘴和嘴唇为主要区域的，因此，我们称这些部分为"性感觉区"（erotogenic zone）。

　　如果婴儿能像大人一样表达自己的思想就好了，他一定会承认在母亲怀中的吸乳动作是他生命中最重要的事，因为这种动作，的确同时满足了他生命中两种最大的欲望。

精神分析的研究也告诉我们，吸吮动作确实会在精神上与人终身相伴，它不但是整个性生活缘起的出发点，还是各种性满足的雏形。有些时候，人们常会产生这样的想法借以自慰。吸吮母亲乳汁的欲望实际上含有贪恋母亲胸乳的欲望，因此，母亲的胸乳也就成了性欲的第一个对象。至于这第一个对象在后来各种对象的选择上到底多么重要，而对于其他不同的精神生活到底因何改造、代替进而产生重大的影响，在此我就不详述了。

而一旦吮吸成为一种固有的习惯，婴儿往往就会将贪恋的对象转移到自己身上，比如在不能吮吸到母亲乳头时，婴儿常常转而吮吸自己的拇指或嘴唇来获得快感。婴儿不借助外界的事物也能获得快感，往往还会将兴奋的区域扩大到身体的第二种区域，以增加快感的强度。性感觉区所能产生的快感本就有不同的强度，正如林德纳医生所说的，婴孩在自己的身体上四面抚摩，觉得生殖器的区域特别富于刺激，于是放弃吮吸而进行手淫，这是一个重要的经验。

通过对婴儿吮吸动作的理解，我们接下来把注意力转到婴儿性生活的两个要点上。为了满足自己机体的基本欲望，婴儿于是产生了自淫的行为，也就是说，他在自己身上追求性的对象，由婴儿通过吮吸来获得快感就能很明显看出来，而实际上，排泄在一定程度上也不例外。婴儿在大小便中也会获得快感，并且他们还时不时地故意做这些动作，以期获得最大可能的满足。

不过，正如卢阿德里安曾经指出的，外界的压力不允许小孩有追求这种快感的欲望，他们会对小孩进行干涉，让小孩第一次大致察觉到成人的内外冲突。于是小孩不能随意排泄，排泄的时间也要由他人指定。成人们为了使小孩放弃这些快感，就告诉他，关于大小便的一切都是"不文雅"的，必须加以隐蔽，于是小孩不得不放弃自己的快乐来得到他人的认可。事实上，刚开始时，他对于排泄的态度并不像现在这样。他本来对自己的粪便没有如此厌恶，反而将粪便看成是自己身体的一部分而不愿遗弃，并想把它作为第一种"礼物"送给最敬爱的人。即使受到教育的陶冶而放弃了这些倾向之后，他依然把粪便看成是"礼物"和"黄金"，而撒尿也似乎成为一件特别值得骄傲的事情。

我知道大家早就想打断我的话而大喊："不要再胡说了！肠的蠕动竟然被说成是婴儿用来作为快感的性满足的根源！粪便竟成为他们不愿意丢弃的宝贝，而肛门竟成了生殖器的一种！怎能让我们这些相信呢？不过，我们倒是懂得了为什么儿科医生和教育家会如此坚决地拒绝精神分析和它的理论了！"可是，大家不要忘了，我之所以要做这样的类比，是想让大家更加清楚婴孩性生活与性的倒错之间的关系。你们难道不知道，现在有很多成人，无论是同性恋的或异性恋的，确实存在性交时把肛门看作阴道插入的情形吗？你们难道不知道有许多人终身保留着排泄时的快感并把这看成是人生一件大事吗？或许你们会听到过一些年龄稍大可以谈论一些问题的儿童，说自己对于大便有怎样的兴趣，看着别人大便又有怎样的快乐，但是如果一开始就吓唬这些儿童，他们当然就会知道不能再说这类话了。

如果你们不愿意相信这些事情，你们可以去查阅精神分析的证据，还有对儿童所有直接观察的报告。要知道，对于这个问题要撇开那些成见而持有自己的观点，是需要莫大的勇气的。不过，如果你们真的认为儿童性的活动和成人性的倒错关系确实令人惊骇，那我也不会觉得遗憾，这种关系本来是自然就存在的，因为儿童除了一点儿模糊的迹象外并没有将自己的性生活化为生殖机能的能力，所以如果儿童真的有一种性生活，那么这种性生活就一定是倒错性质的。

放弃生殖的目的是所有性倒错的共同特点。判断性活动是否是倒错的，主要是看它是否止于性的满足，而并非以生殖为目的。由此，你们便可知道性生活的发展要点就在于顺从生殖的目的。只要是还没有发展到这个程度的，以及不愿遵从这个目的而只寻求满足为止的一切性的活动，都被称为性倒错，是被人所不齿的。

我们还是回过头来叙述婴儿的性生活。或许我们还应该对其他各种器官也进行同样的研究，以充当对上面两种器官观察的补充。儿童的性生活都在于各种本能的活动上，这些本能有的在自己的身体上寻求满足，有的在外界的对象上寻求满足，总体来说就是各取所需，不相为谋。在身体的各器官中，生殖器官当然是最占优势的。有些人从婴儿期一直到青春期或青春期后，都在不断地用手淫来寻求自身生殖器的快乐满足，并不借助其他生殖器或对象。关于手淫的问题在这里我们不宜进行详述，因为值得讨论的问题太多了。

虽然我本希望限制这个讨论的范围，不过我们还是不得不略加叙述一下儿童对于性的好奇一事。因为这种窥探是儿童的性生活的特征，也是导致神经病症候的要点，因此不能省略不说。确切地说，儿童对于性的窥探，早的在三岁以前就有了。他们对于性的窥探并不局限于异性，因为性别差异在儿童眼中并不算什么。比如，就小男孩来说，在刚开始的时候，他会认为任何人都长着和自己一样的生殖器。可是有一天男孩突然看到小妹妹或别的小女孩的阴户，他立刻会否认所见的是真的，因为他实在没有想到与他一样的人为什么竟然没有这个如此重要的器官。之后，他知道事实确实如此，便会表现得十分惊恐，于是开始恐惧这个小器官，并处在了"阉割情结"的控制之下。如果此后他的心理能够健康发展，那么这个情结就是他的性格成因；如果他的身体和心理从此变得柔弱，那么这个情结就是神经病的成因；如果他接受精神分析的治疗，那么这个情结就是他抗拒治疗的成因了。

　　就小女孩来说，我们知道她们往往会因为缺少一个像男孩一样的阴茎而深感失落，并可能会妒恨男孩的得天独厚，有时还会产生想成为男人的欲望。此后，如果她的心理正常发育，将形成女性的性格特征；反之，如果她的心理不能正常发展，就会通过精神病症候的形式表现出来。另外还有一层，在儿童期内，女孩的阴核与男孩的阴茎一样，是一个特别富于刺激的区域，可以用来自己寻求性的满足。当女孩要成为妇人时，应该及早将这个刺激的感受性由阴核降位到阴道口；那些阴核常保留这种刺激的感受性而无法转移的妇女，被称为是性感迟钝的妇女。

　　儿童对性的兴趣最初专注于"我从哪里来"的问题——与斯芬克斯的怪谜[1]背后的问题相同。之所以好奇这个问题主要是因为他们想要保护自己的利益，怕其他的孩子出生。育婴员常常会这样回答：你是外面的鸟叼来的。可是小孩对于这话的怀疑程度往往超出于我们的意料之外。他们知道成年人在用谎话欺骗自己，于是自己想办法解决，可这又谈何容易呢。由于他们的性构造还没有发展，因此想找出答案会受到很大的限制。他们刚开始会认为儿童是由某种特殊的物体和消化的食物混合而成，因为他们并不知道只有女人才能生育。可是后来他们又发觉这是不对的，于是放弃了儿童成于食物这种想法。再后来他们又会想到父亲和制造小孩一定有关系，但是究竟是什么关系，他们还没有发现。

　　假如他们偶然看见父母性交的场面，他们也会认为这是父亲企图在制服母亲，或是父母之间的一场争斗。这是在用虐待来解释性交，当然是不对的。可是他们并不知道这个动作与生孩子的关系。假如他们看见了母亲的床上或内衣上有血，他们会认为这是父亲伤

---

1 希腊神话传说中狮身人面的怪物，她坐在忒拜城附近的悬崖道路上，问过路的行人一个谜语，如果行人答不上来，就会被它害死。这个谜语是："什么东西早上用四只脚走路，中午用两只脚走路，晚上用三只脚走路？"答案是"人"。——译者注

害了母亲。再过几年之后，他们可能会猜测男子的生殖器在制造孩子上一定有着重要的地位，但却仍然无法知道这个器官除了排尿之外到底还有什么机能。

凡是儿童刚开始都认为孩子的出生是由肠子造成的，也就是说，小孩的造成就如同一团粪便。直到对肛门区的兴趣完全衰退之后，儿童才放弃了这个理论，而代以另一种假设，认为肚脐或两乳之间是生孩子的区域。如此循序渐进，他们对性的事实开始逐渐了解。除非是由于没有知识，对于这些事实不加注意。一般来说，在青春期之前，他们都会接受一种不完全而不正确的印象，而这常常就是他们后来发病的创伤原因。

大家现在应该已经知道了"性的"一词在精神分析家眼里的意义。精神分析家往往会扩充性的意义，主要是为了维持关于神经病中性的起源，和症候的性的意义的说法。至于这种扩充到底有没有道理，你们可以进行自由判断。我们之所以扩充性的概念，是想将性倒错者和儿童们的性生活囊括进来。换句话说，我们这是在恢复性的意义的原有范围。至于精神分析之外的所谓"性"，则只是指通常状况下的属于生殖机能的狭义的性生活。

第二十一讲
性的发展与性的组织

我想上一讲中我还没有让大家深信，性的倒错在性生活的理论上有着怎样的重要性。所以，我今天很愿意尽我之所能，对这个问题进行修正和补充。

大家不要认为，我是为了性倒错现象才去修正和补充"性"的意义的。事实上，关于儿童性的研究与性倒错现象关系更为密切，而性倒错和儿童性的一致是特别值得我们参考的。婴孩性的表现，在后几年的儿童期内会变得很明显，但是其最早的表现方式却会慢慢消失。假如大家不承认演化的事实及分析的结果，那就会否认儿童的那些表现含有性的意味，并认为它们只有其他模糊不定的属性了。

鉴定一种现象是否具有性的意味，目前还没有统一的标准。很多人曾把生孩子即生殖目的作为性的标准，但是这个标准太狭隘了，现在已经不再采用了。有的人把生理上的周期性作为性的标准，如弗里斯，他将生物学的周期性23天和28天作为标准之一，但是这个标准同样引起了很多争论。还有的人认为性的过程中，身体会产生一些特殊的化学性质，并以此为标准，但这些变化还不明了，因此这些标准都不确切。至于成人的性倒错现象则是明显而确定的。它们具有性的意味，这是毋庸置疑的。不管将它称为什么，退化现象也好，或其他什么，但是绝没有人敢否认它们不是性的现象。如果单独根据这种现象来看，也能看出我们可以主张性和生殖机能是两码事，因为性的倒错是妨碍生殖这一目的的。

这里有一平行的事实颇值得我们注意：大多数人认为"心理的"意即为"意识的"，而我们则将"心理的"一词的含义扩充，使其包括"心灵的"非意识的部分。就"性的"一词来说，也是如此。大多数人认为这个词与"生殖的"含义相同，更准确地说，是把"性的"和"生殖器的"之间的含义等同，而我们同样可以认为那些不属于生殖器的以及无关于生殖的各事是"性的"。虽然这两件事原本看起来只是形式上的类似，但却具有深刻的意义。

可是，如果性的倒错现象的存在在这一问题上具有如此强有力的理由，为什么之前没有人去完成这个工作，解决这个问题呢？对此，我可没什么可说的。在我看来，性的倒错早就是一个特殊的禁区，由此隐约地形成的一种理论，已经干扰了科学对这个题材的判断。

在某些人眼中倒错现象不但是令人厌恶的，而且是荒唐可怕的。实际上，性倒错的患者就如同一个可怜虫，为了换取不易求得的满足，他们常常要付出惨痛的代价。性的倒错虽然有着不自然的对象和目标，但其行为带有的性意味是很明显的，因为那些为满足倒错欲望的动作，通常也能使倒错者达到性高潮而泄精。这当然是指成年人来说的，至于儿童则没有性高潮，也不会有泄精的可能，他们虽有一种近似的行为来代替性高潮，但这种代替也无法被认定为是性的。

为了使我们对于性的倒错能有正确的了解，我还要补充几点。性倒错虽然被一般人所不齿，并与常态的性的活动大不一样，但通过简单的观察我们可以看出，即使在正常人的性生活中，也不免会存在这种或那种倒错的行为。比如接吻最初也可能是一种倒错的动作，因为接吻时是双方嘴唇上性觉区的接触，而并非生殖器的接触。但却从没有人谴责接吻是倒错，而且在一些影视剧当中，接吻反而被认为是一种美化了的性的动作。然而，接吻很容易变成一种绝对的倒错动作，比如当接吻刺激的强度很大时往往会让人达到性高潮以致出现泄精，这种情形是很常见的。又如有些人在享受性的乐趣时会注视并抚摸他的对象，而他的对象则可能会在性高潮时出现手捏口咬的行为。还有些人的性高潮并不是由对方的生殖器引起的，而是由对方身体的其他部分而引起的。像这样的例子有很多，我们当然不能把单有这种特癖的人们排除在正常人之外，而将之加到倒错者的行列之中。事实上，倒错的实质并不是转移性的目标，也不是生殖器的被取代，甚至也不在于性对象的变换，而仅仅是以变态的现象为满足，并完全排斥以生殖为目的的性交。

　　事实上，如果这些行为是为了进行常态的性生活而所做的准备活动或前奏，就不能称之为倒错。从这一点来说，就可以大大缩短正常的性与倒错的性之间的鸿沟。我们还可以推断出，正常的性生活是由婴儿的性生活演化来的，其演化的过程是先删减某些没有用的成分，然后集合其他有用成分，使之从属于一种新目的，也就是生殖目的。

　　现在，我们可以用这个倒错现象的观点来更深入而明确地去研究或说明婴儿的性生活问题了。不过，在没有进行这个研究或说明之前，请大家先注意二者之间的一个重要的区别。总的来说，倒错的性生活是异常集中的，其整个活动都趋向于唯一一个目标，而且其中某一个特殊部分的冲动占最重要的地位，它支配着其他冲动。就这一点来说，倒错的性生活与正常的性生活实际上是一致的，只是其占优势的部分冲动和性的目标彼此不同罢了。两者都各构成一个富有组织的系统，只不过统治的势力不一样。

婴儿的性生活一般来说缺乏这种集中和组织，他们的各部分冲动占有同等重要的地位，各自独立地追求自身的快乐。从这种集中在儿童期的缺乏和在成人期内的存在来看，正常的性生活和倒错的性生活都源自婴儿期的性生活。另外，一些倒错的现象与婴儿的性生活更加相似，因为它们当中有很多"部分本能"（component in-stincts）和目标，都是各自独立地发展起来的，甚至能永远保存下来。可是，对这些现象来说，称它们为性生活的幼稚病比性生活的倒错更加贴切。

做好了准备工作，我们可以开始进一步讨论一些疑问。比如大家可能要问："你既然也不能明确承认成人的性生活是由儿童期的表现发展而来的，那为什么一定要说它们就是性的呢？为什么在描写性的生理方面时，不只说婴儿那些为吮吸和迷恋于粪便等活动是为了在器官中求快乐呢？如此一来，你就可以不用因为主张婴儿也有性生活而让人们产生反感了。"

对于这一点，我只能回答说，"求快乐于器官之内"这句话并没有错，我知道性交的至高无上的快乐也只是一种身体的快乐，得自于生殖器官的活动。可是你们谁能告诉我，这个原本无足轻重的身体的快乐，到底是何时才获得后期发展所应有的性的意味呢？对于这个"器官快乐"的知识是不是更多于关于性的知识呢？你们可能认为它们是在生殖器起作用时才具有性意味的，性只意味着生殖器。你们甚至可能会回避倒错现象这个障碍，并指出尽管倒错可以不用借助于生殖器的接触，但毕竟大多数还是要靠生殖器来达到性欲的高潮。如果你们因为倒错现象存在的结果而否定生殖与性的本质特征之间的关系，并同时强调生殖的器官，那你们的立场就前进了一大步。如果这样的话，我想我与你们的分歧就没有那么多了；这只是关于生殖器官和其他器官的争论罢了。

有很多证据可以证明其他器官本可以用来代替生殖器来求得性的满足，比如常态的接吻、淫荡的倒错生活，或者癔病的症候，你们到底会怎样处置呢？就癔病来说，原本属于生殖器官的刺激现象、感觉、冲动，甚至于生殖器勃起的活动等，常常会转移到身体上的其他器官（比如自下而上地转移到头部和面部等），所以，我们看成是性的主要特征的东西就都不再存在了。接下来大家就不得不下决心，跟着我的一起来扩充"性的"一词的含义，包括早年婴儿期旨在求"器官快乐"的一切活动。

现在为了支持我的学说，我再提出两点主张。大家都知道，早年婴儿期所有求快感而不大明确的活动，我们将其称之为"性的"，这是因为在分析症候追溯到这种活动时，我们所借助的材料都确认为是"性的"。下面让我们来用一个比喻加以说明。假如有两种不同的双子叶植物，如苹果树和豆科植物，我们往往无法观察到它们从种子生长起来的经过。不过我们可以想象一下，这两种植物都能够通过充分发育的植物来追溯其生长的经过，一直到最初为双子叶时的种子植物。实际上，双子叶是很难辨别的，两种植物的双子叶看起来几乎一模一样。然而，我能不能因此就断定它们最初是完全相同的，只是在后来植物发展过程中才产生种类差异的呢？或者，从生物学角度来说，我们是否能更确信，虽然我们无法在双子叶里看出这个差异，但是这个差异原本就已经在种子植物中存在了呢？我们称婴儿寻求快感的活动是"性的"，其实就是这个道理。至于每种器官快感是不是都能够称为"性的"，或者除了"性的"之外，是不是还有别的快感不能称为"性的"，我不能在这讨论。我们对于器官快感和它的条件知道的实在不多，因此根据追溯分析的结果，还无法对最后所得的成因做出明确的分类，这也无须奇怪。

另外还有一点，你们即使想让我相信婴儿的活动并不带有性的意味，可是你们现在却很少能拿出证据来证明你们所急于主张的"婴孩无性生活"之说。事实上，婴儿从3岁开始就已经明显地有了性生活，他们的生殖器已经出现了兴奋的表现，或者他们已经开始有周期地进行手淫或在生殖器中进行自求满足的活动。此外，婴儿性生活的精神和社会方面也应引起重视，他们往往在选择对象时，会偏爱某一人或者偏爱某一性别，也会经常表现出嫉妒之情；这些都是在我们平常生活中可以观察到的，可以说是有目共睹。也许你们会说，你们并不是否认儿童很早就有情感的表示，只是怀疑这种情感是否带有性的意味而已。事实上，3~8岁的儿童，已经懂得隐藏起自己情感中的这个元素，但是只要我们细心观察，还是能够收集到充分的证据来证明这个情感带有"肉欲的"色彩。至于你们观察不到的各点，则可以通过分析的研究来加以充分的补充。

儿童这个时期的性目的与我们前面说的性的窥探有着非常密切的关系。这个时期的儿童还未真正懂得什么是性交，因此儿童性目的倒错症有很大一部分是儿童未成熟的组织的自然结果。儿童在6~8岁时，性的发展往往会呈现一种停滞的或退化的现象，我们把这个时期称为潜伏期，而在部分人身上，未曾出现过这种潜伏期。潜伏期并不意味着性的活动完全停止。在潜伏期以前所有心理的经验和激动都可能被淡忘，这就是我们之前讨论过的幼儿期经验的丧失，我们正是因此才无法记起幼儿时期的事情。而我们之所以要进行精神分析，就是想要将这个遗忘了的时期召回到记忆之内。于是，我们不得不假定这个时候开始的性生活就是这个遗忘的动机，也就是说，压抑作用的结果就是这个遗忘。

事实上，儿童从3岁起，其性生活就与成人的性生活存在很多相似之处了。所不同的有三点：一是他们的生殖器还没有成熟，缺乏稳定的性的组织；二是他们存在性的倒错现象；三是他们整个冲动力较为薄弱。这些都是我们已经知道的。就理论上来说，性的发展在这个时期之前的各阶段，也就是我们称之为力比多发展的各阶段，是最有趣的。力比多发展得很快，并不是我们可以直接观察到的。我们之所以能追溯到力比多发展的初期现象并明了其性质，是借助了精神分析对神经病的研究。力比多的初期现象虽然只是从理论上推想得到的，但是在实施精神分析的时候，我们便可看出这些推想有着实际的需要和价值。

一种病态的现象经常能让我们明了那些在常态中所容易忽略的现象。因此，我们便能够确定儿童在生殖器统治其性冲动之前所采取的性生活方式。在潜伏期之前的最初婴儿期内，这个统治势力就已经有了基础，而从青春期开始，它就有了永久的组织。在最初婴儿期内时，存在着一种散漫的组织，我们将它称为生殖前的，因为在这一时期占据优势的不是生殖的部分本能，而是虐待狂和肛门的组织。性别的差异那时尚未占重要地位，占重要地位的是主动和被动的区别，这个区别可被看成是性的"两极性"的前驱。

从生殖器的观点来看，最初婴儿期内所有雄性的表现都容易转变为支配的冲动，有时也容易转变为虐待的行为，而有被动目的的冲动多数与这个时期很重要的肛门性觉区有关。窥视欲和好奇的冲动此时也占有一定的势力，而生殖器则只完成排尿的机能而已。这个时候的部分本能也具有一些对象，而且这些对象不一定只是一个物体。这个虐待的、肛门的组织就正好在生殖区统治前的一个阶段。通过仔细的研究，我们可以知道在后来成熟的构造中这个组织到底保留了多少，而这些部分本能又是被迫经过哪些途径才在新的生殖组织中占有一定地位的。

在力比多发展到虐待的、肛门期的后期时，还能够窥见一个更原始的发展期，这一时期以口部的性觉区为主要部分。我们能够猜出，为吸吮而吸吮的性活动就属于这个阶段。看一下古时埃及人的艺术就能知道，画中的儿童大多把手指放在嘴内吮吸，而阿伯拉罕曾发行了一本书，书中提到的性生活中，这个原始的口部性的感觉就依然保留着。我知道大家肯定认为这最后关于性的组织的话，不能被称为是一种知识，而是在胡说。或许我讲得是过于详细了，不过还请大家稍安勿躁，事实上，我刚才所说的话以后会对你们大有用处的。

请大家记住，性生活即力比多机能，并非一经发生就有最后的形式，也并非遵循着它最初形式的途径扩大起来的，而是经历了一系列各种各样的形相。概括来说，它经过的变化之多，堪比毛虫蜕变为蝴蝶的所有变化。这个发展的关键在于，使所有关于性的部分本能接受生殖区统治势力的支配，并使性生活从属于生殖的机能。在进行这个变化以前，性生活似乎只是一些单一的部分冲动在各自独立活动，每一个冲动各自追求器官的快感（即在某一身体器官内追求快感）。这种无组织状态因为想要达到"生殖前"的组织而有所缓解，生殖前的主要组织是虐待的、肛门的时期，之前还有最原始的口部时期。

除此以外，力比多还包含其他一些历程，不过我们对这些历程所知有限。而正是因为有了这些历程，一种组织才能进化到较高一级的组织。至于力比多发展所经过的这许多时期对于神经病的了解到底有什么意义，读了下文，你们就知道了。

今天我们还要进一步讨论这个发展的另一面，即性的部分冲动和对象的关系。不过对于这一部分，我们只能简洁快速地谈谈，以便多留出一些时间来研究其后产生的结果。

一切性本能的部分冲动，有的刚开始就有一个对象，并一直保持不变，例如支配的冲动（施虐狂）及窥视欲。有的则与身体的某一特殊性觉区有关，只在刚开始有一个对象依赖那些属于性以外的机能，等到脱离了这些机能以后就会放弃这个对象。比如，性本能中嘴的部分的第一个对象是母亲的乳房，因为乳房可以满足婴儿摄取食物的需要。这个性爱的成分在为获取食物而吸吮时本来可以得到满足，但在为吸吮而吸吮的动作里，就宣告独立，放弃外界的对象代之以自己身体的一部分。于是口部的冲动变成了自淫的，这与肛门及其他性觉区的冲动一开始就是自淫的十分类似。概括来讲，口部的冲动此后的发展一共有两个目的：一是放弃自淫，再以体外的一个对象代替自身所有的对象；二是将各个冲动的不同对象组合在一起成为一个单独的对象。如果单独的对象是完整的，也和本人一样有一个身体，自然是可以做到的，不过，假如自淫的冲动不抛弃其他一些无用的部分，要完成也是具有一定难度的。

另外，性本能的部分冲动在追求对象方面也比较复杂，还没有人能完全掌握。我们可以着重注意下面这个事实：如果在儿童期的潜伏期之前这个历程就已达到了某一阶段，那么其所选取的对象与其嘴部的快感冲动和由于吮吸而选取的第一个对象就是一致的。也就是说，其对象就是母亲，而非母亲的乳房，或者说爱的对象是母亲。这里所说的爱，着重在性冲动的精神方面，暂时忽略性在物质方面的要求。大概也就是在这个时候，儿童就开始受到压抑作用的影响了，他们已忘掉了自己性的目标的某一部分。这个以母亲为爱的对象的选择被称为俄狄浦斯情结，在神经病精神分析的解释中占有非常重要的地位，同时也可能是大家排斥精神分析的一个重要的原因了。

这里我有必要附述一个欧战时的故事。在波兰国内的德国前线上，有一个医生，他十分信仰精神分析，经常用此方法治疗病人，并取得了可观的效果。这件事引起了同事们的注意，有人问他原因，他承认自己是用精神分析的方法治疗的，并且毫不犹豫地同意把相关知识传授给同事们。于是，军营里的医生们和上级军官等每天晚上都集合起来聆听他演讲精神分析。刚开始，所有的一切都进行得很顺利，可是当他讲到俄狄浦斯情结时，有一个高级军官表示他无法相信，他认为讲演者把这等事告诉为国捐躯的勇士和做父亲的人，是一种下流的行为。于是，这个分析家被禁止演讲，并被迫移驻到了前线的其他地方。可是在我看来，如果德国军队的胜利依靠的是这样一种科学的"组织"，可不是一个好现象，我想在这种组织之下，德国的科学是无法繁荣起来的。

那么，这个骇人听闻的俄狄浦斯情结究竟是什么意思呢？相信大家现在都急切地想知道。顾名思义，这个情结与希腊神话中俄狄浦斯王的故事有关。俄狄浦斯命中注定要弑父娶母，虽然他一再尽自己之能避免神谕所预言的命运，可最终还是在不知不觉间犯下了这两大重罪，他深深地为此忏悔，并刺瞎了自己的双眼。

索福克勒斯[1]将这个故事改编成了一个悲剧，我相信很多人都被这个悲剧给打动了。根据索福克勒斯的剧本，俄狄浦斯在犯下这两罪之后，他进行了长时间详细地询问，在他不断地发现新证据后，事情的真相开始逐渐暴露出来。俄狄浦斯询问的经过与精神分析法有着相似之处。他的母亲约卡斯达被其诱惑最终成为他的妻子，而她在谈话中并没有在意这持续的询问。她说，有很多人都梦见自己娶母，不过梦是无关重要的。然而，在我们看来，梦却是非常重要的，尤其是很多人经常做的具有代表性的梦。我们深信约卡斯达所讲的梦与神话中可怕的故事有着很密切的关系。

索福克勒斯的悲剧竟然没有引起听众的怒骂，这不得不说是一件惊奇的事情。事实上，听众比那迟钝的军医更有理由表现出怒骂的反应，毕竟这是一个不道德的戏剧，它描写出这样一种情境：神力规定某人应犯某罪，即使有道德的本能来反抗犯罪的行为，可最后也是无济于事，结果使得个人可以不用对社会的法律负责。或许，作者是想借这个神话故事来表示其控诉命运和神的意思？在敢

---

1 索福克勒斯（Sophocles，约前496—前406年），雅典三大悲剧作家之一，《俄狄浦斯王》为其代表作。——译者注

于对神进行非难的欧里庇得斯[1]的手里，可能确实存在这种控诉，可是一直十分虔诚的索福克勒斯却根本不可能这么想，他认为虽然神预定了我们应犯某罪，但是我们也应该顺从他们的意志，这才算得上是最高尚的道德。正是出于有了这种宗教的考虑，他解决了剧中不道德的问题。

我不认为顺从神的意志是此剧的美德之一，它不能减弱剧本所产生的影响。看戏的人往往不是因为这种美德受到了感动，他们所作出反应的是因为神话本身的隐义和内容。他们似乎在做自我分析，并发觉自己内心也有俄狄浦斯情结，知道神和预兆的意志其实就是他自己潜意识的反应。他们似乎也想起了自己曾经也有驱父婆母的愿望，只是不得已打消了这个念头。在他们看来，索福克勒斯似乎在说："不管你是否承认曾经有过这个念头，又或者，不管你曾经如何想要抵抗这些恶念，最终都将是徒劳无功的。你无法做到无罪，因为你不可能打消掉这些恶念，它们将仍留在你的潜意识之内。"这的确是心理学的真理。一个人虽然已经把恶念压抑到潜意识之内，并自认为自己不再有这些恶念而感到欣慰，可是，他虽然看不出这个罪恶的基础，但仍不免有罪恶之感。

很显然，俄狄浦斯情结是神经病人产生罪恶感的重要原因之一。另外，我在1913年写了一本名为《图腾与禁忌》（*Totem and Taboo*）的书，书中叙述了一种关于最原始的宗教和道德的研究，那时我就怀疑有史以来人类的整个罪恶之感可能就来自俄狄浦斯情结。对于这个问题探讨，我知道最好暂时到此为止。不过，这个问题既然已经提起了，就不能再轻易放下，因此我们要回过头来讲一下个体心理学。

如果我们直接观察儿童在潜伏期之前是如何选择对象的，那

---

[1] 欧里庇得斯（Euripides，前480—前406年），与埃斯库罗斯索福克勒斯并称列的希腊三大悲剧大师之一，代表作《独目巨人》《阿尔刻提斯》。——译者注

么我们就可以看出他们的俄狄浦斯情结有哪些表现。我们很容易看到，小孩子要独占母亲而不要父亲。他们看见父母拥抱就会感到不安，看见父亲离开就会满心高兴。他们常直言不讳地表达自己的情感，说些要娶母亲为妻的话。虽然这事看起来没法和俄狄浦斯故事相比，可事实上却也十分相似，两件事的中心思想是相同的。有时候同一个孩子也会对自己的父亲表示好感，这常使我们迷惑不解。事实上，这种相反的或两极性的情感在成人时可能会引起冲突，但在婴儿期却是可以并存的，这与此种情感后来永远存在于潜意识中的状态是一样的。

你们可能会反对我的说法，认为小孩的行为是受自我动机支配的，不能够作为俄狄浦斯情结说的证据。而母亲照顾孩子的所有需要，为了孩子的幸福，当然要一心一意，不能为别的事情分心。这话说得没错，可是就这种或其他类似的情境来说，自我的兴趣也只是为爱的冲动提供了相当的机会。

常常有母亲笑着叙述自己儿子的可笑行为，说他们坦然表示对性的好奇，有的坚持与母亲同睡，有的一定要在室内观看母亲换衣服，有的甚至公然表示出一种诱奸的行为，这些行为无疑都带有性爱的意味。还有一点是我们不能轻易忽视的，即母亲照料女孩子往往和照料男孩没有什么差别，可是却会产生不一样的结果。父亲对于男孩的照料也常无微不至，丝毫不逊于他的母亲，可是却无法得到儿子对母亲那样同等的重视。概括地说，不管怎么批评这个说法，都无法否定这个情境含有性爱的成分。

从儿童自我利益的观点来看，如果他只让一个人而不让两个人照顾自己，那不是太愚蠢了吗？这是男孩和其父母的关系，反过来就女孩来说，也是一样。女孩常迷恋自己的父亲，经常想取代母亲的位置，有时候还会效仿母亲撒娇，我们可能只觉得她可爱，却忽视了由这种情境而能够产生的严重后果。父母的行为常常也会引起孩子的俄狄浦斯情结，因为父母对孩子的宠爱往往会有性别的选择，比如父亲常溺爱女儿，母亲常溺爱儿子。单纯这种溺爱还不足以让儿童的俄狄浦斯情结的自发性受到很大的影响，不过，如果父母有了新的孩子，儿童的俄狄浦斯情结就会扩充成一种家庭的情结，他们会感到自我的利益受到了妨碍，于是对新孩子产生一种厌恶之感，并常有去之而后快的想法。可以说，比起与父母的情结有关系的情感，他们这些怨恨新孩子的情感常会无所忌惮地表露出来。如果他们这种欲望得到满足，不久之后新孩子真的死去了，也不会对他们产生多大影响。因为分析表明，虽然这种死亡对于儿童来说是一个重大的事件，但却不会留存于记忆之中。但如果母亲因为另一个孩子的出生，使他变成了次要人物，那么他就会开始与母亲疏离，从而对母亲产生怨恨，这种怨恨常成为他与母亲产生永远隔膜的基础。我们前面已经说过了，性的窥探及其结果和这些经验都有一定的关系。当这些新弟妹稍稍长大的时候，他对于他们的态度常会发生一个重要的转变。一个男孩子可能会将妹妹作为爱的对象来取代他那不忠实的母亲；如果有几个哥哥争夺一个小妹妹的爱，那么在育儿室内就会常常出现一些敌对情感。而当父亲对于女孩不像以前那么温柔亲昵时，女孩也常常会把对父亲的感情转移到哥哥身上，或者将自己的小妹妹当作自己与父亲的孩子来爱。

　　如果现在开始对儿童进行直接的观察，使其不受分析的影响，来讨论他记得清楚的事情，我们就会发现很多类似的事实。除了这些事，你们还可推想到儿童在兄弟姊妹行列中的次序，这对于他后来生活有着重要的影响；凡是作传记的人都应该考虑到这一点。事实上，这些论点随手可得。而加入你们此时回想起科学上对禁止亲属相奸的解释，就难免会哑然失笑。为了解释这件事，我几乎用上了所有方法！据说，在同一家庭内，异性成员因为从小住在一起，已经习以为常，所以异性之间就不会再引起性的诱惑了。另外，因为在生物中有反对纯种繁殖的趋向，所以在心理上会存有对乱伦的恐怖。然而事实上，假如人们真的会有自然的障碍来抵抗乱伦的诱惑，那么法律和习惯就根本没有必要对此作出严重惩戒了。

真理往往存在于相反的方面。人类所选择的第一个性对象常常是亲属，如母亲或姐妹，因为要防止这个幼稚的倾向最终变为事实，才出现了最严厉的惩罚。就现在仍然生存的野蛮的和原始的民族来说，他们关于乱伦的禁令比我们的要更加严格。赖克在他最近的著作中提到，野蛮人将青春期作为"再生"的代表，青春期举行完仪式，就代表着那孩子已摆脱了对母亲的乱伦依恋，而恢复了对父亲的情感。

那些神话向我们表明了，人们虽然对人类的乱伦深觉恐怖，但他们却可以允许他们的神有此权利。读过古代历史的人都知道，兄弟姊妹的乱伦婚娶是帝王们的神圣义务（比如埃及和秘鲁的国王），普通人无法享有这样的特权。弑父婪母乃是俄狄浦斯的两种罪恶，可人类的第一个社会的宗教制度就是图腾制度，而图腾制度就是以此二罪为戒的。

接下来，我们再由对儿童的直接观察过渡到对患神经病的成人的分析研究上。分析的结果对于俄狄浦斯情结的知识会有怎样的贡献呢？我们可以立即回答这个问题。由分析而发现的情结与由神话中所发现的情结是完全一致的。

这些神经病人几乎每一个都是俄狄浦斯，也就是说，他们在反应这个情结时都成了哈姆雷特。由分析而发现的俄狄浦斯情结比婴儿本身所表现的更为扩大而明显，他们并非只是有一点点怨恨父亲，而是想他死去，对于母亲的情感则带有很明显地娶母为妻的目的。儿童期的情感果真这样浓厚强烈吗？还是说在分析时无意中引进了一个新因素而使我们受骗了呢？事实上，我们很容易发现这个新因素。不管什么时候，不管是谁，如果想要描写过去的一件事，即使他是一个历史家，也难免会在无意中对过去那个时期加入一些现代和近时的色彩，因此，过去的事件就难免有些失真。就神经病人而言，完全有可能以现在解释过去。我们将来能知道此事也有其动机，而这整个"逆溯往昔的幻想"也必须要加以研究。

我们还会马上知道儿童对于父亲的怨恨也能因其他的各种动机而变本加厉，对于母亲性爱的欲望也往往会采取儿童做梦都想不到的方式。不过我们假如想用"逆溯往昔的幻想"和后来所引起的动机来解释整个俄狄浦斯情结，那就不免白费功夫了。因为虽然俄狄浦斯情结中可能会掺杂进一些后天的成分，但是它在幼稚时的根基仍然是保存不动的，这一点可以通过对儿童的直接观察加以证实。

所以，由分析俄狄浦斯情结而得到的临床事实，实际上变得非常重要。我们知道，性本能在青春期时便开始全力求其满足，它常常以亲属为对象，来发泄力比多。婴儿以母亲作为性的对象，尽管看上去是儿戏，但是它却奠定了青春期选择对象的方向。这是一种很强烈的俄狄浦斯情结，然而，在青春期的孩子已经意识到了这种"罪恶"，于是将这些情感拒之于意识之外。事实上，孩子从青春期开始就在力图摆脱父母的束缚，只有当这种摆脱成功之后，他才从孩子变成了社会中的一员了。

对于一个男孩子来说，他的工作是不再把母亲作为性欲的目标，而在外界寻找一个实际的爱的对象。另外，如果他仍敌视父亲，那么他必须力求和解。如果他反抗未能奏效而一味臣服于父亲，那么他就必须力求摆脱父亲的控制。这些工作是每个男孩子都需要去做的，然而真正做得理想的，即在心理上及社会上得到完满解决的，则少之又少。这也是一件值得注意的事。对于神经病人来说，这种摆脱几乎就是完全失败的。做儿子的终身屈服于父亲，不能引导他的力比多趋向于一个新的性的对象；对于女孩子来说，其情况大致相同。从这个意义上说，俄狄浦斯情结确实可以看成是神经病的主因。

关于俄狄浦斯情结，还有许多在实际上和理论上非常重要的事实，但我只能作一个不完全的记载。至于其他的种种变式，在这里我就不说了。

不过，我想指出关于俄狄浦斯情结的一个并不直接的结果，这一结果对文学创作有着深远的影响。兰克在他的一本很有价值的著作里曾提到，各时代的戏剧作家多取材于俄狄浦斯乱伦的情结及其变式。另外还有一层也要说一下，远在精神分析诞生以前，俄狄浦斯的两种罪恶就已经被人看成是不可驾驭的本能的真正表现了。在百科全书派学者狄德罗的著作里，有一篇著名的对话叫作《拉摩的侄儿》，曾由大诗人歌德译成德文。里面有这样几句话需要我们注意一下：假如这个小野蛮人（指小孩子）自行其是，保持其所有弱点，抛除理性，回复到孩提时代，再加之以三十岁成人所拥有的激情，那么他就会扭断他父亲的脖子，而同他的母亲一起睡了。

还有一事也要附带说一下，那就是俄狄浦斯的妻子也就是他的母亲实际上可以用来释梦。不知大家是否还记得梦的分析结果，成梦的愿望往往带有倒错和乱伦的意味，或表露出对于亲爱的人出人意料的仇恨。我们当时并没有对这种恶念的起源加以解释，不过现在你们应该可以明白了——它们都是力比多的倾向，即力比多在其对象上的"投资"。虽然说它们起源很早，并早已在意识生活中被放弃，但是在入睡之后仍然会出现，并具有一定的活动能力。

事实上，这种倒错的、乱伦的、杀人的梦不单是神经病人所特有的，一般常人也会有。因此，我们能够推想出现在正常的人们曾经一定也有过倒错的现象和俄狄浦斯情结。唯一不同的是，由正常人的梦分析所发现的情感，在神经病人的身上表现得更加厉害而已，这也正是我们将梦的研究作为神经病症候研究的线索之一。

第二十二讲
力比多发展过程中的危险性

我们前面已经讲过，力比多机能要经过多方面的发展，才能行使正常的生殖职能。现在我想强调这个事实对神经病的起源具有非常重要的作用。依据普通病理学的原则，这种发展主要包含两种危险：停滞和退化。力比多发展的第一个危险是停滞。其实，生物的发展历程本就具有变异的趋势，因此并不是都需要历经发生、成熟到消逝每个过程。有些部分的机能或许一直都停滞在初期之中，于是在普通的发展之外，还会存在几种停滞的发展。

我们也可以用别的事实来比拟这些历程。比如有一个民族想要离开故乡到外面去寻找一个新地盘（这在人类初期的历史上是经常发生的事），当然不可能所有的人全都会到达目的地。除了一部分人在迁徙途中死亡以外，还有一些移民会在中途停下来定居。我们也可以就近打个比方，大家都知道精液腺本来在腹腔之内，高等哺乳动物的精液腺会在胚胎的某一发展期中开始一种运动，结果便移到了盆腔顶端的皮肤之下。但是有些雄性动物的这一对器官只有一个停留于盆腔之内，有的则一直被阻滞在其所必经的腹股沟管之内，抑或这个腹股沟管在精液腺通过之后，本应闭塞但却没有闭塞。当我还是学生的时候，我曾在布吕克[1]的指导之下，进行科学的探索，而考察的对象就是一个很古式的小鱼脊髓的背部神经根起源。这些神经根的神经纤维是由灰色体后角内的大细胞发展而来的，其他脊椎动物身上已经不再有这种情形。可是，后来我发现在这种小鱼整个后根的脊髓神经节上的灰色体外都存在类似的神经细胞，于是我便断定这个神经节的细胞是由脊髓沿神经根运动发展成的。

从进化的发展来看，我们还可以推知这样一个事实：这个小鱼的神经细胞在经过的路线上，有一部分会半途停留下来。这些当然只是比喻，存在着缺陷，经不起缜密的推敲。但我们仍然可以说，虽然其他部分能够同时到达目的地，但是个性冲动的单独部分也都有可能停滞在发展的初期之内。如果将每一种冲动都看成是一条小河，那么从生命开始的时候，河水就在不停地流着，并且可以把这个流动想象成是继续向前的运动。

或许你们认为这些概念仍然需要进一步加以说明，这当然没错，不过这样一来未免离题太远了。我们现在姑且将一部分的冲动在其较初期中的停滞称为（冲动的）执着。

力比多发展过程中的第二种危险是退化。那些已经向前进行的部分是很容易向后退回到发展的初期阶段的。冲动发展到一阶段，如果遇到外界强有力的阻碍，使其无法达到满足的目的，那么它就只有转向后发展，回到原来的位置。我们还可以假定，执着和退化在某种程度上是互为因果的。在发展的途中，执着之点越多，新近发展的机能突破外界阻碍的困难也就越大，退回到初期阶段的可能性就越大。也就是说，越是新近发展的机能，越无法抵御发展路上的外部困难。比如一个迁移的民族，如果大部分人都在中途停滞下

---

1 即著名生理学家艾内斯特·布吕克。——译者注

来，那么向前走得最远的那些人，在遇到劲敌或阻碍时，就越容易因战败而退回。而且，在前进中停滞在中途的人数越多，前面的人战败的风险就越大。

大家要了解神经病，就要牢记执着和退化的这种关系，这样才能可靠地研究神经病的起因（或病原学），这是我们之后会讨论的，现在我们还是先谈退化的问题。关于力比多的发展，大家早已知晓一二，我们知道力比多的退化会有两种可能：一是退回到以亲属为对象的阶段，这是乱伦的性质；二是整个性的组织退回到发展的初期。这两种均发生于移情的神经病，并都在它们的机制中发挥着重要的作用。在神经病人身上常常出现第一种退化。如果将另一类自恋神经病（the narcisistic neuroses）也加入进来，那么关于力比多的退化的讨论就更加热闹了，但我现在不想多说。这些病状既能够提供给我们关于力比多机能的其他发展历程的结论，也可以向我们表明与这些历程相当的新的退化方式。不过，我认为大家现在最好还是了解退化作用和压抑作用的区别，并掌握这两种作用的关系。大家应当记得我们前面说过的关于压抑的作用：一种心理的动作本来可以成为意识的（也就是说，它本属于前意识的系统），但却被迫降落到潜意识的系统，这种历程称为压抑。另外，潜意识的心理动作因为意识阀的检查排斥而不能进入前意识系统，这种历程也称之为压抑。我们应特别注意一点，压抑这个概念与性是没有什么关系的。压抑作用是一种纯粹的心理历程，甚至可以看成是有位置性的历程。这里所说的位置性，指的是我们所假定的心灵内的空间关系，或者也可以说是关于几种精神系统里的一种心理装置的结构。

我们这里所说的压抑一词是狭义的而非广义的用法。如果我们采用广义的用法，即由高级的发展阶段降到低级的发展阶段的历程，那么压抑作用也可以归在退化作用的行列了。因为压抑作用也可以看作是一种心理动作发展中所有回复到较早或较低阶段的现象。压抑作用的退回方向并不是很重要，因为在离开潜意识的低级阶段之前，如果一个心理历程停滞而不发展，我们也可以将其称为动的压抑作用。因此，可以说压抑作用是一种位置的、动力的概念，而退化作用则单纯是一种叙述的概念。不过，我们之前所说的与执着作用相提并论的退化作用，则是专指力比多退回到发展的停顿之处这一种现象，也就是说，它的性质和压抑作用在实质上是完全不一样的。我们不能将力比多的退化作用看成是一种纯粹的心理历程，也不了解这退化作用究竟在精神机制中处于何种地位，因为退化作用虽对于精神生活有着强大的影响，但是其中肌体的因素仍然是最明显的。

单纯的讨论很容易让人感到枯燥无味，所以我们还是举一个临床例子来说明问题。大家都知道，移情的神经病分为癔病和强迫性神经病两种。就癔病患者来说，他们的力比多时常退化到主要以亲属为性的对象阶段，而几乎没有退回到性的组织的较早阶段的。所以说，癔病的机制主要以压抑作用为主。假如我能用推想来补充这种神经病已有的知识，则可以这样来描述这一情境：在生殖区统治之下的部分冲动虽然已经联合起来了，不过这种联合的结果却遭到了来自与意识相关联的前意识系统的抵抗。

因此，生殖的组织只能够应用于潜意识，而不能应用于前意识。前意识排斥生殖组织，从而出现了一种类似于生殖区占优势的状态，但事实上却不是这样的。就这两种力比多的退化作用来说，其中退回到性组织的前一阶段的那一种，其实更令人惊异，因为在癔病中往往看不到这种退化作用。然而，神经病的整个概念又过多地受到了癔病研究的影响，所以我们承认力比多退化的重要性要远远不如压抑。如果以后在癔病和强迫性神经病之外，又有其他神经病（如自恋神经病）加入讨论，那么我们可能会再一次扩充和修改我们的观点可能会进行。而单纯就强迫性神经病来说，力比多回复到从前虐待的、肛门组织的阶段实际上是最为明显的因素，并且它还决定了症候所应有的方式。对于患者而言，他的冲动都是经过伪装的，有虐待倾向。他心里想到的是"我要谋杀你"，事实上却是"我要享受你的爱了"，于是，这个冲动就又回复到了原来的主要对象，而且要满足这个冲动，只有最亲近和最亲爱的人才行。大家可以想见，病人的这些强迫观念是如何的恐怖，而他的意识却又无法解释这些观念。不过，压抑作用在这种神经病的机制中也是有一定地位的，这并不是一下子就能观察到的。

如果没有压抑作用，力比多的退化作用就无法引起神经病，而只能产生一种倒错的现象。由此，我们可以看出压抑作用乃是神经病最重要的特征。如果你们了解了有关倒错现象的机制知识，那么就会知道这些现象并非如我们在理论上所揣测的那么简单了。

假如你们将关于力比多的执着作用和退化作用的这项说明看成是神经病病原学的初步研究，那么你们或许可以立即接受这个说明。在这一问题上，我过去已经给了大家一些片段知识，即人们如果没有满足自己力比多的可能，就容易患神经病，因此我们也可以说人们是由于被"剥夺"才得病的，并且他们所表现出来的症候恰恰就是对失去的满足的代替。当然，这并不是说，任何种类的力比多满足被剥夺都会让人们患上神经病，只不过对于所有已经被研究的神经病来说，剥夺这个因素是最普通的条件。我无意揭示神经病病原学的全部秘密，而只是想强调一个重要而不可缺少的条件而已。为了更深层地讨论这个问题，我们可以从剥夺的性质说起，也可以从被剥夺者的特殊性格说起。

剥夺并不是绝对能致病的因素，只有被剥夺去的正好是那人所渴望而可能也是唯一的满足性欲的方式，才有可能致病。简要来说，人们可以有许多其他的方法来忍受力比多满足的缺乏而不至于发病。有很多人是可以进行自我克制的，他们或许当时会感到不快，或要忍受无法满足的期望，但却不至于因此得病。因此，我们可以肯定地说，性的冲动是非常富于弹性的；如果我们可以用弹性这个名词的话。如果这一冲动不能予以满足，那么另一冲动常可提供充分的满足。这就好比一组装满液体的水管，互相连接成网状，当一端被堵了，水也可以从另一端或其他端流出。虽然性的冲动都受生殖欲的控制（这一受控制的条件很难想象得出），但性的部分本能和包含这些本能的性冲动都可以彼此交换对象，也就是说，它们都可以换到一种容易求得的对象，而这种互相交换和迅速接受代替物的能力，可以对剥夺的结果产生一种强有力的相反影响。在这些防止疾病产生的历程中，有一种在文化的发展上也起着重要作用：正是由于有了这个历程，性的冲动才能放弃从前的部分冲动的满足或生殖的满足目的，而去采取一种新的目的——这个新目的虽然与第一个目的有关联，但却不再被看成是性的，在性质上应当称为社会的。这个历程表现在文化上就叫作升华作用，正是由于有这个作用，我们才可以把社会性的目的提高到性的（或绝对利己的）目的之上。顺便提一下，升华作用只不过是一个比较特殊的例子，只表明性的冲动和其他非性的冲动的关系。关于这一层，等以后再细讲。

大家不要认为既然有如此多的方法可以用来忍受性的不满足，性满足的剥夺就变成一个无足轻重的因素了。当然不是这样，性满足的剥夺仍然保持着致病的能力。虽然有不少方法可以处理性的不满足，但却未必够用。一般人所能承受的力比多不满足程度毕竟是有限的，力比多的弹性和自由灵活性并非每个人都能够充分保存。且不说很多人的升华能力都微乎其微，即使有升华作用也只能发泄力比多的一部分而已。很明显，在这些限制当中，关于力比多的灵活性是非常重要的，因为一个人所能寻求的目的和对象的数目是非常有限的。

大家要知道，力比多的不完满发展能够让它执着于较早期的性的组织，和多数是实际中无法满足的对象的选择上，这种执着的范围很大，有时数目也很多，由此我们可知，力比多的执着是第二个有力的因素，它和性的不满足一起共同造成了神经病的起因。概括来讲，在神经病的起因中，力比多的执着代表内心的成因，而性的剥夺则代表身体外部的偶因。

在此，我想提醒大家，不要在无谓的争论上表态。在科学的问题上，人们常把真理的一面看成是整个的真理，然后因为支持这一部分真理，而对真理的其他部分产生怀疑。精神分析运动中有些部分就是这样遭到怀疑和放弃的。有一些人只承认自我的冲动而否认性的冲动，还有一些人只看见生活中现实事业的影响，却忽视了个体过去的生活，类似这样的例子不胜枚举。另外，还有一个没有解决的两难问题，即神经病到底是起因于内在呢，还是起因于外在呢？换个方式说，神经病到底是某种身体构造的必然结果，还是个人生活中某种创伤的经验的产物呢？再具体一点来说，神经病是起因于力比多的执着和性的构造呢，还是起因于性的剥夺压力呢？这个问题是十分可笑的，这与"一个孩子产生于父亲的生殖动作还是母亲的怀孕"这个问题是一样的。一个孩子的产生既需要父亲，也需要母亲，神经病产生的条件与此相似。从原因上来讲，神经病可排成连续不断的一个系列，在这个系列内，其中两个因素，即性的构造和经验的事件，或者如果你们愿意，也可以说是力比多的执着和性的剥夺，其中一个如果占据一定优势，那么另一个就会退居不显著地位。在这个系列的一端，有一些极端的例子：这些人的力比多的发展和正常人是不一样的，因此不管他们有什么样的遭遇和经验，也不管生活多么适意，最后都会得病。在这个系列的另一端，也有一些极端的例子：如果生活不给他们带来各种负担，那么他们就不会得病。介于这两个极端之间的例子，是倾向的因素（即性的构造）和生活的有害经验会此消彼长。如果他们没有某些经验，那么其性的构造不足以致病，如果他们的力比多有不同的构造，那么生活的变化也不足以使他们产生神经病。在这个系列内，我可能会偏向于性的构造的因素，不过这要看大家是怎样界定神经过敏的。在这里，我想告诉大家，这一个系列可定名为互补系（complemental series），并且还要提前告诉你们，其他方面也会有这种互补系。

力比多常常执着于特殊的出路和特殊的对象而不变，我称之为力比多的"附着性"（the adhesiveness of the libido）。这种附着性是一个独立的因素，它因人而异，而其决定性条件还没有被发现，不过它在神经病病原学上的重要性却是毋庸置疑的。同时，它们相互间的关系也非常密切。

在许多条件下，普通人的力比多也可有类似的附着性（至于什么原因现在还不知道）。在精神分析诞生之前，也有人（如比纳）发现，一些人的回忆中，能够清晰地记得幼年时所有的变态本能倾向或对象的选择印象，随后力比多便附着于这种印象，终身挥之不去。至于这种印象为什么会对力比多有如此强大的吸引力，往往很难解释。

我举一个自己曾经亲身观察过的患者的例子。这个患者对于女人的生殖器及其他所有诱惑都无动于衷，能引起其强烈性欲的只有穿了某种样式鞋的脚。原来，是他6岁时的一件事造成了他的力比多的这种执着。患者清晰地记得，那时他就坐在保姆旁的凳上，保姆教他读英文。保姆是一个很平常的老年妇人，有着蓝而湿的眼睛，塌而仰的鼻子，这一天她因一只脚受伤而穿着呢绒的拖鞋，并把脚放在了软垫之上，腿部则很端庄地藏而不露。这只脚给患者留下了强烈的印象，甚至着了迷。后来，即使他在青春期偷偷地尝试了正常的性活动之后，也无法忘记那只脚。只有类似于保姆的瘦削而有力的脚才能成为他的性对象，如果还有其他类似于那位英国保姆的特点，他便更受吸引。不过，这个力比多的执着还不足以让他成为神经病，而只是让他成为了性倒错者，也可以说，他成了一个脚的崇拜者。

我们从中可以看出，力比多过分的、未成熟的执着，虽然是神经病不可或缺的条件，但是它的影响却远远超出了神经病的范围之外。并且只有这一条件也未必会致病，这与前面所说的性的剥夺相同。

至此，神经病起源的问题看起来似乎更加复杂了。事实上，经精神分析研究，我们已发现了一个新因素，这个因素在病因中还没有被提及，因为只有在突然患神经病而失去健康的人们身上才最容易看到这个因素。这些人经常表现出与欲望相反的精神冲突的症候，其人格一部分拥护某些欲望，另一部分却加以反抗。凡是神经病都会有这样一种矛盾，这看起来也没有什么特别的。我们都知道，大家的精神生活中都常会出现有待解决的矛盾。因此在这种矛盾能够导致疾病之前似乎一定要具备一些特殊的条件才能实现。现在我们就是要追问这些条件到底是什么？心灵中到底都有什么力量参加了这些致病的矛盾？而矛盾与其他致病的因素之间又存在什么关系？

尽管不免失之简略，但我还是希望能为这些问题给出差强人意的答案。致病的矛盾是由性的剥夺引起的，因为力比多得不到满足，就必须寻求其他出路和对象。然而这些出路和对象与人格产生了冲突，导致新的满足就无法实现，这就是症候形成的出发点，这一点以后我们还会提到。性的欲望被禁止后，它会采取一种迂回的前进道路，并以伪装的方式突破阻力，最终达到满足的目的。这里所说的迂回的道路是指症候形成来说的，症候就是因性的剥夺而起的新的或代替的满足。

精神矛盾的含义有另一种表述，即外部的剥夺一定要辅以内部的剥夺才能致病。如果两者真的做到相辅相承，那么外部的剥夺和内部的剥夺一定会与不同的出路及不同的对象互相关联。如此一来，外部的剥夺取消了满足的第一种可能，而内部的剥夺又取消了另一种可能，而精神矛盾的症结正在于这第二种可能。我之所以这样说，是有另一番用意的，要知道，在人类发展的初期，内部的障碍原本是由现实中的外部障碍而引起的。

可是禁止性欲所需要的力量或致病的另一组矛盾，到底来自什么地方呢？广义地说，我们可以说它们是一些非性的本能，可隶属于自我本能这个名词之下。关于移情的神经病分析，原本并没有为我们提供对这些本能作进一步研究的充分机会，我们只不过能从病人的反抗分析中大致看出这些本能的性质而已。因此，神经病的致病原因在于自我本能与性本能之间的矛盾。在一系列病案中，不同的纯粹性冲动之间似乎也存在一种矛盾，不过产生矛盾的那两种性的冲动之间通常都会有一种是赞许自我，另一种是反抗自我，但归根结底，还是一码事，因此我们还是将之称为自我和性的矛盾。

当精神分析将心理历程看成性本能的一种表示之后，有很多学者对此提出了反对意见，认为精神生活中除了性的本能和兴趣之外，一定存在其他的本能和兴趣，并认为我们不能把所有的事件都归结于性。实际上，一个人能与反对者达成共识，未尝不是一种快乐。精神分析从来没有忘记非性的本能，而且它本身就建立于性本能和自我本能的严格区别之上。不管别人怎么反对，精神分析坚持的并不是神经病起源于性，而是神经病起源于自我和性的矛盾。精神分析虽然研究了性本能在疾病和普通生活中所占的地位，但并没有否认自我本能的存在和重要性。唯一不同的是，精神分析将研究性本能作为首要工作，因为这些本能在移情的神经病中最容易研究，而且精神分析必须研究别人所忽略的事件。

所以，我们不能说精神分析抛弃了人格中所有的非性部分。从自我和性的区别来看，自我本能的重要发展需要依赖力比多的发展，并且会对力比多的发展产生很大的影响。事实上，我们对于自我发展的了解，根本不如对力比多的发展了解得充分。一般来说，我们只有研究了自恋神经病，才能掌握一些自我构造的知识。不过，费伦齐[1]也曾努力要在理论上找出自我发展的几个阶段，而我们起码可以以两点为稳定的基础来进一步研究这个发展。我们并不认为一个人的力比多的兴趣从一开始就是同自我保存的兴趣相冲突的。事实上，自我与性组织在各个不同的阶段都在力求互相调和以彼此适应。力比多发展的各个时期的持续可能有一个规定的程序，而这个程序也可能会受自我发展的影响。我们还能够假设这两种发展（即自我的和力比多的发展）的各个时期之间有一种平行或相关的现象，如果这种相关被破坏，就会致病。

下面这个问题尤其重要：倘若力比多在发展中有力地执着于较早的一个阶段，那么自我将采取什么样的态度呢？或许它会容许这种执着，那样的话就会造成倒错的或幼稚的现象；它也可以不容许力比多有这种执着，那么结果就会是力比多出现一种执着，自我就出现一种压抑的行为去制止。于是，我们可以得出这样一个结论：

1 桑多尔·费伦齐（Sándor Ferenczi, 1873—1933年），匈牙利心理学家，精神分析学派的早期代表人物之一。——译者注神经病致病的第三个因素是对矛盾的易感性，它与自我发展的关系等同于它与力比多发展的关系。

鉴于此，我们对于神经病起因的见解就扩大了。神经病致病的原因有以下三个：第一是性的剥夺，这是最普通的条件；第二是力比多的执着（迫使性神经病进入特殊的途径）；第三是自我的发展拒绝力比多的特殊激动后所产生的矛盾的易感性。这个事实并不像大家猜想的那样神秘而难解，不过我们在这方面的工作还没有完成，因为还要增加许多新事实，另外还有一些已知事件要作进一步的分析。下面我举一个例子，来说明自我发展对于矛盾的趋势进以及对神经病所产生的影响。这个例子虽然是虚构的，但在现实生活中也未必就不会发生。

我用内斯特罗伊[1]的滑稽剧名称来命名这个故事，即《楼上和楼下》（*On the Ground-floor and in the Mansion*）。我们假设楼上楼下有两个小女孩，她们来自不同的家庭，一个是富家千金，一个是佣人的女儿。我们假定主人允许这两个孩子自由玩耍，那么她们就会很容易做出一些"顽皮的"，即带有性的意味的游戏来。她们会扮作父亲和母亲，互相窥视排泄和更衣，互相抚摸生殖器官。佣工的女儿可能会扮成诱惑人的女人，因为她虽然只有五六岁，但已经知道不少关于性的事情。这些游戏的动作虽然历时很短，但却完全能引起这两个孩子的性激动，并且在游戏停止之后，会出现几年的手淫行为。

她们的经历虽然相同，但是结果却可能大不一样。佣人的女儿可能会在月经来临之后就停止手淫行为。几年之后，她可能会结婚生子，也可能会整日为了生活奔忙，她可能会成为一个著名女演员，也可能会成为某个贵族夫人安稳度过一生。也许她的一生没有

---

1 内斯特罗伊（Nestroy，1801—1862年），奥地利剧作家，喜剧演员，代表作《楼上和楼下》《护身符》等。——译者注

什么显赫的成功，但是不管怎样，她绝不会因为未成熟的性活动而受到伤害，可以舒舒服服地生活着，不会得神经病，但是主人的女儿则大不一样。她在孩子时就产生了罪恶感，没多久她就竭力摆脱了手淫的满足，但内心却总是有种烦闷的感觉。等到年纪稍大而略知性交时，就会产生莫名的恐惧心理。也许她还会有不可遏制的手淫冲动，但她不愿意告诉别人。当她可以结婚时，神经病突然发作了，这使得她反对结婚和享受生活。

为什么会这样呢？如果我们了解这种神经病的经过，就会发现这个受到良好教育的、聪明的、有理想的女子已经完全压抑了自己性的欲望。而这些欲望已经无意识地附着于她在幼时和玩伴所共有的一些邪恶的经验之上。这两个女孩子虽有相同的经验，却有不同的结局，之所以会这样，是因为一个女孩拥有另一个女孩所没有的自我发展。就佣人的女儿来说，在她的幼年和成年之后，性的活动都是自然而无害的。但是主人的女儿由于接受了良好的教育，而教育的标准是让她压抑性的欲望，于是她在自我压抑后，希望自己成为一个纯洁寡欲、道德高尚的女子。此外，理智的训练又让她对自己应尽的女性义务极为轻视，而她的自我中的这种高尚道德和理智的发展，使得她与性的要求互相矛盾，于是就产生了神经病。

关于力比多的发展还有一个方面，我想在今天也来探究一下，这不单能让我们扩大眼界，还可以由此证明我们对自我本能与性本能所定下的严格而难以了解的界限是非常有道理的。

如果讨论自我和力比多的发展，我们必须要特别注意之前所疏忽的一个方面。说实话，自我和力比多的发展因遗传的作用都是全人类在远古及史前进化的缩影。就力比多的发展来说，这个种系发展史的起源是显而易见的。试想有些动物的生殖器和嘴关系十分密切；有些动物的生殖器与排泄器官不分界限；有些动物的生殖器就是其运动器官的一部分，关于这些事实，可以参考波尔希的名著。我们可以看出，动物因为性组织的形式而存在各种根深蒂固的倒错现象。至于人在这个种系发展史的方面则表现得不是很明显，因为属于遗传的性质基本上都要由个体重新习得，而这可能是由于原来引起这种习得的条件，现在仍然存在并对所有个体产生影响的原因。这些条件过去会引发一种新反应，而现在，它们已经已经引起了一种倾向。

此外，每一个个体的既定发展途径也会因受外界的影响而有所变动。但是我们都知道，人类必须有能将这种发展维持至今的势力，这就是现实所要求的剥夺作用。假如我们要给它一个真名，可称之为必要性，或生存竞争必要性。一个严厉的女教师往往会教会我们很多事情，然而这种严厉产生的恶果往往就是神经病患者；无论哪种教育都不免有此危险。这个以生存竞争为进化的动力学说，不会削减"内部的进化趋势"的重要性；如果这种趋势真的存在的话。

值得注意的是，性本能和自我保存的本能遇到现实生活的必要性时所表现的行为是不同的。自我保存的本能以及所有隶属于自我的本能都比较容易控制，它们很早就接受必要性的支配，并且使其本身的发展得以适应现实的旨意。我们能够了解到，如果它们不服从"现实"的旨意，就无法求得所需要的对象，而个体如果没有这些对象，就会死亡。而性的本能则比较难控制，因为它们从来就不缺乏对象。它们就如同寄生在他种生理机能之上，同时又能在自身求得满足，因此它们刚开始是不受"现实"必要性的教育影响的。对于大多数人来说，其性本能可以在某一方面一直保留这种固执性或"无理性"而不受外界的影响。大约在性欲勃发的时期，一个青年的可教育性就将宣告结束。教育家早就了解这一点了，而且他们也知道怎样应对。不过他们也许肯接受精神分析结果的影响，而将教育的重心移到吸乳期开始的幼年；小孩通常在四五岁时就已经成为一个完整的生物，其禀赋才能是在后来发展中才逐渐显现出来的。

我们如果要充分了解两组本能的含义，就要稍稍离开主题，将那些可看成经济方面的部分也包括在内，而这是指精神分析的一个最重要的而又最难懂的部分。我们或可提出下面的一个问题：心理器官工作的主要目的是什么？我们的答案是求乐。我们整个的心理活动好像都是在努力去求取快乐而避免痛苦，并自动地受唯乐原则的调节。我们最想知道的就是什么条件会引起快乐，什么条件会导致痛苦，然而这种知识正是我们所欠缺的。我们只能揣测：心理器官内刺激量的减少、降低或消灭，能够引起快乐；而刺激量的增高，则会导致痛苦。

人类可能拥有的最强烈的快乐，是性交的快乐，这是毋庸置疑的。因为这种快乐的历程是心理激动及能力分量的分配，因此这种考虑我们称之为经济的。除了追求快乐之外，我们还可以说心理器官是用来控制或发泄附加在本身之上的刺激量或纯能量的。很明显，一直以来性本能的发展都是以追求满足为目的的，这个机能可以一直保存不变。自我本能刚开始也是这样的，但因受到必要性的影响才懂得用别的原则来代替唯乐原则。它们在认识到避免痛苦的工作与追求快乐的工作一样重要后，才知道有时必须要舍弃直接的满足来延缓满足的享受，并忍耐某些痛苦，甚至必须放弃某种快乐的来源。自我接受这种训练之后，就变成了"合理的"，不再受唯乐原则的控制，而顺从唯实原则。这个唯实原则归根到底也是在追求快乐，只不过追求的是一种延缓的、缩小的快乐，由于它与现实相适应，因此不易消失。

自我发展中的一个最重要的进步就是由唯乐原则过渡到唯实原则。我们看到，随后，性本能也勉强地经过了这个阶段，而不久之后，我们还会看到人的性生活的满足由于有了外界现实的这种微弱的基础，将会出现怎样的结果。如果人类的自我有与力比多相类似的进化，那么当你听说自我也有所谓的退化作用时也就不会那么惊讶了，不仅如此，你并且还会希望知道自我回复到发展的初期阶段在神经病中到底占有怎样的地位。

第二十三讲
神经病症候的形成

在平常人眼中，症候是疾病的本质，症候的消除就意味着疾病的治愈。但在医学界，症候和疾病是完全不同的，症候的消灭并不等于疾病的治愈。不过在症候消除后，剩下的形成新症候的能力，就成了疾病的唯一可以捉摸的成分。所以，我们也可以这样认为，即知道了症候的基础，也就等于了解了疾病的性质。

症候（这里所指的是精神的或心因性的症候及精神病）对于整个生命的各种活动是有害而无益的。患者经常痛恨厌恶症候，并深以症候为苦。症候给患者带来的危害主要是消耗了病人所必需的精神能力，而且患者在抵抗症候时也同样要消耗许多能力。如果症候的范围扩大，那么患者势必就要在这两方面大大削弱精神的能力，从而导致自己无法处理生活上的事情。概括来说，这个结果主要依消耗的能力分量而定，由此大家可以看出，"病"在本质上是一个实用的概念。症候形成所需要的条件都是常态人所共有的，假如我们只从理论的角度出发，而不看这个问题的程度大小，那可以说，我们都有神经病。

我们已经知道，神经病的症候是矛盾的结果，而矛盾产生于病人追求力比多的一种新满足的时候。这两种互相抵抗的能力会重新存在于症候之中，同时因为它们在症候形成中可以妥协互让，从而能够收到互相调解的效果。这也正是症候会有如此抵抗能力的原因，至于症候能够一直存在而不消失则有赖于两力的相抗。我们还知道，这两个矛盾的其中一种成分是未满足的力比多，这个力比多因为被"现实"所阻遏必须另求满足的出路。但是如果"现实"是残酷的，那么即使力比多想要采用其他对象来代替那力所不及的对象，结果也必须倒退，转而去寻求满足于一种过去曾经克服过的组织或一个过去已被遗弃了的对象。如此一来，力比多就不得不退回到以前发展中曾经停滞过的那些执着之处。

倒错的过程和神经病的过程有着明显的区别。如果这些退化作用没有引起自我方面的遏制，那么最终就不会形成神经病，而且力比多仍然能够得到一种实在的、非常态的满足。可是，假如自我不但控制意识，而且想要同时驾驭运动的神经支配和心理冲动的实现，假如它不赞成这些退化，那么最终就难免会发生矛盾。而力比多如果被阻遏，就一定会另求发泄能力的出路，以顺应唯乐原则的要求，总之一句话，它必须避开自我。而现在在退回的发展路上越过的执着点（自我之前曾经借压抑作用来防止这些执着点）正好可以用来帮助力比多逃避。力比多既然已经退回且重新投入这些被压抑的"位置"，就等于摆脱了自我及自我法则的支配，不过，这也同时代表着它放弃了之前在自我指导下所得到的一切训练。假如力比多目前得到满足，那很容易得到控制；但假如力比多受到了外部剥夺和内部剥夺的双重压迫，就会变得难以驾驭，而转向迷恋已往幸福的日子了。这就是力比多主要的、不变的性质。之所以会产生这种情况，是因为力比多所依附的观念是潜意识系统，所以它也具有此系统所特有的历程，即压缩作用和移置作用，这一点与梦的形成相似。力比多在潜意识中所依附的观念即所谓"力比多的代表"

必须与前意识的自我力量相互抗衡，就如同隐梦那样，当它刚开始由思想本身形成于潜意识中来满足潜意识幻想的欲望时，就会有一种前意识的活动去检察，只许它在显梦内达成一种和解的方式。自我如此抗拒力比多，力比多就不得不采用一种特殊的表现方式，以便让两方面的抗力都能得到适当的发泄。

于是，作为潜意识的力比多欲望的多重化妆的满足，也作为两种完全相反意义的巧妙选择的混合，症候得以形成。但梦的形成和症候的形成是不一样的。成梦时所有前意识的目的都只在于保全睡眠，不允许侵扰睡眠的刺激进入意识，不过对于潜意识的欲望冲动，它却从来不采取严厉禁止的态度。它之所以如此缓和，是因为人在睡眠时的危险性较小，睡眠的条件本身就完全可以使欲望无法成为现实。

大家要知道，力比多在遇到矛盾时仍能够逃脱，就是由于有执着点的存在。力比多退回到这些执着点之上，就能巧妙地避开压抑作用，并在保持着妥协的情况下获得一种发泄或满足。通过潜意识和过去的执着点，力比多用这种回环曲折的方式最终成功地获得了一种实在的满足；虽然这种满足是有限的，几乎无法辨别。对于这一层，我请大家注意两点：第一，大家要注意力比多与潜意识、他方面自我、意识和现实之间，到底存在怎样密切的关系，虽然这种关系当初并不存在；第二，我之前讲过的以及以后还要讲的这个问题，都只是就癔病而说的。

力比多到底是在什么地方找到它所需要的执着点来冲破压抑作用的呢？答案是，在婴儿时期的性活动和经验里，以及在儿童期内被遗弃的部分倾向和对象里。力比多求得发泄的地方正在于此。

儿童期有着双重的意义：其一，天赋的本能倾向是在这时初次呈现的；其二，性活动必须经历外界的影响或偶然的事件才能引起。我认为这双重的区分是非常有道理的。我们原本就没有否认内心倾向能够表现于外，不过从分析观察的结果来看，儿童期内纯粹偶然的经验是完全有可能引起力比多执着的，这一点基本可以肯定。天赋的倾向自然是前代祖先的经验遗产，不过它们也是在某一时期中所习得的。如果没有这种习得性，也就不存在所谓遗传了。

习得的特性原本能够传递给后代，怎么会到后代的时候消失呢？其实，我们通常太过注意祖先的经验和成人生活的经验，而完全忽视了儿童期经验的重要性。事实上，儿童期经验也是相当重要的。因为它们经常发生在还没有获得完全发展的时候，所以更容易产生重大的结果，同时，也就更容易致病。就这一点，我们从鲁氏等人对于发展机制的研究中便能看出端倪：一个正在分裂的胚胎细胞团被一根针轻轻刺一下，其发展就会被完全彻底干扰，而如果幼虫或成长的动物受到同样的伤害，它们就不会有什么问题。

我们前面已经指出，成人力比多的执着是神经病体质的成因，现在我们可以将之再划分成两种成分：一个是天赋的倾向，另一个是儿童期内习得的倾向。学生们都喜欢表格式的记载方式，所以这些关系也可以用如下列表来表示：

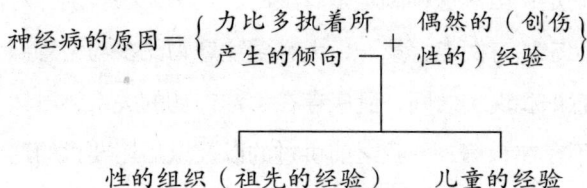

$$
神经病的原因 = \left\{ \begin{array}{l} 力比多执着所 \\ 产生的倾向 \end{array} + \begin{array}{l} 偶然的（创伤 \\ 性的）经验 \end{array} \right\}
$$

性的组织（祖先的经验）　　儿童的经验

遗传的性构造因为其特别侧重点不同，有时是这种部分冲动，有时是那种部分冲动，有时只有一种，有时则很多种混合在一起，所以，常常表现为许多不同的倾向。性的组织和儿童的经验成为另一种"互补系列"，这与之前所说的由成人的倾向和偶然经验而形成的十分相似。其实，在每一系列中都存在相似的极端例子，各种成分之间也都有相类似的程度和关系。这时候应当提出的问题是：

这两种力比多退化中比较显著的一种（即指回复到较早期的性的组织）是不是被遗传的构造成分控制呢？不过现在我们暂时不讨论这个问题，等我们了解了多种神经病形式后再说。

我们现在还是看下这个事实：精神分析研究表明，神经病人的力比多是附着在他们的幼时性经验之上的。从中我们可以知道，这些经验在成人的生活和疾病中也占有重要地位。就分析的治疗工作来说，这个重要性也是同等重要的。不过从另一观点来看，我们也很容易看出，这一层会有被误解的危险，这个误解会让我们完全从神经病情境的观点来观察生命。假如我们认为力比多是在离开新地位后才退回到婴儿经验的，那么婴儿经验就显得不那么重要了。我们也可能由此得出相反的结论，认为力比多的经验在其发生时就不重要，它的重要性只是因后来的退化作用才获得的。大家应该还记得，我们之前讲俄狄浦斯情结时，也曾对这种非此即彼的问题进行过讨论。其实，要解决这一点也并不困难。退化作用很大程度上增加了儿童经验的力比多，换句话说，退化作用增加了致病力。这句话虽然没错，但只以此作为决定因素，也常会引起误会。其他的观点也应依此进行论证。

其一，从观察结果来看，我们能够确定幼时的经验有其特殊的重要性，这在儿童期中已很明显。事实上，儿童也会出现神经病。对于儿童的神经病来说，时间上的倒置成分已经大大减少或已经完全不存在，因为神经病的发生是紧跟在创伤性的经验之后的。就如同我们可以通过儿童的梦来了解成人的梦一样，研究婴儿的神经病也能够使我们减少对成人神经病的误解。儿童的神经病比我们平时所想象的更加常见，但我经常会忽视儿童的神经病，误认为这些小孩子的恶劣行为或顽皮的表现，并通过权威进行压服。事实上，这种神经病是非常容易识别的。它们常表现为焦虑性癔病，其意义我们以后再说。再进一步，如果我们把成年人的神经病与幼儿时期的神经病结合起来看，我们会发现成人神经病往往是幼时神经病的直接继续，只不过，幼时神经病的表现通常更具体而细小。不过，就如我们之前说过的，就某些具体实例来说，儿童的神经过敏性也可能会终身持续不变。就少数的例子来说，我们当然可以在一个儿童处于神经病的状况之下去作分析，不过更多的时候我们还是必须以成年得病的人去推想儿童所具有的神经病，并且在推想的时候一定要特别谨慎，才能避免错误。

其二，如果儿童期没有任何东西能够吸引力比多，力比多为什么常退回到儿童期呢？这一层是很让人费解的。只有当我们假定发展的某些阶段上的执着点附有一定分量的力比多时，这些执着点才有相当的意义。

最后，我还可以说，婴儿期及其以后的性经验，其强度与神经病的形成也休戚相关。有些疾病的起因完全在于儿童期内的性经验，这些经验往往会产生一种创伤性的效果，并且只须有一般的性的组织和不成熟的发展作为补助就能够致病。还有些疾病的起因则全在后来发生的矛盾，但分析往往还是偏向儿童期的性经验，这是退化作用产生的结果。因此，我们可以有两种极端的例子，即"停滞的发展"和"退化作用"，在这二者之间存在各种程度不同的混合。

有些人认为只要及时干涉儿童的性发展，就能有效避免神经病。老实说，一个人如果只注意婴儿的性经验，或认为只要是延缓性的发展，儿童就不会被这种经验所动摇，就算是在预防神经病了，这就大错特错了。

我们知道，导致神经病的条件十分复杂，如果我们只注意一个因素，肯定不会收到效果。严格的督察在儿童期内是没有效果的，因为性欲是先天的，根本无法控制，即使能控制，也不像教育专家所想象得那么容易；因为控制而引起的两种新的危险是不容小觑的。如果控制得太严密了，儿童就会过分地压抑自己的性欲，结果通常是弊大于利，而且到青春期时往往会无力抗拒那时所产生的性的迫切要求。所以，在儿童期内开展预防神经病的工作到底是不是有利，或者说一种改变了的对现实的态度是否能够收到效果，这都不好说。

现在我们回过头来继续讨论症候的问题。症候能让患者产生现实中所缺乏的满足，而满足的方法就是让力比多退回到过去的生活，也就是退回到对象选择或性组织的较早阶段。我们之前提到过，神经病人经常无法摆脱过去生活的某一时期，现在我们知道了，这个过去的时期正是他的力比多得到满足和感到快乐的时期。神经病人经常回顾已往的生活史，并不断追求这一个时期，以期凭借记忆或想象的帮助回复到吸乳的时期。症候在某种程度上重复产生了那种早期婴孩的满足方式，哪怕这种方式因为矛盾而带来的检察作用必须有所化妆，并且有时候也会转化为一种痛苦的感觉，很可能导致神经病的发生。有时候，伴随症候发生的满足，患者并不知道其为满足，反而深以为苦，只想逃避。这种转化起源于精神矛盾，症候便是在这种矛盾的压力之下形成的。于是过去视为满足的，现在却不得不引起他的反抗或恐怖了。生活中有很多有关这种感情变化的简单而有趣的例子，比如，一个孩子原本非常喜欢吮吸母亲的胸乳，但几年之后，他却会对乳汁有一种强烈的厌恶，而且这种厌恶经久不衰。如果乳汁或其他含有乳汁的液体表面有一层薄膜，那么这种厌恶感竟可化为恐怖。这是因为这层薄膜也许使他记起从前所曾酷爱的母亲胸乳，而且断乳时创伤的性经验对其也产生了影响。

另外，还有一点也让我们对于症候作为力比多的一种满足方法感到奇怪而又无法理解。我们在现实生活中看成是满足的，在症候中却从来没有表现。这是因为症候多是不依赖对象的，它与外界的现实没有什么关联。这是返回到唯乐原则而放弃唯实原则的结果，同时也是返回到一种扩大的自淫病，即一种最早期的满足性本能的方法。它们只在体内求得一种改变，而不去改变外界的情境。换句话说，是以内部的行动替代外部的行动，以适应代替活动——从物种史的观点来看，这又是一个很重要的退化作用。如果我们将它和由症候形成的分析研究所发现的一个新因素放在一起讨论，那么这一点就更加清楚了。另外，我们应该记得症候的形成与梦的形成是一样的，其中压缩和移置作用都在起作用。和梦一样，症候也代表一种幼稚的满足，不过这个满足可能会由于极端的压缩而化成了一个单独的感觉或冲动，也可能因为多重的移置，从整个力比多情结变成了一小段细节。所以，即使我们常常可以证实力比多的满足是的确存在的，但却很难从症候中发现它，也就没好什么奇怪的了。

前面我们说过，我们还要研究一个新的因素，一个令人惊奇的因素。大家都知道，症候分析的结果，已经让我们知道了力比多所执着的以及由症候所形成的幼儿经验，可问题就在于这些婴孩经验不一定都是真实可信的。事实上，对于大多数实例来说，它们都是不可靠的，有时甚至还和历史事实完全相反。要知道，与其他事实比起来，这件事更容易让我们怀疑这种分析所产生的结果，或怀疑整个神经病的分析所赖以建立的病人本身。此外，还有一事令人大惑不解：如果患者提供给我们的经验都是真实可靠的，那么我们就感到有了稳固的基础，但如果患者提供给我们的经验都是虚构和幻想的，那么我们就不得不去掉这种不可靠的立足点而寻找其他出路。可是，事实上患者这些在分析中回忆而得的儿童经验，有时是虚构的，有时也是可靠的，对于大多数例子来说，都是真假混杂的。

假如症候所代表的经验是千真万确的，我们相信它对于力比多的执着是有很大影响的，但如果其只是病人的幻想，我们当然不能把这种幻想当成发病的原因。要得到一个妥善的办法确实不易，或许我们能够在下面这些类似的事实里找到一些线索。

在进行精神分析前，我们在意识中经常保存着关于儿童期内的模糊记忆，这些记忆是可以伪造的，或者说至少是真伪相混的；我们很容易能够看出其中的漏洞来，因此我们至少可以相信，应该对这个意外失望负责任的并不是分析，主要问题还是在病人自身。

我们如果稍微思考一下，就很容易看出这个问题的症结在哪里。事实上，症结在于病人轻视现实，并忽视现实和幻念的差别。病人用幻想的故事来浪费我们的时间，不免让我们很生气。在我们看来，幻想和现实之间的距离差之千里，它们具有不同的价值。其实，病人的思想正常时，偶而也会采取这样的态度。当他提出一些材料引导我们到达所希望的情境（即建筑于儿童期的经验之上的，构成症候的基础）时，我们也分不清所研究的到底是现实或是病人的幻想。只有根据后来的某种迹象才有可能解决这一问题，并且那时我们还要想办法让病人知道真正的结果，告诉他哪些是幻念，哪些是现实。要完成这个工作是非常不容易的。因为如果我们刚开始就告诉他，就如同每一个民族用各种神话来掩盖已经忘掉的历史一样，他目前所说的都是他曾用以掩盖儿童期经验的幻念，那么他对于这个问题的兴趣就会突然锐减（他也想寻求事实而不是幻想），结果就会让我们大失所望。不过，如果我们暂时让他相信我们所研究的确实是他早年时的真确事件，等到分析完成以后再对他说明，那么我们就要冒后来可能发生错误的危险，并且可能会受到他的讥笑，认为我们容易受骗。他一定要经过一个很长的时期才能明白，幻念和现实应受到同等待遇，而且在开始时，被研究的儿童期经验到底属于幻念还是现实根本不重要。而且，这显然也是对于他的幻念所应有的唯一正确的态度。事实上，幻念也是一种实在。

我希望大家不要认为这些幻念都是不存在的，而要把它当作病人创造出来的一种真实的反应。这种真实反映了一种心理的现实，它的重要性丝毫不亚于病人真正经历过的那些事实。事实上，在神经病的领域里，心理的现实才是唯一主要的因素。

神经病人在儿童期内所常发生的事件，可以分为窥视、引诱、阉割三个方面，这三个方面都有现实的基础，如对于父母性交的窥视、为成人所引诱、对于阉割的恐怖。如果你认为这些事情不会真的发生，那就错了。事实上，年纪大一点的亲属们都可以证明此事。比如，一个小孩子玩弄自己的生殖器，他的父母或保姆就会吓唬他，说要割掉他的生殖器或砍断他犯罪的手，以便阻止他的这种行为。做父母的往往会承认有这样的事，因为他们认为这种恫吓是理所应当的。有许多人对于这种恫吓还留有清晰的回忆，如果此事发生在较后的儿童期中时就更是如此。而且如果提出恫吓的人是母亲或其他女人，病人就往往会将执行惩罚的人说成是父亲或医生。过去，法兰克福有一个儿科医生叫霍夫曼，他曾写了一本书，名叫《斯特鲁韦尔彼得》（*Struwelpeter*），这本书在当时非常出名，因为作者在书中对于儿童的性及其他情结有着独特的见解。在书中，作者提出了以割大姆指作为吮指头的惩罚，其实这就是用来替代阉割的观念的。从对神经病人的分析来看，阉割的恫吓看起来很常见，事实上却并不是这样。

我们必须承认，儿童因受成人的暗示，才知道自淫的满足是被社会所不许的，又因看见女性生殖器的构造而受到了影响，于是就用这种知识作为编造以上恫吓的基础。还有一种可能，一个小孩子即使曾经没有什么了解和记忆，但也许会亲眼看见过父母或其他成人的性交，从而受到影响。如果他详述了性交的动作，但实际上并未亲眼看到过，那么，他所描述的的场面可能就是建立在对两只狗（或其他动物）交媾的观察基础上的。之所以会这样，主要是因为在青春期内，他的偷窥欲没有得到满足，于是他的回忆便以幻想的面目出现。至于有人说他在娘胎中就看见过父母性交，那绝对是幻想。

关于引诱的幻想则有更为特殊的兴趣，因为这往往不是幻念而是事实的回忆。不过，这种幻想与其原来的面目已经大不相同了。比如，一个女孩子在叙述自己孩提时的经过，常说引诱者是父亲，而事实上，引诱常常来自于同年龄或较大的孩子。至于在儿童期内未受引诱的儿童，他因手淫而深感惭愧，于是便在幻想中确立一个心爱的对象，以掩蔽那时的自淫活动。大家千万不要认为儿童受近亲引诱的事是完全虚构的。大多数精神分析家在所治疗的病例中，都证实过此事，只不过这些事件实际上本属于较后的儿童期，而在幻想中被移到较早的儿童期中去了。这些幻想表明，这种儿童期内的经验是神经病必不可少的条件。

如果这些经验确实曾见于事实，那当然很好，但是如果实际中并没有这些经验，那么它们一定是起源于暗示而为意匠经营的产物。不过，不管是幻想还是现实，这些经验都是十分重要的。那么，这些幻想的材料到底来自何处？无疑是出自本能，可是同样的幻想总是由同样的内容构成的，这又怎么解释呢？对于这一点，我心中有一个答案，不过在你们眼中，这个答案可能是极为荒唐的。我认为这些原始的幻念（primal phantasies，我用这个名词来指代这些幻念及其他一些幻念）是为物种所有的。一旦个体自己的经验不够用的时候，他们就会利用古人所曾有过的幻念。在我看来，今天我们在分析中所看到的幻念，在人类史前的时期都是事实，比如儿童期内的引诱，见父母性交而引起的性兴奋，以及阉割的恐吓或者说阉割本身等。儿童在幻念中的表现只能说是在用古人曾经有过的经验来补充个体实有的经验，我们甚至怀疑，比起任何一个学科，神经病的心理学都似乎更能提供给我们关于人类发展的最初模型的知识。

既然已经说起这些事实，就免不了要说一下所谓"幻念形成"这种心理活动的起源和意义。大家知道，虽然没有人完全了解幻念在心理生活中的地位，但总体来说幻念所起的作用还是非常重要的。关于这一层，我可细述如下。我们知道，人类的自我在现实面前逐渐顺应现实的要求，从而追求唯实原则，于是，自我便不得不暂时或永久放弃了种种求乐的欲望以及欲望的对象和目标——不仅是关于性的。然而放弃是痛苦和困难的，于是一种补偿的心理活动便产生了，这就是幻念。在幻念中，那些已经被遗弃的快乐渊源，和满足快乐的途径都可以脱离现实的要求还有所谓"考验现实"的活动而继续存在。每一种渴望都变成了满足的观念，虽然明知道这并不是现实，但在幻念中求得欲望的满足却同样能够引起快乐，所以人类仍可以在幻念中继续享受着不受外界束缚的自由。由于在现实中得到的那微乎其微的满足是无法救饥解渴的，于是他忽为求乐的动物，忽又为理性的人类。

丰唐曾说过，"有所作为就会有连带而来的产物"。幻想的精神领域的创造过程几乎和这种情况一样，即在因农业、交通、工业的兴旺发达而使地貌迅速失去原始形态的地区，留有一方"保留地带"和"自然花园"。不管是无用的或有害的旧有事物都可以在这个保留地带中任意生长繁殖。幻念的精神领域就是从唯实原则手里夺回的"保留区"。

白日梦是我们所曾见过的最为人所熟悉的幻念的产物，它是野心、夸大和性爱欲望想象的满足。现实生活中越谦逊，幻想上就越骄傲自满，由此可以看出，想象的幸福实质就是回到一种不受现实约束的满足。我们知道夜梦就是以这些白日梦为核心和模型的，换句话说，夜梦基本上就是白日梦。白日梦未必是意识的，潜意识的白日梦也很常见，所以，这种潜意识的白日梦既是夜梦的根源，也是神经病症候的根源。

接下来，我们说一下在症候形成过程中幻念起到的重要性。我们前面说过，力比多因遭受了剥夺，在复返之前曾离开过，不过仍有一小部分能力附着在原地。这里，我并不是想要修改或者撤销这句话，而只是要在中间插入一个连锁的枢纽。力比多到底怎样回到这些执着点上面的呢？事实上，力比多并没有完全丢掉这些对象和渠道，它们仍逗留在幻念中，并保持着和原来差不多的强度。

力比多只要退回到幻念里面，就能够寻路回到被压抑的执着点之上。这些幻念尽管与自我相反，但是二者之间并没有矛盾，自我并不排斥幻念，对幻念很宽容，相对的，自我也因此得到了发展。自我本来要依靠着某种数量性的条件而保持不变，但现在却因力比多回到幻念里面而被扰乱了。因为被附加了能力，幻念便会更加奋勇直前想要将其变成现实，而那时幻念和自我的矛盾就必然会出现。这些幻念过去虽然是潜意识的或意识的，现在却是既受自我的压抑，又受潜意识的吸引。由此，力比多便从潜意识的幻念而深入到潜意识内幻念的根源，也就是又回复到力比多原来的执着点之上了。

力比多返回到幻念之上其实是症候形成途径的一个中间阶段，我们可以将之称为内向（introversion）。内向是荣格曾创造的一个名词，不过，他却将这个很适用的名词用在了别的事物上。我则坚持这个词用在这里最合适，于是，我们便将力比多偏离开实在的满足，而过分地积储于原本无害的幻念之上的这种历程称为内向。当一个内向的人处于一种不稳定的状况之下时，就很有可能成为神经病人。他正在移转的能力如果受到扰乱，就能够引起症候的发展，除非他的力比多可以从其他途径得到发泄。就是因为力比多停留于这个内向阶段之上，才疏忽了神经病满足的虚幻性以及对于幻念和现实的区别。

大家知道，我已在病因的线索里引进了一个新的元素。这个元素是一个关于数量的元素，我们应该经常加以注意，仅对病因进行纯粹的质的分析是不够的。也就是说，关于这些历程仅有一个纯粹的、动的概念是不充分的，还应该有经济的观点。我们都知道，两种相反的力即使具备了实质性的条件，也不一定发生矛盾，除非二者都有相当的强度。

另外，先天的因素也会引起人的疾病，这也是因为其部分本能比其他本能更占势力。我们甚至可以说，人们的倾向在本质上基本是一样的，差别主要在于量不同。就抵御神经病的能力来说，这个量的成分是非常重要的。一个人能不能患神经病，主要是看他所有未发泄的而能自由保存的能力的到底是多大的量，且有多大一部分能从性的方面升华而移用于非性的目标之上。从质上来说，可以将心理活动最后的目的看成是一种趋乐避苦的努力，从经济的观点来说，则指正确分配心理器官中现存的激动量或刺激量，不让它们积储起来而引起痛苦。

我已经用如此多的篇幅讲述了神经病症候的形成。不过我要再次强调，我今天所说的话都只是就癔病的症候来说的。强迫性神经病的症候虽然与其在本质上是一样的，但实际上还是有很大差异。自我对于本能满足的要求在癔病里表示出反抗，在强迫性神经病中这种反抗更为明显，在症候上占有重要的地位。其他神经病与其差异更大。不过关于那些神经病症候形成的机制，我们还没有加以彻底研究。

在即将结束这部分内容之前，我还想说一种幻念生活，相信大家都会对它感兴趣。幻念也可循一条路返回现实，那就是艺术。其实，艺术家也有一种反求于内的倾向，和神经病人差不多，他也被各种强烈的本能需要所迫促，也有各种渴望，如权势、财富、名誉和妇人的爱等等，但是他缺乏获得这些满足的手段。于是，他和有欲望而不能满足的其他人一样，脱离现实，以转移他所有的一切兴趣和力比多，过上享受幻念的生活。这种幻念本来十分容易引起神经病，但他之所以没有得病，是因为有许多因素集合起来以抵拒病魔的入侵；现实中确实有一些艺术家因患神经病而使自己的才华无法得到完全展露。或许他们的天性中有一种强大的升华力，而在产生矛盾的压抑中存在着一种弹性，因此，艺术家所发现的返回现实的路径一般是这样的：过幻念生活的人中不是只有艺术家，幻念的世界容许所有人类，不管是谁只要有愿望没有实现都可以去幻念中寻求安慰。不过，对于没有艺术修养的人们来说，其从幻念中得到的满足是非常有限的；他们的压抑作用是残酷无情的，因此除了意识的白日梦外，他们无法享受任何幻念的快乐。但对于真正的艺术家来说则不是这样。首先，他知道如何润饰他的白日梦，使这些白日梦不露出个人的色彩，又能被他人共同欣赏；他还知道如何对白日梦进行充分的修改，掩饰那些不道德的根源；其次，他又有一种可以处理特殊材料的神秘才能，使它们忠实地表现出幻想的观念。他也知道如何把强烈的快乐附着在幻念之上，至少可以暂时控制住压抑作用使其无所施其技。

如果他可以把这些事情全部完成，那么他就能够使他人共同享受他潜意识的快乐，而且让人们对他感戴和赞赏。那时，他就能够通过自己的幻念而赢得从前只能从幻念中才能得到的东西，如荣誉、权势、爱情等等。

第二十四讲
一般的神经过敏

在上面一讲中，我说了很多不容易理解的话，现在可暂时离开本题，听听大家有什么意见。我知道大家不太满意。你们肯定以为精神分析引论与我之前讲过的一定不一样，你们想要听的并不是理论而是生活中的实例。你们可能要告诉我，那个关于楼上和楼下两个小孩的故事能够用来说明精神病的起因，可我不得不遗憾地告诉你们这并非实际的例子，而是我捏造出来的故事。或许你们还想告诉我，当我开头叙述那两种症候（我们希望这也并非想象的），并说明其经过及其和病人生活的关系时，症候的意义就已经出现端倪了，你们肯定希望我能继续这样地演讲下去。可是，我并没有那么做，反而给你们讲了很多又长又难懂的理论，而且这些理论似乎总是讲不完，经常需要加以补充。我还介绍了很多过去没有介绍给大家的一些概念。我一会儿放弃叙述的说明，而采取动的观点；一会儿又丢掉动的观点，换上一种所谓经济的观点，让你们很难领会这些学术名词到底都有什么样的涵义，是不是只是为了好听才不停调换。我又列出了许多不着边际的概念，如唯乐原则、唯实原则、物种发展的遗传等，可还没有加以说明就将它们抛弃到一边去了。

大家可能也会心存疑虑，我要讲神经病，为何不先讲大家都知道而感兴趣的神经过敏，或神经过敏者的特性，比如患者与外界接触时令人难以理解的反应和他们的激动性、不可信赖性，以及完成任何事情的无能？为何不从日常简单的神经过敏的解释讲起，再逐渐讨论那些难以理解的极端表现呢？

对于这些，我无法否认，也不能怪大家。我不能夸许自己陈述的能力是如何厉害，以至于能够想到每一个缺点都有特殊的用意，我认为换一种方式进行可能会对大家有利。说实话，我最初确实是这样想的，不过，并非每个人都能顺利实行一个合理的计划，总是会有一些事实突然介入材料，而让人不知不觉改变了初衷。虽然作者很熟悉材料，可是陈述起来也未必尽如作者之意；往往自己说完了也不知道为什么要这样说而不那样说，让人大惑不解。

或许这是因为我的论题，即精神分析引论本来不包括这段讨论神经病的文字。因为精神分析引论部分包括过失和梦的研究，而神经病的理论已经属于精神分析的本论了。我想我不可能在如此短的时间里阐述神经病理论所包含的所有材料，因此，我只能作简要的叙述，让大家在上下文之中了解症候的意义，以及形成症候时所有体外、体内的条件和机制。

这就是我所要做的工作，也就是精神分析现在所能贡献的要点。正因为如此，我才讲了那么多关于力比多及其发展和自我发展的话，相信大家在听了最初的若干讲之后，已知道了精神分析法的主要原则以及潜意识和压抑（抗拒）作用等概念的概况。

在接下来的演讲里，你们将会知道精神分析工作到底在哪一点上找到了它的有机衔接。我说过，我们所有的结果都只是对单一的一组神经病来研究的，即移情的神经病，而且，我也只是详述了癔病症候形成的机制。你们虽然可能还没有完全了解和明白所有的知识，但是我希望大家至少已经稍稍了解精神分析工作的方法，及其非解决不可的问题和应当叙述的结果。

　　大家希望我在开始演讲神经病时，先描述患者的行为，还有他是如何患病的，如何设法抵抗的，又是如何想办法求得适应的。这的确是一个非常好的论题，值得研究，也很容易讲述，不过也有很多原因不让我们从这里入手。其中一点就是存在这样的危险，即潜意识和力比多的重要性会因此而被忽视和看轻，而且所有事件都将根据患者的自我观点来判断。大家都对患者自我的不可信赖和自我祖护心知肚明。自我总否认潜意识的存在，并压抑潜意，那么在与潜意识相关之处，我们要怎么去相信自我的忠实呢？况且受压抑最厉害的往往是被否定的性要求。显而易见，用自我的观点，一定无法了解这些要求的范围和意义。如果我们知道了压抑作用的性质，自然就不会让自我来充当这个争衡的裁判了。我们应警惕自我对我们所说的话，不要上当受骗。假如是它自己提出的证据，那么它似乎从始至终都是主动的力量，因此症候的发生也几乎是它的愿望和意志为依据的。我们知道，自我多数时候都处于被动的地位，事实上这是它掩饰事实的方法。不过它也不能经常维持这个虚伪的局面——在强迫性神经病的症候里面，它必须承认自己遇到了一些一定要努力去抵抗的势力。

　　一个人假如不注意这些警告，而甘愿被自我的表面价值所欺骗，那么所有的事情就都能顺利地进行了。精神分析所侧重的潜意识、性生活及自我的被动性所引起的抗议，他也都可以避免了。阿德勒说，神经过敏是神经病的原因而非结果，他同意这种说法，却不能解释一个梦或症候形成中的细节。

　　如果你们问我：我们是否可以既重视自我在神经过敏和症候形成中所起的作用，同时又不忽视精神分析所发现的其他因素？我的回答是：这当然是可能的，我们迟早能这么做，可是精神分析现在所要做的研究，并不适合以这个终点为起点。不过我们可以事先指出一点，将这个研究包含其中。有一种神经病叫作自恋神经病，自我与自恋神经病有着十分密切的关系，分析研究这些神经病，就会让我们正确而可靠地预估自我在神经病内所占的地位。

不过，自我和神经病之间，还存在一种显而易见的关系。这种关系几乎在各种神经病中都存在，不过在创伤性神经病（我们还不是很了解这种神经病）中尤其明显。各种神经病的起因和机制中都有同样的因素，不过对于一种神经病来说，这种因素在症候的形成上占据着重要的地位，而对另一种神经病来说，其他因素又占据重要地位。这就如同剧团中的演员，每一个演员都去演一个特殊的角色，如主角、密友、恶徒等，每个人都选取不同的、适合自己表演口味的角色。因此，形成症候的幻念并不像在癔病中的那么显著，而自我的"反攻"或抵抗主要针对强迫性神经病，至于妄想狂的妄想则以梦内所谓润饰的机制为特点。

自我有自私利己的动机，在这一点上，创伤性神经病，尤其是源于斗争的创伤性神经病表现得尤其突出。单是创伤还不足以致病，但是如果创伤性神经病已经形成了，那么这些动机就将变成疾病维持的基础。这个趋势目的在于保护自我，使自我不受引致疾病的危险。它同样不愿恢复健康，除非确定危险已不会再卷土重来，或者尽管有危险，但酬报相当丰厚。

自我对于其他所有神经病的起源和延续也有这样的兴趣。我们曾说过，症候会满足压抑的自我，同时受到自我的保护。以症候的形成来解决精神矛盾可以说是一种很便利的办法，也十分符合唯乐原则的精神，因为症候可以让自我免去精神上的痛苦。事实上，就连医生也认为，有些神经病的确是解决矛盾的好方法，它对别人最无害，而且又被社会所容许。医生有时承认他也同情正在接受治疗的疾病，或许你们听了会觉得惊奇，但事实上，并不是所有人都把健康看成是最重要的事。患者也知道世界上除了神经病的病痛外，还有其他各种痛苦，但是他出于需要，宁可牺牲自己的健康。此外，他还知道如果有了这种病痛往往能够避免遭受许多人的其他各种困苦。所以，虽然说每个神经病人都逃入于疾病中，但也必须承认，很多病例都有着逃遁的充分理由。医生知道这种情形，有时也只好默许了。至于这些特例，我们暂且不予讨论。

大致来说，自我逃入神经病后，就在内心中"因病而获益"。而且在某种情况下还能获得一种具体的外部利益，在实际中也稍有价值。我们来举一个最普通的例子，比如有一妇人受到了丈夫的暴力虐待，她若有神经病的倾向，那么逃入病中就是最好的选择。假如她太懦弱或太守旧而不敢用偷情来自慰，或者她不是很坚强，不敢公然反抗外界的攻击选择与丈夫离婚，又或者她没有独立生活的能力也没有找到一个更好的丈夫的希望，又或者她在性的方面对这个蛮横的男人仍怀有强烈的依恋，那么逃入病中就是她唯一可以利用的方法了。疾病就是她的工具，她可以用它来抵抗丈夫，来进行自卫，甚至可以用它来进行报复。她虽然不敢抱怨婚姻，但却可以公然向医生倾诉内心苦闷。医生成了她的良友，而原本粗暴蛮横的丈夫现在也不得不宽恕她了，为她花钱，允许她离开家庭，稍微放松了对她的压迫。假如由病而得的这种外部的"偶然的"利益极为明显，实际上又没有任何代替品来替代疾病，那么即使医生用尽全力，也未必能够治好患者的疾病。

由于自我所欲和自我所创的说法，我曾对神经病表示反对。或者你们会认为我刚才所说的"因病而获益"的话是在为自己的这种说法辩护，不过我想请大家冷静一下，其实这话或许只有这样的意义：自我可欢迎自身任凭怎样都无法避免的神经病，如果神经病真的有何可利用之处，那么自我就会尽量加以利用。

这只是问题的一面。如果说神经病是有利益的，自我自然愿意与它相安无事，不过我们必须想到，在利益中还存在各种不利的地方。很明显，自我在接受神经病的同时也有所损失，它能解决矛盾，但却会付出惨痛的代价。事实上，伴随症候而来的病痛与之前症候矛盾的苦痛程度几乎是相等的，甚至可能还要大一些。自我既想要避免症候带来的痛苦，同时又不愿放弃由病而来的利益，这正是自我无法两全的事。由此看来，自我其实并不愿意如它最初所想的那样，要由始至终主动地关心这个问题。我们要牢记这一件事。

假如你们是医生，并在治疗神经病人方面有很多经验，那么你们就不会期望那些抱怨病痛最厉害的患者会最容易接受你们的援助——因为事实正与此相反。不管怎样，大家不难知道，只要是因病而获益的事，都完全可以加强由压抑而起的抗力，进而为治疗增加困难。

另外还有一种因病而得的利益，并不是与症候同时出现的，而是产生于症候发生之后。像疾病这样的心理组织，如果持续的时间很长，往往能够获得一种独立实体的性质。它具有与自存本能相类似的功用，同时还构成了一种"暂时安排"，与精神生活的其他力量互相结合，即使完全相反的力量也不例外。它也很少会放弃那些能够一再表现自身有用和有利的机会，于是它常获得一种第二机能来巩固自身的地位。我们现在不用拿疾病来举例子，而从现实生活中选取一个例子：一个很有能力的工人，在工作中因意外受伤而不幸成了残废。他失去了工作能力，于是只能依靠按期领得少数的赔偿金和乞讨得来的少量金钱度日。他的新生活虽然比较低贱，但正因旧生活的破坏才能得以维持。如果你想要治好他的残废，就等于剥夺了他维持生活的手段，因为他现在是否能再从事以前的工作，已是一个疑问了。神经病假如也有这种附带的利益，我们便可使之与第一种利益相并列，将其命名为因病而获得的第二重利益。

大家千万不要小瞧了因病而获益的实际重要性，但也不必太重视它的理论意义。除了前面我们已经承认的特例之外，这个因素还经常让我们想到奥伯兰德尔在《飞跃》一书中所举的一个说明动物智力的例子。

一个阿拉伯人骑着一匹骆驼，在高山中的狭路上行走，在转弯处忽然看到前面有一头狮子正要向他猛扑过来。此时的他根本无路可逃，一边是深谷，一边是峭壁，没有任何退避和逃走的路，他只得坐以待毙了，但是骆驼则不然。它纵身一跃，带着骑者一同跳下了深谷，而狮子只能在旁边看着干瞪眼了。神经病对病人的救助未必有多大，就算它用症候来解决矛盾，但终究只是一种自动的历程，根本满足不了生活的实际要求，而且病人一旦用症候来解决问题，他的其他才华肯定会被放弃。假如这个时候还有选择的可能，那么较容易的办法就是上前和命运进行一场公正的搏斗。

我不以一般的神经过敏为出发点，到底有何目的？这一层我还要加以说明。大家可能认为从这个讲起，会很难证明神经病起源于性，如果这么想你们就错了。

就移情的神经病来说，必须对其症候加以解释，方能看出其起源于性，至于我们称之为实际神经病（actual neuroses）的一般形态，它的性生活的起因却是引人注意而又显而易见的事实。我在二十多年前就已经知道了这一事实，也是从那时起就开始怀疑，为什么在检查神经病人的时候，不把一切关于性生活的事都加以考虑呢？

由于研究此事，渐渐引起了病人对我的不满，不过经过一段时间的努力研究，我得出了一个结论：如果一个人的性生活是常态的话，那么他就不会得神经病——我指的是实际神经病。虽然这个结论有些忽略了个体的差异，"常态"一词也还欠缺固定的意义，但是总体来说，这个结论在今天仍具有相当的价值。之前，我可以在某种神经过敏与某种受伤的性状态之间建立一种特殊的关系，假如仍有类似的材料来供我研究，我一定可以把这些关系重复一次。在研究的过程中，我常注意到，一个人如果对一种不完全的性生活满意，如手淫，他就会患有一种实际的神经病。如果他的性生活方式发生变化，那么可以肯定，他的神经病也会立即变成另外一种。我能够根据病人病情的变化去推知他的性生活方式的变化，如果我坚持这个结论，一直到让患者不再说谎而作出证明为止，那么他们肯定就会转身寻求那些对性生活不感兴趣的医生了。

事实上，我也知道神经病的原因并不总是来自性的方面。有些人是因为性的境况受到损害而得病，但也有些人会因为财产损失或身体机能严重失调等原因而致病。关于这些变化的解释，之后我们自然就会明白。到时候我们对于自我和力比多的关系将会有更深切的了解，并且对这个问题研究得越深刻，我们对于它的了解也就越完满。

一个人只有在自我不能处理力比多的时候，才会患神经病。自我的能力越强大，处理起力比多问题来也就越容易；自我能力减弱一分，力比多要求神经病患病的趋势就会更强烈。另外，自我和力比多之间还存在其他一些较为密切的关系，不过现在还不是讨论这些关系的时候，我们暂时将其搁置。我们需要注意的是，不管哪种神经病，也不管是如何起病的，神经病的症候必须依赖力比多提供的能量来维持，而力比多的用途也会随之失调。

现在我要告诉大家，实际神经病的症候和精神神经病（psychoneuroses）的症候是完全不同的。之前我曾讲过的大部分内容是有关精神神经病的第一组，即移情的神经病。与精神神经病的症候一样，实际神经病的症候也起源于力比多，其症候其实是力比多的变态用法，是力比多满足的代替物。实际神经病的症候纯粹是一个物质的历程，与心灵无关，与复杂的心理机制也无关。如头痛、苦痛的感觉、某些器官的不安情况、某些机能的减弱或停止等，它们都是生理上的变化（即如癔病的症候也是这样），通常不会受心理变化左右。然而它们到底是怎样成为力比多的表现的呢？力比多难道也是在心灵内活动的一种能力吗？事实上，这个问题的答案很简单。

我现在把反对精神分析的第一种理由再为大家重述一下。反对者认为我们的理论是想只用心理学来解释神经病的症候，因为过去从来没有任何一种症候能用心理学的理论来解释，因此我们成功的希望看起来是极为渺茫的。可是这些批评家忘记了性的机能不纯粹是心理的，正如它不仅仅是物质的一样。它的影响既有身体生活上的，也有心理生活上的。我们已经知道，精神神经病的症候是性的机能受到扰乱后的心理结果，那么如果我告诉你们，实际神经病是性的扰乱在机体上所产生的直接结果，你们也就不会感到惊讶了。

临床的医学为我们提供了一个十分有用的信息（这已被许多不同的研究家所公认），我们可以借此来了解实际神经病：就实际神经病症状的细节及其身体的系统和机能共同显示的特点来看，这与异质毒素的慢性中毒或突然排除（即酒醉或戒酒后的状况）后所发生的病态相似。这两种病态可以用巴西多病（Basedow's disease，即突眼性甲状腺肿exophthalmic goitre）的状况进行比较，因为这种病也是因为中毒产生的，只不过它的毒素不是来自体外，而是来自体内的新陈代谢罢了。从这些比拟中我们看出，实际神经病源是在于性的新陈代谢作用受到扰乱。至于扰乱的因素则可能是由于产生了过多的性的毒素，病人机体不能处理，或者是内部的甚至于心理的状况不容许机体处理这些毒素。这种关于性欲的性质假定早就已经得到远古人类的认可，比如酒可生爱，爱可称为沉醉——这些观念已或多或少地将爱的动力移于身体之外了。

我们应该还记得性觉区这个概念，并想到各种不同的器官都可发生性的兴奋。除了这些，关于性的新陈代谢或性的化学知识还是空白的一章。对于此事，我们还一无所知，也无法断定性的物质是不是分为雌雄两种，或是只假设一种性的毒素为力比多的各种刺激的动因就可以了。现在我们所建立起来的精神分析大厦其实还只是一种上层建筑，我们早晚要为其建造有机的基础，不过就我们目前所掌握的知识来说，要建造这个基础尚嫌不够。

精神分析之所以是一门科学，其特点主要在于所用的方法，而非所要研究的题材。这些方法可以用来研究文化史、宗教学、神话学以及神经病学，且都不失其主要的性质。精神分析的目的和成就，是发现心灵内的潜意识。实际神经病的症候可能是直接起因于毒素的损害，因此它们不是精神分析所要研究的问题，既然精神分析无法对其做出任何解释，那么就只好将此工作移交给生物学及医学去研究了。

现在，大家应该能更好地理解，为什么我要如此安排我的演讲顺序了吧。如果我要讲神经病学引论，那么我就应该先讲实际神经病的简单形式，然后进一步讲述那些因力比多扰乱而导致的较为复杂的精神病，这才是正当的办法。那样的话，我就必须要从各方面收集关于神经病的知识，而就精神病来说，就应该引入精神分析作为了解这些病态的最重要的技术方法。

然而，我所宣布的题目是精神分析引论。我认为传授给大家精神分析的观念要比传授一些神经病的知识更加重要，所以对于精神分析的研究并没有什么贡献的实际神经病，就不适合放在前面来说。同时，我也认为我这样选择对大家来说是非常有益的，精神分析的知识是值得一般受教育者注意的，而神经病的理论则只是医学上的一章。

不过，你们希望我注意实际神经病也是对的。因为实际神经病和精神神经病在临床上有着密切的关系，这足以引起我们的注意。我要告诉大家，实际神经病一共有三种单纯的形式：第一种是神经衰弱（neurasthenia），第二种是焦虑性神经病（anxiety-neurosis），第三种是忧郁症（hypochondria）。这种分类也不完全可靠，因为这些名词的涵义是很难确定的。有些医学家认为在神经病的混乱世界中，不应该有任何分类，因此他们反对临床上所有病症的种类，甚至会对实际神经病和精神神经病的区别加以否认。我觉得他们这样做太过分了，他们所采取的方向根本就不是一条进步的道路。上述三种神经病形式可能单独出现，也可能相互混合，而且兼有精神神经病的色彩，因此我们不应放弃了它们彼此间的区别。大家都知道，矿物学中的矿物和矿石是有区别的，矿物能够一一分类，一部分原因就是因为它们常常是结晶体，与环境不同。而矿石则为矿物的混合体，但其混合也不是单纯依赖机会而都是有一定条件的。就神经病的理论来说，我们对于它们的发展历程知道的不多，没有与矿石相等的知识，但我们如果将能够辨认的临床元素（这些元素就好比是个别的矿物）先行提出来，这也未尝不是个好的研究方法。

实际神经病与精神神经病之间还有一种非常重要的关系，即精神神经病症候的初期阶段常常表现为实际神经病的症候。这种关系在神经衰弱症与移情神经病中的转化性癔病（conversion hysterin）之间，以及焦虑性神经病与焦虑性癔病之间表现得都十分明显，同时也可见于忧郁症与我们以后要讨论的一种神经病，即妄想痴呆（paraphrenia，包括早发性痴呆和妄想狂）之间。

我们可以举癔病中的头痛或背痛为例。分析表明，这种疼痛是利用压缩作用和移置作用，满足了力比多的幻想，或代替了记忆。有时这种疼痛并不是虚构的，而是性的毒素作用后的直接症候，也是性的兴奋在身体上的表现。我们原本并不认为所有癔病的症候都存在这样一个核心，但事实确实如此，而且性的兴奋在身体上所有的影响（不管是常态的还是病态的）都适合用来形成癔病的症候。它们就如同一粒沙土，是牡蛎采取造成珍珠母的原料，凡性交时所有性的兴奋的暂时表现，都能够造成精神神经病症候最适宜、最便利的材料。

另外还有一种历程，在诊断及治疗上也特别有趣。有些人虽有神经病的倾向，但长期以来并没有发展为神经病。然而，如果他们的机体出现了发炎或损伤等状况，这种所谓的症候或实际上的症候，就会立即被采用，被潜意识幻想用来加工成为精神神经病的症候。医生处理这种情况时，往往会先试用一种治疗法，然后再试用另一种治疗法。要么设法消灭症候所依赖的机体基础，而不问其有无神经病的倾向；要么只治疗已形成的神经病，而置其机体的刺激于不顾。这两种方法有时这种有效，有时那种有效，至于就这种混合的病状来说，尚未有所谓普通的原则可以遵循。

第二十五讲
真实的焦虑和精神病的焦虑

　　我知道。大家一定会认为我上一节关于一般的神经过敏的讲演是非常不完满的。很多神经过敏者都抱怨"焦虑",把它当作最可怕的负担。我想你们肯定十分惊讶,我为什么却单单没有提及焦虑这一层。事实上,焦虑或恐怖常常变本加厉导致最无聊的忧虑。我不希望在这个问题上敷衍过去,我决定尽可能将神经过敏的焦虑问题进行详细讨论。

　　焦虑或恐怖其实并没有什么可描述的,几乎每个人都曾亲身体验过这个感觉,准确点来说,是体验过这个情绪。神经过敏的人相较于其他人来说,为什么会特别感到焦虑,对于这个问题我们还没有进行认真的讨论。可能我们认为神经过敏的人就应该这样的,并觉得神经过敏和焦虑两个名词是互相通用的,意义差不多,其实这种想法是错误的。常常感到焦虑的人未必就一定患有神经过敏,而症候很多的神经病人也未必会有焦虑的情绪。

　　不管怎样,有一个事实是毋庸置疑的,焦虑是各种最重要的问题的中心,如果我们弄明白了焦虑,也就了解了整个心理生活。我自认为即使不能给大家一个完满的解决,至少可以让你们看到我用一种不同于学院派医学的方法，即精神分析来研究这个问题。学院派的医学注重的是焦虑所引起的解剖历程。我们知道如果病人延髓受了刺激，医生往往会说病人在迷走神经上患了一种神经病。延髓当然是一个不错的对象，我曾经也为研究延髓费了许多时间和劳力。不过现在我必须说，你们如果想要了解焦虑的心理学，根本无需掌握那些关于刺激所经过的神经通路的知识。

精神分析认为，焦虑有两种不同的形态，一个是真实的焦虑，另一个是神经病的焦虑。真实的焦虑或恐怖对我们来说可能是一种最自然、最合理的事，我们将之称为对外界危险或意料中伤害的知觉反应。这种反应与逃避反射相结合，是一种保护自我的表现。至于引起焦虑的对象和情境，则随着一个人对外界的知识和势力的感觉不同而有所不同。野蛮人因为无知而害怕炮火或日食月食等天象，文明人则因为懂得开炮又能预测天象，而不会害怕。有时候知识虽然能够预料到危险的来临，但同时也会引起自身的恐怖，比如一个野蛮人在莽丛中看到足迹会意识到野兽近在咫尺，从而产生惧怕而退避，但同样的情景，文明人往往会因为无知而无所畏惧。又如一个富于经验的航海家看到天边有一小块黑云，就会惊惧万分，因为他知道风灾将至，而在乘客看来，那块黑云根本不足为奇。

然而大家不要认为真实的焦虑就是合理而有利的，有时候情况恰恰相反。当危险来临时，最有利的行为是保持冷静的头脑，估量自己可以支配的力量是否能够化解面前的危险，然后再决定最佳的办法是逃避、防御还是进攻。至于恐怖根本没有任何好处，没有恐怖反而可以有较好的效果。而且过分的恐怖最为有害，当恐怖来临时，人的行动都会变得麻木，连迈开步子逃跑的力量都没有了。对于危险的反应通常含有两种成分，即恐惧的情绪和防御的动作。一只受惊的动物，它既惊惧同时也会逃跑。事实上，这里有利于生存的行动是"逃跑"，而不是"害怕"。因此，大家肯定会认为焦虑根本无益于生存，不过只有对恐怖的情境进行更详密的分析之后，我们才能对这个问题有更深切的了解。

首先是对于危险的"准备"。在准备阶段，人的知觉比较敏捷，肌肉也比较紧张。这种准备，很明显有利于生存，而如果缺少这种准备，可能就会产生严重的结果。而紧随准备而来的，一方面是肌肉的活动，大多时候是为了逃避，高级的动作则是为了防御；另一方面就是我们所谓的焦虑或恐怖之感了。恐怖之感的时间越短，其至一刹那只起信号作用，则焦急的准备状态也越容易过渡成行动状态，从而使整个事件的进行越有利于个体的安全。

因此在我看来，在焦虑或恐怖之中，焦虑的准备看起来是有益的成分，但焦虑的发展却会成为有害的成分。至于焦虑、恐惧、惊悸等名词在普通习惯上是不是具有相同的意义，我暂时不加以讨论。我认为焦虑没有确切的对象，恐惧则把注意集中到对象上，而惊悸似乎有其特殊的涵义——它也是就情境来说，对突然到来的危险没有任何准备而产生的反应。对惊悸来说，如果存在焦虑，就可以说它可存在。

你们可能会觉得"焦虑"一词的用法有某种浮泛而不明确的地方。大概地说，焦虑是感觉有危险时产生的主观状态，这种状态被称为情感。那么，情感究竟在动的意义上是怎么一回事呢？它的性质很复杂，包含两种意思：其一，它含有某种运动的神经支配或发泄；其二，它包含某些感觉，这些感觉包含已经完成的动作和直觉，以及直接引起的快感或痛感，情感的主要情调就来源于这种快感或痛感。不过，我并不认为这种叙述已深入情感的实质。

对于某些情感，我们应该有较深切的了解，并知道它的核心连同整个复杂的结构都是某种特殊经验的再现。情感有很早的起源，是整个人类共有的，而并非个体独有的。为了让大家更明白，我们也可以说，情感状态的构造与癔病十分类似，它们都是记忆的沉淀物。所以，癔病的发作可以看成是一种新形成的个体情感，而常态的情感则可以看成是遗传下来的癔病。

大家不要认为我刚才所说的关于情感的话是属于常态心理学的公共财产。事实上，这些概念孕育于精神分析的沃土之中，是精神分析的独特产物。正如詹姆斯-朗格说，心理学对于情绪的理论在精神分析家的眼中是没有什么意义的，也没有讨论的可能。不过，我们也不要认为自己有关情感的知识是无可非议的，这其实只是精神分析在这个朦胧领域内所作的初次尝试。接着往下说，我们相信自己知道这个在焦虑性情感中重新发现的已往印象到底是什么，我们认为关于出生的经验，包含苦痛的情感、兴奋的发泄以及身体的感觉等，只要是足以构成生命有危险时的经验原型，就能再现于恐怖或焦虑的状态之中。

出生时的焦虑经验产生的原因主要是因为新血液的供给（内部的呼吸）停止了，刺激异常增加，可以说第一次引起焦虑的原因是有毒性的。

焦虑这个名词所侧重的是呼吸的紧张，而这种用力的呼吸其实是一种具体情境（指子宫口等）所产生的结果，之后总是伴随而生一种情感。第一次的焦虑是与母体分离造成的，也非常耐人寻味。我们当然相信，在经过了无数代以后，有机体已经具有再次引起这第一次焦虑的倾向，因此没有谁可以避免焦虑性情感。即使他是传说中的麦克杜夫太太（麦克杜夫太太因为较早脱离了母胎，以致无法体验到出生的动作）也不例外。至于哺乳动物以外的其他动物，其焦虑经验的原型到底是什么性质，我们当然不能随便胡说。我们也无法探知它们到底有什么复杂的感觉，这可能相当于我们所感觉到的恐惧。

你们可能很想知道，为什么我会说出生是焦急性情感的起源和原型。这不是来自我的异想天开，而是来自于对人们直觉的启发。很多年以前，我和很多家庭医生一起聊天。有一位产科医院的助理讲了一件关于助产士毕业考试中的趣事。考官问一个考生，孩子出生时羊水中为什么会有胎粪？考生立即回答说："那是因为孩子受惊了。"结果她受到了嘲笑，而且没有通过考试。我内心对这个女孩充满同情，因为虽然她的答案来自其直觉，但是她却看出了一个非常重要的关系。我们还是回过头来讨论神经病的焦虑。神经病人的焦虑到底有哪些特殊的表现和状态呢？

这里我可有许多话要说。首先，在这种焦虑里有一种普遍的忧虑，这是一种"浮动着的"焦虑，易附着在合适的思想之上，影响判断力，引起人的期望心，并等待机会进行自圆其说。这种状态可称为期待的恐怖（expectant dread）或焦虑性期望（anxious expectaticn）。患有这种焦虑的人们经常担心各种可能的灾难，将每一偶然之事或不定之事，都看成是不吉之兆。很多人在别的方面不能称其有病，但是却经常会有这种惧怕祸患将至的倾向，我们可以将之称为多愁善感的或是悲观的。而属于实际神经病中的焦虑性神经病，就经常以这种过度的期待和焦虑作为不变的属性。

第二种焦虑与第一种焦虑相反，它比较受心灵的限制，多附着在一定的对象和情境之上，指代的是各种不同的特殊恐怖症焦虑。美国著名的心理学家斯坦利·霍尔最近曾采用一些华丽的希腊语为这些恐怖症命名，它们听起来就像埃及的"十灾"[1]（the ten plagues

---

1 《圣经·旧约》的《出埃及记》中记载，神叫先知摩西将希伯莱奴隶带出埃及，但是当时的法老不让以色列人离开，此时摩西给法老的土地带来了"十灾"，分别是血灾、青蛙灾、虱子灾、苍蝇灾、畜疫灾、泡疮灾、冰雹灾、蝗灾、黑暗之灾、长子灾。——译者注

of Egypt），不过它们的数目要远远比十个多。

我们可能经常对下面的对象或内容感到恐惧，如黑暗、天空、空地、猫、蜘蛛、毛虫、蛇、鼠、雷电、刀剑、血、围场、群众、独居、过桥、步行或航海等。这些乱七八槽的现象，还可以分成三组。第一组对象和情境确实有一点危险，在我们常人看来也是凶恶可怕的，这些恐怖症的强度看起来有点过分，但完全可以理解，比如我们看到蛇都会害怕而躲避。可以说，大多数人都多少有蛇的恐怖症，达尔文就曾经被一条藏在一块厚玻璃板后面的蛇吓到。第二组所有的对象都和危险有关系，不过这种危险常常被我们忽视，而大多数情境的恐怖症属于这一组。我们知道，坐火车要比在家中危险得多，火车有时会有互撞的危险，而坐船也往往有翻船的危险，但是这些危险我们都未放在心上，游历时坐船乘车都不至于如此担忧。又比如过桥时，桥可能突然断塌，我们就有落水的危险，但是这种事件很少发生，因此它的危险也就不太值得在意了。又如独居也有危险，在某种情况下，我们虽不愿独居，但也不是所有的时候都不耐独居。其他像群众、围场、雷雨等也都这样。我们并不是不能理解这些恐怖症的内容，只是不了解它们的强度。随恐怖症而来的焦虑是根本无法形容的，不过，反过来说，我们在某些情境中感到焦虑的事情，在实际中神经病人却丝毫不怕，虽然他们也同样称它们为可怕的。

另外还有第三组，就完全不是我们所能理解的了。比如一个强壮的成人在城里走，竟然会害怕过街道或广场，一个健康的女人会因为一只猫擦过身旁或一只老鼠在房内窜过而惊恐到几乎失去知觉。我们无法探知这些人所忧虑的危险究竟是什么。对于这种"动物恐怖症"来说，根本不是普通人的畏忌增加了强度的问题了。比如有许多人一看见猫就会忍不住去爱抚，并引起猫的注意。而老鼠本来是多数女人害怕的动物，但是有很多女子却喜欢爱人称自己为"小鼠"，而女人真要见了这小小的动物，又要大惊失色了。

　　一个人害怕过桥或广场，就像小孩子一样。可小孩子往往是受了成人的教训才知道这种情境的危险，而一般患空间恐怖症的人，如果有朋友引导他走过空地，他的焦虑是可以减轻的。这两种焦虑，一个是"浮动着的"期待恐怖，一个是附着于某物之上的恐怖症，两者相互独立，相互之间没有关系。这一种并非另一种进一步的结果，它们很少合在一起，即使混合起来也很偶然。最强烈的一般性忧虑未必就会造成恐怖症；反过来说，终身患空间恐怖症的人也未必就有悲观的期待恐怖。有很多恐怖症，比如怕空地、怕坐火车等，都是长大后患上的。而有些恐怖症，比如怕黑暗、雷电、动物等，则是生来就有的。前者是严重的病态，后者则是个人的怪癖。不管是谁如果有后者中的一种，就可能同时也患有其他类型的恐怖症。我还要再说明一点，所有这些恐怖症都应属于焦虑性癔病，也就是说它们和所谓转化性癔病之间存在密切的关系。

　　第三种神经病的焦虑是一种不解的谜；其焦虑和危险之间不存在明显的关系。这种焦虑可能见于癔病之中，也可能和癔病的症候同时产生。有时，这种焦虑会因某种刺激，出乎意料地出现，而照常理来说，此时应该出现的是另一种情感。有时，这种焦虑无因而至，没有任何征兆和原由，完全是自发的，不但我们不懂，病人也莫名其妙。我们经过多方研究，也没有看出任何危险或存在危险的蛛丝马迹。就这些自发的病症而言，焦虑的复杂情况可以分为许多成分，这整个病症也能够以一个特别发展的症候为代表（来代替），比如战栗、衰弱、心跳、呼吸困难等，而我们所认为焦虑的一般情感，反而不会出现了。这些症状可称之为"焦虑的相等物"，它与焦虑本身存在相同的临床性及起因。

对于真实的焦虑和神经病的焦虑，我们知道了前者是对危险的一种反应，而后者则与危险几乎没有关系。那么，这两种焦虑到底有没有相关联的可能呢？神经病的焦虑又怎么去了解呢？我们现在姑且希望，只要有焦虑出现，就一定会有其所可害怕的东西。我们还可以通过临床观察的三种线索来了解神经病的焦虑。

第一，我们很容易看出期待的恐怖或一般的焦虑与性生活的某些历程有很密切的关系，或者可以说是与力比多应用的某些方式关系密切。我们可以举一些简单而又耐人寻味的例子，你们可以从中看到兴奋受阻而产生焦虑的情况。比如一个男人在订婚之后结婚之前的情况，还有女人因丈夫性能力较弱或为避孕起见而草草地完成性交的行动，都因强烈的性的兴奋经验得不到充分发泄而缺乏完满的结局。在这种情形下，力比多的兴奋就会消失不见，进而产生焦虑之感，或形成期待的恐怖，或形成焦虑相等物的症候。男人的焦虑性神经病多数是因为性交合未能尽兴，女人更是如此。因此医生在诊察这种病症时，一定会先看是否有这种起因的可能。无数的事例证明，如果性的错误能够得到及时更正，那么焦虑性神经病大多可以消失。

据我了解，性的节制和焦虑的关系已被大多数人所承认，即使是向来讨厌精神分析的医生们也不会再否认它。可是他们却仍有曲解这种关系的倾向，认为神经病人本来就畏手畏脚，在性的事情上更是小心翼翼。不过在女人身上，我们却能看到完全相反的证据。通常，女性在性生活上多处于被动地位，其性生活的进行要视男人的情况而定。一个女人如果越喜欢性交并且能力越强，那么对男人的虚弱或不尽兴的交合就会越感到焦虑。相反，一个在性方面不感兴趣或性的要求不是很强烈的女人，即使遭到了同样的待遇，却未必会产生严重的结果。

还有一个关于性的节制或节欲的问题。性的节制或节欲往往会造成力比多没有满足的出路，如果力比多坚持要求发泄，可是在其他方面却又无法升华，那么所谓节欲就会成为导致焦虑的条件。至于结果是否会致病，那往往取决于力比多量的多少了。抛开疾病不说，单就性格形成这一点来说，我们也很容易看出节欲常与焦虑和畏忌相伴，而性的随便宽容则往往和大无畏的冒险精神相连。这些关系虽然可能会由于文化的多重影响而改变，但关于焦虑与节欲有密切的关系这一点却是不容我们否认的。

焦虑的产生与力比多的关系有很多确凿的证据，比如处于青春期和停经期的女人，其力比多的份量会异常增加，对于焦虑就会产生影响。在很多兴奋状态中，我们也能直接看得出性的兴奋和焦虑的混合，以及力比多兴奋最终会被焦虑所代替。由此所接受的所有印象都是双重的，一个是力比多的增加缺乏正常的利用机会，一个是身体历程的问题。焦虑到底怎样发生于性欲，目前还不是十分明了，我们只能说，性欲一旦缺乏，焦虑之感就会随之而来。

第二种线索可以通过对精神神经病，尤其是对癔病的分析而得到。我们知道，焦虑是癔病的症候之一，它没有对象可言，所以病人不能说出他到底害怕什么。于是，病人借润饰作用（见第十一讲），把死、发狂、灾难等最可怕的对象与焦虑联系起来。我们如果分析他的焦虑或伴有焦虑的症候所发生的情境，就很容易发现那遭到阻挠而为焦虑的表现所代替的到底是哪种常态的心理历程。也就是说，我们可以揣测，潜意识的历程如果没有受到压抑，就将顺理成章地进入意识之内。令人奇怪的是，这个历程本该伴有一种特殊的情感，但现在，无论这个理应伴随心理历程而进入意识的情感是什么，都会被焦虑所代替。在病人的潜意识里，总有一种相类似的兴奋存在，比如忧虑、羞愧、迷惑不安，也可以是一种"积极的"力比多兴奋，也可以是一种反抗的、进攻的情绪，比如愤怒，但我们所能看到的却只有焦虑这一种情绪。焦虑就如同一种通用的货币，每当一定的观念内容受到压抑的时候，它可以用作所有情感的兑换品。

第三种线索往往是某些病人的强迫性动作提供给我们的。有些患者经常有一些强迫性行动，如洗手或其他仪式等。这些动作可以免去他们的焦虑，如果禁止他们做这些动作，他们会因此而感到极度恐惧，最后还是被逼着去做出这种动作。我们知道他们的焦虑隐藏在强迫动作之下，之所以做这种动作是为了要逃避恐怖之感。因此，在强迫性神经病内，原本要产生的焦虑就被症候所代替。如果回头来看癔病，也能发现一种大致相同的关系，即压抑作用的结果可产生一种单纯的焦虑，也可产生一种混有其他症候的焦虑，还可产生一种没有焦虑的症候。大概说来，这些症候形成的目的就在于逃避焦虑的发展，所以，可以说在神经病问题中，焦虑占据着一个非常重要的地位。

我们通过对焦虑性神经病的观察，可得出这样一个结论：当力比多失去自身正常的应用时，就能够引起焦虑。这种焦虑的经过是以身体的历程为基础的。从癔病及强迫性神经病的分析来看，还能得出另外一个结论：心理方面的反抗也能让力比多失去常态的应用而引发焦虑。对于神经病焦虑的起源，我们只知道这些，虽然不是十分明确，但是目前还没有其他方法可以增加我们在这方面的知识。

我们的第二步工作，即找到神经病的焦虑（用在变态方面的力比多）和真实的焦虑（对于危险的反应）之间的关系，看起来会进行得十分困难。有人可能认为这两件事根本没有可比性，可是神经病的焦虑感觉与真实的焦虑感觉又确实很难区分。

我们可以借助自我和力比多的对比的关系来说明神经病的焦虑感觉与真实的焦虑感觉之间的关系。我们知道，焦虑的发展是自我对于危险的反应，是逃避之前的预备，然后由此进一步推想自我在神经病的焦虑中也有想要逃避力比多的要求，而且会像对付体外的危险一样，对待体内的危险，这样一来，就证实了如有所虑必有所惧的假设。当然这类似的比喻还不只这些。正如同逃避外界危险时的肌肉紧张，结果可用站定脚跟来采取一定的防御一样，正是现在神经病的焦虑发展让症候得以形成，才使焦虑有了稳固的基础。

不易了解的地方还有很多。既然焦虑意味着自我逃避自己的力比多，那就等于假定焦虑的起源仍在力比多之内，这就使人难以理解了。我们都知道，一个人的力比多基本上是那个人的一部分，不能看成是体外之物。这属于焦虑发展中的形势动力学（topographical dynamics）问题，目前我们了解得还不是十分清楚，比如消费的到底是什么精神能力？或这些精神能力又属于什么系统？

对于这些问题，我不能说我全都能够答复，不过我这里还有另外两条线索，这里我们要借助于直接的观察和精神分析的研究来帮助我们推想；我们先在儿童心理学中求焦虑的源流，然后再说附着于恐怖症的神经病焦虑的起源。

通常来说，儿童都有一种普通的忧虑心理。我们往往很难确定这种忧虑到底是真实的还是神经病的焦虑，但是在研究了儿童的态度之后，我们就很容易判断这两种焦虑的区别了。儿童害怕生人并怕新奇的对象和情境，这并不奇怪，我们只要一想到他们的柔弱和无知，就十分明了了。所以，我们认为儿童都有一种强烈的真实焦虑倾向。如果这种倾向来自遗传，那也只是因为适合实用的要求。儿童不过是在重演史前人类及原始人的行为，他们因为无知无助，对于新奇的及许多熟悉的事物都存在一种恐惧感，不过这些事物在我们成人看来已不再是可怕的了。如果儿童的恐怖症至少有一部分被看成是人类发展初期的遗物，这也在我们的期望内。

在其他方面，还有两件事不能忽略：一是儿童的焦虑是各不相等的，二是那些小时候对各种对象和情境都会异常害怕的孩子，长大后通常就会转变为神经病者。因此，真实的焦虑倘若过度，就可以看成是神经病倾向的标志之一。焦虑性好像比神经过敏还要原始，因此我们可以得出结论说，儿童以及后来的成人之所以对自己的力比多畏惧，只是因为他们对于所有事都感到畏惧。因此，焦虑起于力比多之说可以取消。而且基于对真实焦虑条件的研究，在逻辑上还能得出下面一个结论：对于本身软弱无助的意识（阿德勒将其称之为"自卑感"），到成年时期如果仍然存在，就可视为神经病的根本原因。

这句话虽然简单，却值得我们注意，因为我们用来研究神经过敏问题的观点可能要因此而动摇了。这种"自卑感"，即连同焦虑及症候形成的倾向，好像确实能够持续到成年时期，可在某些特殊的病例中竟然也会出现所谓"健康"的结果，这就需要更多的解释了。那么，通过对儿童焦虑性进行严密观察，我们能得到哪些知识呢？

小孩子一开始就畏惧生人，这种情境之所以重要，只是因涉及情境中的人，后来才牵涉到物。但是儿童一开始就怕见生人并非因为他认为这些生人怀有恶意，也不会把自己的弱小与他们的强大相比较，认为他们会危及自己的生存、安全和快乐。这种关于认为儿童疑忌外界势力的学说其实是非常浅陋的。事实上，儿童见生人而惊退，是因为没有见到一个亲爱而相熟的面孔；主要是母亲。他因感到失望，又变成了惊骇——他的力比多无可消耗又不能久储不用，于是就变成惊骇得以发泄出来。这个情境就是儿童焦虑的原型，是出生时与母分离的原始焦虑条件的重现。

最早让儿童感到恐怖的情境是黑暗和独居。害怕黑暗经常会相伴一生，而不愿保姆或母亲离开的欲望则是二者兼有。我曾听见一个怕黑的孩子大呼："妈妈，对我说话吧，我怕黑。"那个母亲回答："但是那有什么用呢？你也看不见我。"那孩子回答说："如果有人说话，房内就会亮些。"因此，在黑暗中所感到的期望就变成了对黑暗的惊惧。事实上，儿童出生时并不具有真实的焦虑，这种焦虑只是通过后天的训练而形成的。

对孩子来说，他知道得越少，害怕得也就越少，正所谓无知者无畏。因此像那些后来成为恐怖的情境，如登高、过水上的窄桥、坐火车或轮船等，小孩子多不会害怕。我们也希望孩子能够从遗传中获得这些保存生命的本能，那样的话，我们也就无须再花费大把的时间和精力来保护他、照料他，使他不致遭受各种危险了。然而，事实上，儿童总是对自己的能力估计过高，他因为不识危险，经常在行动中毫无所惧，或者沿着河边跑，或者坐在窗台上，或者玩弄刀剪，或者玩火，总之，他那些看起来会伤害自己的所作所为都会使看护者惊惧不已。我们不能让他在痛苦经验中学习，因此就必须通过训练而使他最终引起真实的焦虑。

如果一个孩子很容易因训练而知道惧怕，并对于未受警告的事也能预知危险，我推想那是因为他们的体内力比多的需要超过一般人。要不然，就是他在幼时的力比多习惯了满足。无怪乎那些后来变成神经过敏的人们，在其孩提时，也是神经过敏的。要知道，如果一个人的大量力比多被长期压抑，那么他就很容易患上神经病。我们可以看出，其中是有一种体质的因素在起作用，关于这一点，我们从未否认过。我们从观察及分析的一致结果可以看出，体质的因素本无地位，或仅占有无足轻重的地位，但是有些学者却偏要侧重这一因素而排斥其他因素，这才是我们所反对的。

我们通过观察儿童的怕虑性可以得出下面的结论：儿童的恐怖与真实的焦虑（即对于真正危险的畏惧）并没有什么关系，而是与成人所有神经病的焦虑存在密切的关系。这种恐怖和神经病的焦虑一样，都起源于没有发泄的力比多。儿童如果失去所爱的对象，就会利用其他外在对象或情境作为代替。

现在我们知道，恐怖症的分析所能告诉我们的，都在我们了解的范围内。儿童的焦虑是这样，恐怖症也是这样。概括地说，力比多如果无处发泄，就会不断地转变成一种类似于真实的焦虑，即用外界一种无足轻重的危险来作为力比多欲望的代表。这两种焦虑能够互相一致，一点也不奇怪，因为儿童的恐怖不但是后来焦虑性癔病恐怖的原型，而且还是它的直接先导。每一种癔病的恐怖，虽然都有不同的内容和不同的名称，但都能溯源于儿童的恐怖，并成为它的继承物。唯一不同的，是它们的机制不同。

就成人来说，力比多虽然暂时不能得以发泄，但也不会转变成焦虑，因为成人知晓怎样保存力比多而不用，或怎样将其应用在其他方面。然而，当他的力比多附着于一种受过压抑的心理兴奋上时，他的那些儿童时的情形就会随之产生。儿童一般没有意识和潜意识的区别，假如这个人已退回到儿童时的恐怖，那么他的力比多就非常容易变成焦虑。大家应该还记得我们曾讨论过压抑作用，不过那时我们所注意的只是被压抑观念的命运，却忽略了附着在这个观念上的情感到底会怎样。现在，我们知道这个情感不管在常态上会有怎样的性质，在这个时候它都会转变成焦虑，这种情感的转变其实是压抑历程的一个非常重要的结果。要陈述此事是比较难的，因为我们还不能确定，潜意识情感的存在同前面我们所说的潜意识观念的存在是一样的。我们知道，一个观念，不管是意识的还是潜意识的，总能够保持不变。我们还知道相当于潜意识观念的东西到底是怎么一回事，甚至于一种情感可以解释为一种有关能力发泄的历程。假如我们对于心理历程的假设还没有完全的考查和了解，就不能说与潜意识的情感相当的到底是什么，因此也就无法在这里加以讨论。不过，我们仍然要保留那已得到的印象，即焦虑的发展与潜意识系统有密切的关系。

力比多如果受到压抑，就会转变成焦虑，或以焦虑的方式求得发泄，这是力比多的直接命运；这一点我之前曾讲过。现在我还有必要补充一句话：变成焦虑并非是受压抑的力比多唯一的、最后的命运。在神经病中，还有一种与之相反的历程，以此来阻止焦虑的发展，而且有很多种方法可以用来达到这个目的。比如就恐怖症来说，我们可以看出神经病的历程分为两个阶段：第一阶段完成了压抑作用，使力比多转变成焦虑，这时的焦虑是针对外界的危险的；第二阶段是设置种种防备的壁垒，以防止与外界危险接触。自我一旦感觉到力比多的危险，就会采取压抑作用来逃避力比多的压迫。恐怖症就像一座城堡，可怕的力比多就如同外来的危险，城堡就是用来抵抗这种危险的。恐怖症中的这种防御系统存在一定的弱点，即只能防御外界的危险，对于来自内部的危险却毫无抵抗力，如果它将来自力比多方面的危险当成是一种外界危险，那么永远都得不到效果。正因为如此，其他神经病就改成利用其他的防御系统来阻止焦虑发展的可能性了。这部分在神经病心理学中是最有趣的，不过我们要讨论这个问题，就有点离题太远了，而且要有特殊知识作基础，所以，我现在只简单地说几句。我说过，自我在压抑作用之上设置了一种反攻的壁垒，这个壁垒一定要保全，这样压抑作用才能持续存在。至于反攻的工作则是用各种抵御的方法，避免在压抑之后出现焦虑。

还是回到恐怖症这个话题上。我希望现在大家已经认识到只是解释恐怖症的内容、研究它们的起源，比如导致恐怖发生的这一个对象或那一种情境，而不考虑其他的，这是完全不够的。同显梦的重要性一样，在恐怖症中，内容也十分重要。我们要承认，在各种恐怖症的内容之中，不管怎么变动，还是有很多内容是因为物种遗传而成为五种恐怖对象的；这是霍尔曾经讲过的。事实上，这些恐怖的对象和危险本身并没有关系，仅仅是危险的象征罢了，所以，我们深信，在神经病的心理学中，焦虑的问题始终占据着中心地位。我们还深深地觉得，焦虑的发展与力比多的命运及潜意识的系统存在密切的关系。另外还有一个事实，即"真实的焦虑"应被看成是自我本能用来保存自我的一种表示；这个事实虽无可否认，然而它不过是一个不连贯的线索，并且在我们的理论体系中还是一个缺口。

第二十六讲
自 恋

关于性本能和自我本能的区别，我们已经进行过多次探讨。它们的区别主要有三点：第一，从压抑作用来看，这两种本能是相互反抗的，性本能在表面上屈服于自我本能的压抑，以迂回曲折的方式来求得满足。第二，性本能和自我本能对于现实的必要性从一开始就有完全相同的关系，因此它们的发展各自不同，对于唯实原则的态度也不一样。第三，我们通过观察可以得知，性本能与焦虑之间的关系要比自我本能与焦虑之间的关系密切得多，我们可以注意到这样一个事实：饥渴是保存自我的两种最重要的本能，但它们却从未转变成焦虑，但对于不满足的力比多来说，却经常会转变成焦虑。

我们之所以要将性本能和自我本能进行严格的区分，是因为在精神分析中，这两者是解决问题的关键。事实上，说性本能是个体的一种特殊活动就已经是默认二者之间的区别了。唯一的问题是，这个区别到底具有什么意义，以及我们是否严肃认真地对待这个区别。解决这个问题，还需要看下面的两点：第一，性本能在身体的和心理的表示上，到底与自我本能差别到了何种程度，我们能否对其进行规定；第二，因这些差异而引起的结果到底有多么重要。我们本来无意要坚持这两种本能在本质上的差异，况且就算有了差异，了解起来也是很难的。它们只是被描述为个体能力的泉源，如果要讨论它们就根本上来说到底是同属于一种还是分属于两种，则决不能只以这些概念为基础，而必须以生物学的事实为根据。就现在来讲，我们对于这方面的知识了解得不多，即使我们知道很多，对于精神分析的研究来说也没有多大用处。

荣格认为各种本能都同根同源。可是，只要是来自本能的能力都被称为"力比多"，这显然也是不行的。因为如果采用这个办法，根本不可能让精神生活中的性的机能消失，所以我们仍然要将力比多分为性的和非性的两种。不过，我们会将力比多一词仍旧保存着，用来专称性生活的本能力，就如我们之前提到的一样。

我认为是否应该对性的本能和自我保存的本能到底加以区别的问题，对于精神分析来说并没有多大的重要性，而且精神分析也没有资格讨论这个问题。从生物学的观点来看，很明显能够找到很多证据来证明这个区别的重要，因为在有机体的机能中，唯有性这一种是超出个体之外而与物种相联系的。这个机能的行使不像别的活动那样经常对个体有利，而是为了得到性的高度快乐，有时甚至会危及生命。不过，个体的生命仍然需要保留一部分遗传给后代，于是为了达到这种目的，就出现了一种不同于其他新陈代谢的历程。

个体自认为自己非常重要，并认为性也像其他机能一样，只是用来寻求个体满足的一种手段，但从生物学的观点来看，个体的有机体只是物种绵延的一段，与不朽的种质（germplasm）相比，其生命是非常短暂的，只不过是种质暂时的寄身之所。不过，用精神分析来解释神经病，就不需要进行这种深远的讨论了。

性本能与自我本能的区别可以说是了解"移情神经病"的关键。这种神经病的起源可以追溯到某一基本的情境，而性本能与自我本能在这个情境之中互相矛盾，或者说自我以本身作为独立的有机体的资格与另一种资格，即作为物种延续的一分子，是互相对抗的。这个分立可能是从有了人类才开始存在的，所以总体来讲，人类之所以较优胜于其他动物，可能就在于他有患神经病的能力。人类力比多的过分发展及其精神生活的异常复杂（这可能是从力比多发展而来），好像正是导致性本能与自我本能矛盾发生的条件。不管怎样，我们已可明确，人类在这些条件之下，具备了远远超出动物的进步，因此他患神经病的能力就好像只是人类文化发展能力的对应面。不过这些推论与我们目前讨论的课题并没有太大关联。

我们的研究只是根据这样一个假定：性本能的表现和自我本能的表现能被区别开来。在移情的神经病内，这种区别是很容易看到的。只要是自我对于自身的性欲对象的能力投资，我们都将其称之为"力比多"，而来自生存本能的其他投资，我们则称之为"兴趣"。如果推求力比多的投资、变化及其终极的命运，我们就可以初步了解到精神生活中各种力的进行，而为这个研究提供了最好的材料正是移情的神经病。不过，关于自我及其构造和机能的种种组织，我们仍然不能完全了解，于是，我们便不得不相信其他神经病的分析也许会对这些问题的理解有所帮助。

事实上，早就有人用精神分析的概念来研究其他情感了。1908年，阿伯拉罕和我讨论之后，发表了一种主张，认为早发性痴呆的特征是没有在外物上投资的力比多（见《癔病与早发性痴呆的精神性欲的区别》）。不过那时出现了一个问题：患痴呆症者的力比多既然已经离开了它的外物，那么它的结局又是怎样的呢？阿伯拉罕毫不犹豫地认为，力比多又回到了自我，他认为力比多的这种回复乃是早发性痴呆中夸大妄想的起源。这种夸大妄想就如同恋爱时对对方身价的夸大其词一样。我们也是因为研究精神病的情绪和常态恋爱生活方式的关系，才第一次懂得了精神病情绪中的这样一个特点。

我要告诉大家，阿伯拉罕的这个见解在精神分析中仍然保留着，而且已经成为我们关于精神病理论的基础。我们已逐渐了解了这一概念：力比多虽然附着在某种对象之上，并表现出一种想在这些对象上求得满足的欲望，但它也可以抛弃这些对象而用自我本身来作为代替；这个观点已经逐渐发展得更为周密。

过去P.纳基在形容性的倒错时使用的是自恋一词，即一个成年的个体将施于爱人身上的拥抱抚摩滥施于自己身体之上。现在，我们借用这个名词来称力比多的这种应用。

其实你们只要略微思考一下，就会发现世界上确实存在很多这种爱恋自己身体的现象，而且这个现象并非完全是例外的或无意义的。或许，这种自恋就是十分普遍的原始现象，有了这个现象，才有对客体的爱，而且自恋现象并不会因为有了对客体的爱而消失。我们应该还记得"客体力比多"的进化，在这个进化的初期，儿童的很多性冲动都在自己身上寻求性的满足，即我们所谓的自淫满足。这种自淫现象就是力比多在自己身上发泄的行为，也就是自恋下的性生活。

概括来说，我们对于自我力比多和客体力比多的关系已获得了一个相当的观念。如果借用动物学方面的比喻来加以说明的话，这个观念就像是一团未分化的原形质一样，既可以随所谓"假足"而向外伸张，也可以缩回这些"假足"再将原形质集为一团。这些假足的伸出，就如同是力比多投射在客体之上，而最大量的力比多仍可留存在自我之内。于是，我们可以推断出，在常态的情况之下，自我力比多可以转变成客体力比多，而客体力比多最后也可能被自我所收回。借助这些概念的帮助，我们就能解释整个心理的状态，或者退一步讲，我们就可以用力比多说来描述常态生活的情况了，例如恋爱、机体疾病及睡眠等状态。

对于睡眠的状态而言，我们可以假设睡眠状态是脱离外界而将精神集中于完成睡眠的愿望。我们都知道，半夜里梦的精神活动也是以保持睡眠为目的，并且全受利己主义的动机所控制。用力比多说来解释，我们可以认为，在睡眠的时候，所有一切在外物方面的投资，无论是力比多在利己或者利他方面的投资，都被撤回而又集中于自我。自我分配出去的能力都收回来了，身体的疲劳自然也就得以恢复了。睡眠和胎内生活的相似之处也可以因此得以证实，同时也可在心理方面扩大其意义。力比多分配的原型或原始自恋的现象都能在睡眠中重现，而那时，力比多和自我的利益就会在自足的自我中合为一体而无法划分。

这里我还要附带说两点：

第一，自恋和利己主义的区别在哪？在我看来，自恋是把力比多作为利己主义的补充。我们平时所说的利己主义，只是着眼于某人的兴趣，而自恋则是有关力比多需要的满足。在实际生活上，两者具有互不相关的动机。一个人可能是完全的利己主义者，但是如果他的自我要在一个客体上谋求力比多的满足，那么他的力比多对于客体就会有强烈的依恋，他的利己主义那时就必须保护他的自我不因对客体的欲望而有所损伤。一个人既可以是利己主义的，同时也可以是强烈自恋的，即感到不是很需要客体，而这个自恋可能表现为直接的性满足，也可能表现为所谓爱情，从而有别于肉欲。对这些情境来说，利己主义具有明显而常存的成分，而自恋则是变动的成分。利己主义的对立面是利他主义，利他主义并非是力比多投资于客体之上的一个名词。与力比多不同，利他主义在客体上并没有谋求性满足的欲望。不过，如果爱情达到最高的强度，利他主义也能够在客体上变成力比多的投资。大概来讲，性的客体可以将自我的自恋吸去一部分，于是自我往往就会过分估计客体的性。假如再加上利他主义，就会将自恋之人的利己主义引向客体，那么性的客体就会把自我完全吞没掉。

在这些枯燥的科学玄想之后，我想如果引一段诗来说明自恋和热爱的区别，并加以"经济的"对比，或许对大家的理解会有所帮助。这段诗引自歌德的《东西歌女》（*West-East Divan*），是楚丽卡与她的恋人哈坦的对话：

楚丽卡：奴隶、战胜者和群众们都异口同声地承认，自我的存在乃是一个人真正的幸福。如果他不失去自己的真我，就没有必要拒绝所有人。如果他仍然是他，就能够忍受任何物的损失。

哈坦：就算你是这样的吧。我可是从另一条路来的，我在楚丽卡的身上，看见了人世幸福的全部。如果她有意于我，我愿牺牲一切。如果她舍我而去，我的自我也就立刻消灭，那时哈坦的一切也都成过去。如果她很快爱上了某个幸福的爱人，那我只好在想象中，和他合为一体。

第二，是扩大了梦的学说。除非我们假设潜意识中被压抑的观念已经对自我宣告独立，否则梦的起因就是无法不可解释的。虽然自我为了睡眠已经撤回了自身在客体上的投资，但是这种观念仍不受睡眠欲的支配，而保存着其活动力。只有这个假设才能使我们明白，这种潜意识的材料到底是怎样利用夜间检查作用的消灭或减弱来塑造白天剩余的经验，从而产生一种为本人所不允许的梦的欲望。反过来讲，这种剩余的经验与被压抑的潜意识材料之间本来已经有了一种联络，由这种联络可能会产生一种抗力来反对睡眠的欲望和撤回力比多。所以，我们有必要把前面所讲的有关于梦的构成的概念再并入这个重要的动力因素之中。

有些情况，比如机体的疾病、伤痛的刺激、器官的发炎等，能够让力比多从客体上撤回。这些撤回的力比多又重新依附在自我上，被自我投资于身体上病痛的部分。比起自我兴趣从外界事物上的撤回，力比多从客体上的撤回在这种状况之下更让人感到惊异。不过，这对我们了解忧郁症十分有利。在忧郁症中，有些在表面上看不出病痛的器官却要求自我的关注。不过我并不打算对这一点，或对其他能用客体力比多返回自我来解释的情境进行讨论，因为我想大家此时一定会有两种抗议。一种是你们会问我，为何在讨论睡眠、疾病时一定要坚持力比多和兴趣，以及性本能和自我本能的区别？事实上，要解释这些现象，我们只要假设各人都有一种自由流动的一致的力投射到客体之上，也可凝集于自我之中，这样两方面的目的就都能达到了。另一种抗议，你们要问我，为什么敢将力比多从客体离开看成是疾病的起源？为什么如果这种由客体力比多转为自我力比多或一般自我能力的变化，就是一种每日每夜常有的、常态的心理历程呢？

对于这两种抗议，我的回答是：你们的第一个抗议听起来似乎相当有道理。单从睡眠、疾病及恋爱等情形的研究来看，或许还看不出自我力比多和客体力比多，或力比多和兴趣的区别，不过大家不要忘了我们最初的研究。事实上，我们现在所讨论的心理情境正是以这些研究为根据的。既然我们知道了由移情的神经病而引起的矛盾，我们就必须要将力比多与兴趣、性本能与自存本能加以区别。而此后，这个区别便会经常引起我们的注意了。

如果要揭开所谓自恋神经病，如早发性痴呆的谜，或者要完满地解释自恋神经病与癔病及强迫性神经病的异同，就必须要假设客体力比多有变成自我力比多的可能，也就是说，我们必须承认自我力比多的存在。之后，我们才能用由此得出的理论来解释疾病、睡眠及恋爱。我们要将这些理论的到处试用，看到底在哪些方面可以走得通。而唯一没有直接根据分析的经验的一个结论就是：不管力比多附着于客体还是自我，始终都是力比多而不会成为自我的兴趣，而自我的兴趣也一定不会变成力比多。不过，这句话也只是表示性本能和自我本能的区别。我们已经对这个区别进行了批判的考察，就启发性上来说，它暂时是有用的，具体的可以等到证实它没有价值之后再说。

至于大家的第二个抗议也是一个合理的问题，不过论点上有点错误。客体力比多回复到自我确实不一定都会导致疾病的发生，而力比多每夜在睡眠之前撤回，醒后又复原，这也是千真万确的事实。这就如同原形质的微生物收回假足之后，往往又再次伸出。然而，如果有一种确定的、很有力的历程，强迫着力比多从客体上撤回，那结果就大不一样了；由此而成为自恋的力比多就找不到返回客体的途径了，而力比多在自由运动上受到障碍，就肯定会致病。自恋的力比多如果储积到某种限度之上，就会变得不可忍受。我们可以假设它正是因为这个缘故而投射于客体之上的，而自我也不得不放出力比多，以免过分储积力比多而生病。假如我们的计划是要对早发性痴呆作更特殊的研究，那么我或许能告诉大家，使力比多脱离客体而无法复返的那一历程实其实与压抑作用有密切的关系，可以将其看成另一种压抑作用。不管怎样，如果大家能知道这些历程产生的初步条件——据我们现在所知，几乎和压抑作用互相一致，那么大家对于这些新事实就很容易了解了。

矛盾彼此相似，且互相矛盾的力量也是相等的，但其结果却不同于癔病，这是因为倾向有所不同。这些病人的力比多发展的弱点位于发展的另一时期，而引起症候的执着点也有不同的位置；可能就位于初期自恋的阶段之内，那么早发性痴呆最后就会返回到这一阶段。总而言之，对于自恋的神经病来说，我们必须假设它的力比多在发展上执着的时期要远远早于癔病或强迫性神经病。大家或许已经听说自恋神经病实际上比移情神经病更为严重，而由关于移情神经病的研究而得到的概念足以用来对自恋神经病进行解释；两者之间确实存在互通之处，它们基本上是同一组的现象。因此，一个人如果没有掌握关于移情神经病的分析知识，就很难对这些病症（应属于精神病学）做出相当的解释。

早发性痴呆的症候与自恋不同，它们的发作并不是由于力比多返自客体而储积在自我之内。它们还会表现为其他一些现象，具体可追溯到力比多要复返于客体而力求恢复的结果之时。事实上，这些现象才是这种病的显著特征。它们与癔病的症候相类似，偶尔也有少数类似于强迫性神经病的症候，不过就各方面来讲，二者仍存在很多不同之处。就早发性痴呆来说，它们的力比多返回到客体或客体观念的努力，虽然看起来有所收获，然而所收获的只是原物的影子而已，如附着在原物上的名词或影像。由于受篇幅所限，我们对这个问题就不再作进一步讨论了，不过在我看来，力比多返回到客体的努力这个方面，是可以被用来了解意识的观念与潜意识的观念之间的区别的。

我们现在可以把分析的研究再往前推进一步了。自从有了自我力比多的概念之后，我们也就有了解自恋神经病的可能了。我们现在的工作，就是要从这些疾病里找到动力的成因，同时通过对自我的了解去扩充我们对于精神生活的知识。我们主要是想建立一种关于自我的心理学，可是自我心理学无法建立在我们自己的自我知觉所提供的材料之上，而是要像力比多心理学那样以对自我病狂的分析为根据。大家可能会认为如果自我心理学可以成立，那么我们从移情神经病的研究里得到的关于力比多的知识就变得得不那么重要了。事实上，我们目前在这方面还没有取得过重大进步。我们不能用研究移情神经病的有效方法来研究自恋，你们不久就会知道我之所以这样说的原因。

在研究自恋的病人的时候，我们往往在走通了一小段路之后就会碰壁，并且无法继续通过。大家知道，移情神经病内也有这种抵抗的壁垒，不过这个壁垒可以一段一段地冲破。但是自恋的抵抗是无法克服这种壁垒的，充其量也只能伸长脖子去窥视墙外有什么经过，聊以满足自己的好奇心。所以，我们必须设法改变研究方法，可是现在还找不出一种更好的改善方法来。事实上，我们并不缺乏关于这些病人的材料，而且这些材料的分量还相当可观。然而我们目前只能用从移情神经病中得到的研究知识去注释这些材料。这两种病症的相同之处已经给了我们满意的出发点，至于用这个方法到底会收到什么样的成效，这得将来才能知道。

除此之外，阻碍我们前进的困难还有很多。说实话，只有研究过移情神经病的人们，才有能力去研究自恋神经病以及和自恋有关的精神病。可是，精神病学者几乎从来不研究精神分析，而精神分析家所见过的精神病的例子又太少，因此，现在必须培养一批精神病学家，使其先接受精神分析的训练。美国已经在朝着这个方向努力了，有几位精神病学者领袖开始对学生讲演关于精神分析的学说，医院和疯人院中的主任医生也都想用精神分析的理论来观察病人。我们偶尔也探到了自恋幕后的一些秘密，因此，现在我想告诉大家一些关于此病的见解。

妄想狂是一种慢性精神错乱，在目前精神病学的分类上，具有很不确定的地位。不过，它确实与早发性痴呆有着密切的关系。我曾提议过，两者都应该归属于妄想痴呆，妄想狂的形式随幻想内容的不同而名称有所不同，比如夸大的幻想、被压迫的幻想、被妒忌的幻想以及被爱的幻想等。

对妄想狂病人症候的解释往往各式各样。比如精神病学也曾凭理智的努力，想用这些症候来互相解释：一个病人深信自己受人迫害，他推想自己一定是一个要人，由此逐渐产生妄自夸大的幻想。精神分析法认为，这种夸大的幻想是由于力比多从客体上撤回而使自我膨大所致，这属于第二期的自恋，是早期幼稚形式的回复。在对被迫害的幻想的观察中，我们找到了一些线索。首先，我们知道对大多数的事例来说，迫害者和被迫害者是同性的。这种解释本来蕴含着好意，不过对于某些已受严密研究的例子来说，似乎病人在健康时就对这个同性者极其友爱，而只是在发病之后，才将其看作迫害者。这种病还能够因联想而进一步发展，将一个被爱的人换成另一人，比如将父亲当成严师或权威者。从这些观察来看，我们认为一个人是由于想要抵御一种强有力的同性恋冲动，于是采用了被迫害妄想狂作为护身符。爱转变成恨，而恨又足以危及既爱又恨的对象的生命，这个转变与力比多冲动变成焦虑是一样的，都是压抑作用经常出现的结果。

我们举一个最近发生的例子来加以说明。有一个年轻的医生曾在自己的住处恫吓过一个大学教授的儿子，为此，他不得不离开那里。这个大学教授本来是他的密友，但是他却认为这个朋友有超人的魔力和邪恶意图，他还认为自己近年来家庭的种种不幸以及自己在公私两方面的困顿，都是因为这个人在背后捣鬼。不仅如此，他还认为这个恶友及其父亲引起了大战，致使俄国人侵扰边疆，并且曾用各种办法企图伤害他的性命。他因此深信，这位恶友一天不死，天下大乱就一天不会停止。然而事实上，他仍深深爱他，即使有枪杀他的机会，都由于手软没有放枪。

我和病人进行了简单的谈话，从而了解到这两个人关系曾经很亲密，他们在中学时就建立了深厚的友谊。而且两个人的关系已经远超出友谊的范围，他们曾在某一夜发生过一次完全意义上的性活动。就年龄和人品来说，病人那时都应有爱女人的情感，但是他始终没有这个意思。他曾与一个美丽富有的女子订婚，但是因为他太过冷漠，女子最后宣告解约。几年之后，正当他初次能给一个女人以性满足的时候，他的病爆发了。

当这个女人在感激和热爱中拥抱着他的时候，他突然感到一种神秘的疼痛，就像一把利刃切开头颅似的。随后，他向我诉说那时的感觉，就好像尸体解剖时切开头部的那种感觉。因为他的朋友是病理解剖学家，所以他开始怀疑是这个朋友派这个女人来引诱他的。加上他之前所想象的来自这个朋友的其他迫害，他更加确定这是那个恶友的诡计。

在被迫害的幻想里，迫害者和被迫害者有时也可以是异性，那么，我前面说这种病是抵抗同性爱，难道不是与事实互相矛盾吗？我曾有机会诊察过这种情形的病，结果发现虽然这与我的说法表面上看起来相互矛盾，但事实上却互为证明。

有一个年轻的女子想象与自己有过两度激情的男子迫害自己。事实上，她最初恨的并不是这个男人，而是一个妇人，这个妇人或许替代的就是这个少女的母亲。直至第二次和这位男子相会之后，她才将受迫害的幻念由那妇人移到男人身上。因此，在这个病例中，迫害者的性别和被迫害者相同的说法，仍能成立。不过病人在向律师和医生诉说时，对于第一次的幻想只字未提，于是这便与我们关于妄想狂的理论在表面上发生了互相抵触。

与选择异性作为对象相比，选择同性作为对象进行幻想与自恋有着更深切的关系。因此，同性恋的热情一旦受到拒斥，就特别容易折回而成为自恋。

到目前为止，我还没能在演讲中，将我们所知道的所有有关爱的冲动途径的知识通通告诉大家，现在恐怕也来不及进行补充了。不过我还是要告诉大家几句话：对象的选择或力比多超出自恋期以上的发展，可分为两种类型：一种是自恋型（the narcissistic type），以能类似于自我者为对象来代替自我本身；另一种是恋长型（the anaclitic type），力比多以能满足自己幼时需要的长者为对象。而力比多强烈执着于对象选择的自恋型，同时也是有显著同性恋倾向者的一种特性。

大家应该还记得我在本编的第一讲中曾引述过一个女人的幻想妒忌。在演讲结束之前，我想大家一定很想听听我用精神分析说来解释幻念。不过关于此事，我所能告诉大家的可能没有你们期望得那么多。逻辑和实际经验影响不到幻念，它与强迫观念一样，都能用它们与潜意识材料的关系来加以解释。这些材料一方面被幻念或强迫观念所阻遏，一方面却也借幻念或强迫观念表现出来。两者之间的差异是基于此两种情绪的形势及动力的差异。

抑郁症（可分为许多不同的临床类型）和妄想狂一样，我们也能略微窥见这种病的内部构造。我们知道，让抑郁症患者深感苦恼的、无情地自我谴责，实际上都能找到关于自己已经失去的，或由于有某种过失而不再加以珍视的性对象。于是，我们可以认为，抑郁症患者虽然将自己的力比多从客体上撤了回来，但由于存在一种"自恋性认同"（narcissistic identification）过程，导致他把客体移植到自我之中，用自我代替了客体。对于这个过程，我只能加以叙述，但无法用形势及动力的名词来加以说明。自我因此被看成是那已被抛弃的客体，而那些要加在客体身上的所有报复性的残暴行为，就都改施在自我上了，由此我们也可以推知为什么抑郁症患者多有自杀的冲动了。事实上，抑郁症患者对自我的痛恨，其强烈程度与对客体的那种又爱又恨的客体的痛恨是一样的。在抑郁症中，与在其他自恋的病态中一样，患者都会出现布洛伊勒所命名的，也是我我们常说的矛盾情绪（ambi-valence），也就是对于同一人存在两种相反的情感即爱和恨。可惜的是，我们无法在这次的演讲中对矛盾情绪一词进行详尽的讨论。

我们知道，除了自恋神经病以外，还有一种癔病的"自恋性认同"形式。我很希望能用几句简单的话就让大家明白这两者的差异，然而事实上这是做不到的。不过，我现在可以说几句大家可能会感兴趣的。抑郁症具有周期性或循环性，我们可以在适当的条件之下，在病去而未来之时进行分析治疗以阻止其病态的复发（我尝试了很多次，均获得了成功）。于是，我们知道，在抑郁症、躁狂症及其他病症中，都存在一种特殊的解决矛盾的方法，这种方法在先决条件上与其他神经病是一致的。大家应该能想象得到，精神分析法在这方面还是能够取得一定效果的。我还要告诉大家，通过研究自恋神经病，我们还能知道一些关于自我及其由各种官能和元素所构成的组织等方面的知识；我们过去在这方面曾作过初步探讨。

通过对幻念的观察分析，我们可以得出这样一个结论：自我的一部分一直不断地在监视、批评和比较着自我的另一部分。这也是为什么病人在诉苦时总是认为，自己的一举一动都有人在监视着，每一个想法都被人知晓并进行过考查。他的问题只在于他认为这个可恨的势力非他自己所有，而是存在于他自己的身体之外，然而事实上，病人在自我的发展过程中已经创造了一种自我理想，并把它作为一种官能的界尺，来衡量自己的实际自我和一切活动。而他之所以要创造这个理想，主要是想求得与幼时的主要自恋联系着的自我满足；这种满足自从年龄增长后，已经多次因受到环境压抑而牺牲掉了。这种自我批判的官能就是我们所谓的自我检查作用或"良心"，在夜晚梦中抵抗不道德欲望的同样也是这个官能。如果这个官能能从被监视的幻念中分解出来，我们就可以知道这个官能的起源，是由于病人在幼时受到父母、师长及社会环境的影响，通过以这些模范人物自比的过程而产生的。

这是我们将精神分析应用在自恋神经病上所得到的一些结果；可惜还太少，有很多概念我们还不明白，而只有等到对新材料进行多年的研究之后，我们才有可能将这些概念弄清楚。我们之所以能得到这些结果，是因为应用了自我力比多或自恋力比多的概念，由于有这些概念的帮助，我们才能将移情神经病方面的结论推广到自恋神经病上。你们可能要问我，是否能用力比多说来解释一切自恋神经病及精神病的失调，疾病的发展是否都是由精神生活中的力比多因素而非自存本能的失常导致的。我个人认为，解决这一问题并没有多重要，同时，我们现在还不具备答复的能力，只能静待将来解决；我想到时候一定能够证明致病的能力乃是力比多冲动所特有的。

不管是在实际的神经病方面，还是在最严重的精神病方面，力比多说都能取得胜利。因为我深知，不服从现实及必要性的支配，这就是力比多的特性。不过我也认为自我本能在这也具有连带的关系，鉴于力比多具有致病的情感，自我本能的机能就必会因此而被扰乱。即使我们承认在严重的精神病中自我本能是主要的受害者，我也不认为我们的研究就会因此而失效。关于这些我们等将来再说吧。

现在我们回过头来再讲焦虑，希望能够说明之前没有说清楚的地方。我们之前说过焦虑和力比多的关系是十分明确的，但却不与一个不可否认的假定互相调和，即针对危险而发生的真实的焦虑乃是自存本能的表示。然而假如焦虑的情感不是起源于自我本能，而是起源于自我力比多，那我们又该怎样应付呢？说到底，焦虑之感是会上升的，而且焦虑的程度越深，对身体的伤害就越大。不管是逃避的或自卫的行动，那唯一可以保全自我的行动都常受到焦虑的干扰。因此，假如我们将真实的焦虑情感成分归属于自我力比多，而把它所采取的行动归属于自存本能，那么所有理论上的困难就都可迎刃而解了。你们将不再认为我们是因为知道了恐惧才去逃避的，因恐惧而逃避是起源于对危险的知觉而引起的同一冲动。那些历经危险而幸存的人，认为自己并没有出现恐惧之感，他们认为自己只不过是在伺机而动，比如举枪瞄准进攻的野兽；不过这确实是当时最有利的办法。

第二十七讲
移情作用

我们的讨论就快要结束了，我想大家一定希望我讲一些关于如何治疗的话。你们可能认为在讨论了精神分析所有复杂的难题之后，我不可能到最后要结束时竟没有一句话讲到治疗，因为精神分析的工作毕竟是以治疗为目的的。

事实上，我当然必须要提与治疗有关的话题，不仅如此，因为与治疗的现象有关，我还要告诉大家一个新事实；假如没有关于这个新事实的知识，那么大家对之前所研究过的疾病一定无法有个深刻的了解。我想大家可能并不希望我只讲实施分析治疗的技术，你们想要知道的是精神分析的治疗方法和成就。当然，谁也无法否认，你们是有知道此事的权利，但是我并不想告诉你们——我希望你们自己去摸索！你们可以想想，从引起疾病的条件直到病人内心起作用的因素，你们基本上都已经掌握了重要的事实！大家可能会有疑问，治疗到底会对哪些病起作用呢？我先告诉大家哪些病不在治疗的范围内。

其一，是遗传的倾向。我没有经常提到遗传，因为这个问题在别的科学中已经被强调过，我们没有什么新的观点可说。不过，这并不代表我们因此忽略和轻视了它。我们从事分析，当然要知道遗传的势力，然而，不管我们怎么努力都无法使遗传有所改变，这是本问题中一个预定的材料，遗传限制了我们努力的范围。

其二，幼时经验的影响。在精神分析中，幼时经验往往是最重要的材料，可是它们属于过去，让我们没有用武之地。

其三，人生所有一切的不幸。现实幸福被剥夺，往往会使人丧失生活中一切爱的成分，比如穷乏、家庭的不睦、婚姻的失败、社会处境的不良、道德的过度压迫等。尽管这方面看起来有很大的治愈可能，可是，我们不是神仙，没有施恩降祸的能力，我们无钱无势，只靠医术谋生，当然不能像其他门类的医生一样施术于贫苦无依的人们；因为我们的治疗是要花费很多时间和劳力的。不过，你们可能还是会坚持上述这些因素中一定会有一种有接受治疗的可能。

如果社会传统的道德剥夺了病人的快乐，那么我们在治疗时就可以鼓励并劝告他们去打破这些障碍，为了换取满足和健康就要以牺牲理想作为代价。事实上，这种理想虽为不少人推崇备至，但将之弃之不顾的也大有人在。既然健康的获得自由的生活，那就难免会让精神分析沾上违反一般道德这个污点：因为它让个人受利，而让社会蒙害。

到底是谁给你们关于精神分析的这个错误印象的？当然，分析治疗有一部分包括对于生活要自由些的劝告——假如没有别的理由，那就是因为病人在力比多的欲望与性的压抑，或肉欲的趋势与禁欲的趋势之间存在着一种矛盾。这种矛盾并非能用帮助一方来压服另一方就能得以解决。

对神经病人来说，虽然禁欲主义一时占了上风，但结果是被压抑的性的冲动以症候的方式得以发泄。如果我们转使肉欲方面占了上风，那么被忽视了的压抑性生活的势力就会到症候中去寻求补偿。这两种办法都无法解决问题，因为有一方面始终无法得到满足。而那些矛盾不是很激烈，通过医生的劝告就能收效的例子是很少见的，实际上这些例子是根本不用精神分析来治疗，因为只要是易于感受医生影响的人们，即使没有这个影响也一定能自求解决。

事实上，一个绝欲的男人如果决意要进行非法的性交，或者一个不满足的妻子如果一定要找一个情人来求得补偿，那么他们决不会先去求得医生或分析家的允许，然后才随心所欲。人们讨论这个问题的时候，经常容易忽略了整个问题的要点，即神经病人致病的矛盾与矛盾着的各个冲动的常态争衡是不同的，因为常态争衡的两种冲动在同一个心理领域之中同时存在，而就致病的矛盾来说，这两种势力中的一种被禁闭于潜意识的区域之内，另一种则进入前意识和意识的平面之上。因此，这种矛盾一定不会有最后的结局。这两种势力要见面非常困难，二者无异于一在天之南，一在地之北，如果想要解决问题，一定要让两者在同一个场所之内斗争并取得平衡；我认为这就是精神分析的主要工作。

但是，如果你们认为精神分析法是以劝导人生或指示行为为要点，那你们可就错了。事实上，我们在力求避免扮演导师的角色，我们希望能让病人自己解决问题。为了达到这个目的，我们经常劝告接受治疗的患者对生活暂时不要作出重要的决断，比如关于事业、婚姻的选择或离婚等，等到治疗完成之后再说。这大概是大家没有想到的吧。不过，对于年轻或不能自立的患者，我们就不再坚持这种限制，而是要兼任医生及教育家。我们深知自己那时的责任重大，必须要小心谨慎地从事。

虽然我极力辩护分析的治疗决不鼓励自由的生活，不过大家不要因此认为我是在提倡传统的道德，这两者都不是我们的目的。我们并非改良家，只是观察家；既然要观察，就离不开批判，所以，我们不会拥护传统的性道德，也不会赞许社会对于性的问题的处置。其实，我们很容易证明人世间的所谓道德律所要求的牺牲，经常要超出它本身的价值，而所谓道德的行为也通常是虚伪和呆板的。我们不会对病人隐瞒这些批判，而当他们对待性的问题时，一定要让他们像对待其他问题一样，可以习惯于在考虑时不带偏见。如果他们在治疗完成之后，能在无条件的禁欲和性的放纵之间选取适中的解决方法来解决自己的矛盾，那么不管结果怎样，我们都不必承受良心的谴责。不管是谁，只要完成了训练，认识了真理，就能增加抵抗不道德危险的力量，即使他的道德标准在某方面不同于一般人。

你们也不要过高估计禁欲的致病威力。事实上，只有少数因剥夺作用及力比多储积而致病的患者用性爱的方式取得了治疗的效果。因此，你们不能用放纵性生活来解释精神分析的疗效。我记得我曾说过一句话来驳斥你们的这一推想，这可能会让你们走上正路：我们之所以收到成效，可能是因为用某种意识的东西代替了某种潜意识的东西，或者说把潜意识的思想改造成意识的思想。如果你们能这样，就等于击中要害。当潜意识扩大进入意识，压抑就会被打消，症候就会被消灭，而致病的矛盾就变成了一种迟早可以解决的常态的矛盾。我们的工作就是让病人能有这种心理的改造，这种改造能达到何种程度，病人们就能得到何种程度的利益。如果压抑或类似于压抑的心理历程全被解决了，那么我们的治疗也就算完成了。

我们可以将自己治疗目标表达为：消除压抑作用或填补记忆的缺失使潜意识成为意识。这些所指的其实是同一件事。你们可能并不满足于这句话的解释，认为神经病人的恢复与这句话阐述的内容大不相同。在你们看来，病人既接受了精神分析的治疗，就应该变为一个完全不同的人物，而你现在听到整个的经过只是让潜意识的材料与以前相比有所稍减，而意识的材料只比原来稍微增加而已。你们可能不明白这种内心改造的重要。虽然一个内心接受了治疗的神经病人表面上看起来依然故我，但他确实变成了一个不同的人物——他已经变成了一个能在最优良的环境下养成最优良的人格的人。这可不是一件无足轻重的事。如果你们能知道我们在分析上取得的所有成就，能知道我们用最大的努力来引起这种心理上看似琐屑的改造，那么就更能了解各种心理平面差异的重要了。

我现在说句题外话，请问你们是否知道所谓"原因治疗"的意义。原因治疗是指抛开疾病的表现形式，而去寻求突破点以根除其病因的一种治疗术。那么精神分析算不算是一种原因治疗呢？要回答这个问题可绝非一件简单的事，不过我们却由此可以看出这类问题是不切实际的。当精神分析的治疗不以消除症候为直接目的时，就与原因治疗的进行基本相似，而在其他方面却不相同。现在假设我们能用某种化学的方法来改造心理机制，或者能随时增减力比多的分量，或者能牺牲了某一冲动而增大另一冲动的势力，那么这就会成为一种名副其实的原因治疗，而我们的精神分析也就能成为侦察原因时不可或缺的首要工作。然而目前还没有这种影响能够达到力比多的历程，这是大家都知道的。我们的精神治疗术不以消除症候为目的，而是向症候下层的点上进攻，而我们只有在很奇特的情形之下，才有可能接近这个点。

那么，我们到底要怎么做才能使病人的潜意识进入意识呢？过去我们认为这事很简单，只要找出这种潜意识的材料告诉病人就可以了。现在我们知道，这是一个目光短浅的谬误。我们知道，病人的潜意识与他所知道的自己的潜意识并不是同一回事，我们将所我们知道的事告诉了病人，病人却未必能够达成同化，并以此来代替自己的潜意识思想，通常情况下他们只会兼容并蓄，实际上的变动是很少的。因此我们必须仍以形势的观点来对待潜意识的材料，应该到病人记忆中最初产生压抑的那一点上去作探寻。一定要先消除这种压抑，这样用意识思想代替潜意识思想的工作才能马上完成。

可是要怎么去消除这种压抑呢？于是我们的工作就进入了第二阶段：首先是发现压抑，其次是消除这种压抑所赖以维持的抗力。那么这个抗力又如何才能消除呢？

答案是：先找出抗力的所在，然后告诉病人。抗力可能源于我们力求消除的压抑，也可能源于更早活动过的压抑，它们都是为了抵抗不适意的冲动。因此我们所要作的工作与之前一样，即对这些情况加以解释，然后告诉病人。抵拒或抗力属于自我，而不属于潜意识，自我则一定会和我们合作，即使它不是意识的也没关系。"潜意识"一词在这里大概有两方面含义，一方面指一种现象，一方面指一种系统。这听起来似乎是很难理解，但其实这不过是我之前所说的话的重述——我们之前早提到过这一点：如果我们能因解释而辨认出抗力的所在，那么我们就会因此而消灭这种抗力和抵拒。可是，有什么本能的动力能供我们支配而让这件事有成功的可能呢？

首先，病人必须要有恢复健康的欲望，愿意和我们合作；其次，要借助病人理智的帮助。病人这种理智是因我们的解释而增强的，如果我们能给他一点提示，那么病人会很容易就用理智地辨认出抗力，并在潜意识中找到与这个抗力相当的观念。如果我告诉你："仰头看天，你会看见一个氢气球。"或者假如我只请你抬头看天，问你可以看见什么，两相比较当然是在第一种情况下容易看见氢气球。学生第一次看显微镜，教师一定要告诉他要看什么，否则镜下即使有物可见，他也看不出什么东西来。

我们还是来说一些事实吧！就神经病的各种形式，如癔病、焦虑现象、强迫性神经病等来说，我们这种方法求得压抑、抗力以及被压抑观念的所在的办法都取得了成效，借此，病人就能克服抵抗、打破压抑，并将潜意识的材料变为意识的材料。在治疗过程中，每当一种抗力被战胜时，我们都可以感到病人的内心中正在进行一场激烈的决斗。斗争的双方，是要援助抗力的动机，和要打消抗力的动机，二者总是在同一区域内作常态的心理斗争。前者是原来建立起压抑作用的老动机，后者则是新近引起的动机，有望帮助我们解决矛盾。而我们常做的就是将已经因为压抑作用而暂时和解的斗争重复引起，拿来做解决问题的手段。首先我们要告诉病人，前者足以致病，而后者可以恢复健康；其次，我们要告诉病人，自从他的那些冲动遭到拒斥之后，现在的情形已经大不相同了。因为那时的自我柔弱幼稚，害怕受到力比多压迫的危险，总想退缩，但现在的自我已经变得强大，又富有经验，而且还能获得医生的援助，所以，当矛盾再次被引起时，会得到比压抑作用更完满的结果。大家如若不信，可以看一下我们在癔病、焦虑性神经病及强迫性神经病中治疗成功的案例。

不过也有一些其他疾病，虽然情况与此相似，但凭我们的治疗却无法取得效果。就这些病症来说，是自我和力比多之间发生了一种矛盾，从而造成压抑——这种矛盾与移情神经病的冲突在形势上有一定的差异。另外，我们也能在病人的生活中追溯到压抑所发生的点，于是就可以用同样的方法给他以同样的帮助，告诉他所要求得之事；同时，现在和压抑成立时的时距也十分有利于化解矛盾。但是，可惜的是，我们终究无法克服一种抗力而消除一种压抑。这些病人，如妄想狂者、抑郁症者及患早发性痴呆者，也可能不受精神分析治疗的影响，这到底是什么原因呢？难道是因为智力上的欠缺？当然不是！要接受精神分析当然要有一定程度的智力，可是就如最聪明而能演绎的妄想狂者来说，难道他的智力比不上别人吗？事实上，这些病人们也不缺乏其他所有的推动力量。比如与妄想狂者不同，抑郁症患者深知自己的病痛之苦，但却并不会因此就较易受影响。在这里，我们又遇到了一种没有弄明白的事实，于是不免对自己是否真正具有了解他种神经病的治疗能力而产生了怀疑。

现在如果专门讨论癔病和强迫性神经病，又会马上遇到第二个出人意料之外的事实。病人在稍微接受治疗之后，往往对我们会产生一种特殊的行为。我们本以为已经注意到了所有能够影响治疗的动机力，并且充分估计到了我们自己和病人之间的情境，因而得出一个十分可靠的结论，然而在我们的预估之外，似乎有一种我们没有估计到的东西突然出现了。这个意外的新现象异常复杂，我先举一些常见而简单的例子来加以说明。

病人本来应该只专注于解决自己的精神矛盾，可是却突然对医生产生了一种特殊的兴趣。他把与医生有关的事看得比他自己的事还重要，于是他不再集中注意自己的疾病。他和医生的关系也开始变得非常友好和善，他还特别顺从医生的话，并对医生极力表示感激。此时，医生往往对病人也会产生好感，并庆幸自己能够治疗拥有这样态度和善的病人。医生也会经常从病人的亲属口中听到病人对自己的称赞。病人认为医生拥有各种美德，因此常常不绝于口地赞美医生。亲属们也经常对医生说："他对于你异常钦佩、异常信任，在他听来你说的话就是真理。"此时可能也会有明眼人插进一句话："除了你以外，他根本不说任何其他的事，总是引述你的话，简直有些令人生厌了。"

医生当时自然很谦逊，他认为病人之所以如此尊重他，一是因为希望他能帮助自己恢复健康，二是因为治疗的过程让病人增加了知识。在这种情况下，分析有了惊人的进步，病人了解医生的暗示，将注意力集中在治疗工作上，于是，当分析过程中需要病人的回忆和联想时，病人几乎很快就能提供出来，而且他的解释十分正确可信。医生感到十分惊奇和高兴，认为病人能够如此愿意接受这些本来深为外界健康人所驳斥的新的心理学观念，简直是太不容易了。分析中存在这种和睦共处的关系，病人的情形在实际上取得进步也不足为怪。

可是这种好天气并不会持续多久，阴霾终于到来了。病人说自己再也说不出更多的东西了，分析开始陷入僵局。我们很容易看出病人对这种工作已不再感兴趣，有时医生叫他说出他随时想到的事，而无须加以批驳，他似乎也听而不闻了。他的行为开始不受治疗情境的控制，似乎他从来没有表示过要和医生合作。此时，即使从表面来看，我们也能很明显地发现他有了一些秘不告人的事情，从而让他的精力分散了。这就是治疗不易进行的情境，之所以出现这种情况主要是因为产生了一种强有力的抗力。那么，这秘不告人的事情究竟是什么呢？

如果我们有了解这种事情的可能，就会发现这个扰乱治疗的原因就是病人把一种强烈的友爱感情转移到了医生的身上，而这种感情又并非医生的行为和治疗的关系所能解释的，这种感情所表示的方式和所要达到的目标会随着两人之间的情形不同而有所变化。假设患者是一个少女，而医生是年一个年轻男子，那么我们就可以想象得出结果了：一个女子经常单独和一个男人见面，又向他谈及心腹之事，而这个男人又占有指导者的地位，那么这个女子对这个男人产生爱慕是很正常的——不过一个神经病女子爱的能力自然略有变态，这一事实可暂置不论。两人之间的情境越是与这个假定的例子不同，则其倾慕之情也就越不容易理解。假如一个年轻女子遇人不淑，而医生也还没有所爱，那么她若对医生有热烈的情感，愿意离婚而委身于他，或愿意与他私相恋爱，这也是可以令人理解的。即使在精神分析以外，这种事情也属常见。可是在这种情境之下，女子和妇人们经常会作出这种惊人的自供，即爱上自己的医生这件事，足以看出她们对于治疗问题是持有一种特殊态度的。她们已知道除爱情之外，再没有什么能够治疗她们的疾病了。事实上，在治疗开始的时候，她们就已经期望能从这种关系上获得实际生活中所缺乏的安慰，而正是因为有这种希望，她们才忍受着分析的麻烦而不惜披露自己的思想，也才如此容易了解那些正常情况下难以接受的事。可是，这种自供状态确实让我们感到惊骇，因为我们所有的估计都化为乌有了。

我们怎么可以在整个问题中忽略了这一最重要的元素呢？事实证明，我们的经验越多，这一新元素也越不能否认。这个元素会改变整个问题，也会抹杀我们科学的估计。就前几次来说，我们可能会认为这不过是分析治疗时的一个意外障碍而已。可是这种对于医生的垂爱即使在最不适宜或最可笑的情境之内也不可免，如老年的女人和白发的医生之间，其实根本无所谓引诱一说，那我们就不能将其看成是意外，而要承认它的确与疾病的性质存在密切的关系了。

这个我们必须承认的新事实，就叫作移情作用，这里指的是病人移情于医生。由于这种情感的起源无法用受治疗时的情境解释，因此我们更怀疑这个情感起源于另一个方面，即这种感情已经事先在病人心内形成了，只是趁治疗的机会才转移到了医生的身上。移情可以有很多形式，可表示为一种热情的求爱，也可采取一种比较缓和的方式。如果一个是少妇，一个是老翁，那么她虽不想成为他的妻子或情妇，却可能想成为他的爱女，力比多的欲望稍加改变就变成了一种柏拉图式的友谊愿望。有些妇人知道怎样升华自己的移情作用，使其有必须存在的理由；有些则只能表现为粗陋的，几近原始的形式。不过这些基本上都是相同的，其起源之相同是有目共睹的。

如果要问这个新事实的范围，就需要再说明一点。比如男性的病人是否也有移情作用呢？事实上，男性也有移情作用，而且基本情形和女性一样。他们同样倾慕医生，夸大医生的品质，并顺从医生的意旨，嫉妒一切与医生有关的人们。移情的升华较多见于男人和男人之间，直接的性爱则较少发生，这就如同病人所表现的同性爱倾向都可表现成其他方式一样。而且男性的病人还有另一种表现方式，即反抗的或消极的移情作用，这种方式初看起来与刚才所说过的正好相反。

移情作用在治疗的开始就存在于在病人的心中，且在短时间内具有最强大的动力。这种动力的结果，如果能够引起病人的合作，将会十分有利于治疗的进行，当然没有人看见它或注意它；与之相反，如果这种动力变成抗力，就会十分引人注目了。移情作用之所以会变成抗力，主要有两种可能：一是爱的引力已太强大，已露出性欲的意味，因此内心就产生了对自身的反抗；二是友爱之感转变成了敌视之感。敌视情感多发生在友爱情感后，并常借友爱情感作为掩饰。如果两者同时发生，那么就可以作为情绪矛盾的好例子了，这种情绪矛盾支配着人与人之间所有最亲密的关系。所以，敌视的感情和友爱的感情都表示出一种依恋之感，就如同反抗和服从虽然相反，其实都有赖于他人的存在一样。病人对于医生的敌视，也可称之为移情，因为治疗的情境并非引起这种情感的原因，所以用这个观点来看消极的移情作用，也符合上面所说的积极的移情作用的观点。

移情作用到底起源何处呢？它给我们造成了什么困难？我们怎样才能克服这些困难？又能因此得到什么便利？这些问题只是对于精神分析法作专门的说明时，才能加以陈述，这里只能稍微提几句。

病人因受移情作用的影响而对我们有所要求，我们自然应该顺从这些要求，如果要怒加拒斥，就未免太愚蠢了。其实，要克服病人的移情作用，不如直接告诉他，他的情感并非起源于现在的情境，和医生也没有多大关系，这只不过是重复呈现了他已往的某种经过而已。于是，我们可以请他将重演化作回忆。这时，我们平常所看成是治疗障碍的移情作用，不管是有爱的还是敌视的，就都可以转变为治疗最便利的工具，被用来揭露心灵的隐事。可是，这种意外的现象还是难免会让你们感到惊异，为了消除你们因此而产生的不愉快印象，我还得略说几句。我们不要忘记，我们所分析的病人的病情还不能说已经宣告终结，它就像生物体一样在继续发展着。刚开始治疗时还无法阻止这种发展，不过当病人接受治疗之后，整个病的进程就立刻朝一个方向集中，即集中于对医生的关系。可以说，移情作用就如同一株树的木材层和树皮层之间的新生层，由此才有新组织的形成和树干半径的扩大。

移情作用如果发展到这个程度，那么对于病人回忆的工作就会退居次要的地位。那时我们所诊治的就不再是旧症，而是一种新创立并经过改造的神经病了。精神分析者可以追溯这个旧症的新版是如何开始的，又是如何发展和变化的，因为他本人就是它的中心目标，所以他比谁都熟悉这个经过。为了适应新起的意义，病人的所有症候都抛弃了其原来的意义。这个新意义就包含在症候对移情作用的关系之内，否则也只有那些能适应这种意义症候才留存而不消灭。如果我们可以治愈这个新得的神经病，就等于治愈了原有的病，或者说完成了治疗的工作。病人如果可以摆脱掉被压抑的本能倾向的影，而与医生保有常态的关系，那么在离开了医生之后，也仍然可以保持健康。

移情作用对于癔病、焦虑性癔病及强迫性神经病等的治疗是非常重要的，因此这些神经病都可同属于"移情的神经病"。不管是谁，如果可以从分析的经验对移情的事实获得一个正确的印象，就不会再怀疑那些在症候中求发泄而被压抑的冲动的性质了；这些冲动都带有力比多的意味。可以说，我们是在研究了移情的现象之后，才更加深信症候的意义是力比多代替的满足的。

不过，我们现在有必要更正之前对于治疗作用的某些概念，以期与这一新的发现协调一致。我们通过精神分析发现，用抗力解决常态的冲突常需要一种强大的推动力来帮助他恢复健康，不然的话，他就可能会重蹈覆辙，让已经进入意识的观念重新降落到压抑之下。这个斗争的结果仅取决于他与医生的关系，而不取决于他的理解力，因为他的理解力不强也不自由，还无法有此成就。如果病人的移情作用是积极的，那么他就会对医生表示尊重、信仰，并深信他的观点；如果没有这种移情或移情是消极的，那么病人就很难去专心倾听医生的论点了。

信仰起源于爱，刚开始是不需要理由的。如果理由是被爱者提出的，那也只是到了后来才加以批判的审查。没有作为后盾理由的爱在支撑，就不足以使病人或一般人受其影响，因此一个人就理智方面来说，也只有当力比多投资于客体时，才有受人影响的可能。因此，我们说，对于有自恋倾向的人们，即使拥有最优良的分析术，只怕也无用武之地。

其实，常人也具有将自己的力比多投射在他人身上的能力，而神经病人移情作用的倾向只不过是将这一通性进行了加倍地发挥。而对于如此重要而普遍的通性，竟没有人加以注意和利用，难道不是很奇怪吗？事实上，早就已有人注意并利用过这一同性了。伯恩海姆就曾以其敏锐的思想将人类的受暗示性作为其催眠说的根据。事实上，他的所谓"暗示感受性"也就是移情作用的倾向，由于他将这种倾向的范围缩小了，所以就没有将消极的移情算在内。不过，伯恩海姆从来没有说过暗示是什么，是怎么起源的。在伯恩海姆看来，这是一个不证自明的事实，根本无法解释。他并不知道暗示感受性有赖于性或力比多的活动。我们必须承认，我们之所以在治疗方法中之所以要放弃催眠术，只是为了在移情作用中发现暗示的性质。

不过，现在我要暂停一下，给你们留一些考虑的时间。我知道大家此时心中已滋生出一种激烈的抗议，如果不给你们机会发表，就难免会剥夺你们的注意力。我想你们一定会认为："你终于承认自己也像催眠术者那样利用暗示的帮助了。我们一直都这样认为，可是你为什么还要迂回曲折地去追求过去的经验，发明潜意识的材料，解释各种化妆，耗费那么多时间、劳力和金钱，最后还不是在用暗示作为有效的助力？你为何也像那些忠实的催眠术者，是采用暗示的方法来治疗症候呢？如果你认为，用这种迂回曲折方法就能让隐藏在直接暗示之后的，许多重要的心理学事实显露出来，那么谁又能证明这些事实是可信的呢？这些事实难道不也是暗示或无意暗示的产物吗？你难道无法让病人接受你的想法以便对你的思想更为有利吗？"

你们提出的抗议非常有力，我必须给予回答，可是因为时间的关系，今天恐怕不能作答了。那就等下一次再说，有机会我一定会给大家一个满意的答复。

今天我必须要对在开始时所说的话做一个结束。我曾告诉大家，说要借助于移情作用来解释我们对自恋神经病无法收到治疗效果的原因。我只用几句话来解释就足够了，你们由此就可看到这个谜题是如何轻而易举就被破解，各个事实之间是如何相互贯通的了。经验证明：自恋的神经病人不具备移情的能力，即使有，也只是极其微弱。他们之所以离开医生，并不是因为敌视，而是因为不感兴趣。他们不受医生的影响，对于医生说的话不感兴趣，只是冷漠对待。因此对他人能够收效的治疗，如因压抑导致的重复致病冲突，以及对抗力的克服等，对他们却都无法产生效力。他们总是故步自封，常常自动做出一些努力，试图恢复健康，但结果却反而引起病态，对此我们也是鞭长莫及。

通过对这些病人的临床观察，我们可以看出，他们一定是放弃了力比多在客体上的投资，而将客体的力比多转化成了自我力比多。所以，这些神经病与第一组神经病（如癔病、焦虑症及强迫性神经病）是有区别的，他们受治疗时的行为也充分证明了这个揣测。因为他们没有移情作用，所以没有受到我们治疗的影响。

第二十八讲
精神分析与心理暗示

大家应该知道我们今天要讨论些什么。我曾承认精神分析疗法的主要治疗效力有赖于移情或暗示。你们曾质问我，为何不利用直接的暗示，从而又引起了一个怀疑，即我们既然承认暗示具有如此重要的地位，那还能保证心理学发现的客观性吗？我曾答应大家对此事做一个完满的答复。

准确地讲，医生在直接暗示时，采用的是明确地告诉病人一些抗拒症候的话语，这些话语之中暗藏了医生的权威。事实上，治疗的过程就是发病的动机与医生的权威之间的一种斗争。在这种斗争中，你无须问这些动机，只需病人压抑它们在症候中的表示。其实，你是否对病人使用催眠术，根本没有什么区别。伯恩海姆先生以他敏锐的眼光，一再认为暗示就是催眠的实质，而催眠本身是一种受暗示的情境，是暗示的结果。伯恩海姆先生喜欢用醒时的暗示，这种暗示与催眠的暗示能够达到同样的结果。

现在我是先讲经验的结果，还是先作理论的探讨呢？我们还是先讲经验吧。

1889年，我前往南锡拜伯恩海姆为师，并将他关于暗示的书籍翻译成德文。很多年以来，我都用暗示在治疗，刚开始用"禁止的暗示"（prohibitory sugestions），后来则与布洛伊尔提出的探问病人生活的方法相结合使用。这样我就能根据各方面的经验来推论暗示或催眠疗法的结论了。

根据古人对于医学的见解，一个理想的治疗方法必须具备三个条件：一是收效迅速，二是结果可靠，三是不为病人所反感。伯恩海姆的方法符合其中的两条，此法收效比分析法迅速，且不使病人有厌恶之感。不过从医生角度来说，这种方法有些单调，因为它不管对于什么病人都是采用同一种方式来阻遏各种不同症候的出现，根本无法了解症候的意义和重要性。这种工作是机械的而并非科学的，有点江湖术士的味道，不过为了病人着想，倒也不必计较。而催眠法绝对不符合理想疗法的另一个条件，因为它的结果并不可靠。有些病能用催眠法，有些病则不能用；有些病用催眠法会收到很好的效果，有些病用此法则收效甚微，至于什么原因，我们也不是十分清楚。

更令人遗憾的是，催眠法的治疗结果无法持久，过了一段时间之后，病人可能还会旧症复发或转变为其他病症。当然那时也可以再进行催眠疗法，不过有经验的人通常会警告病人，劝他不要因多次催眠而失去自己的独立性，把催眠当成麻醉剂，嗜此成癖。反过来说，医生有时候也非常喜欢这种方法，因为实行催眠法后往往可以花最小的力气收到非常好的效果，不过收效的条件仍无法解释。有一次，我曾用催眠疗法医治好了一位女性患者，可是后来她忽然无缘无故地恨起我来，结果病再次复发。后来，我缓和了与她的关系，并重新医好了她的病，可是她却又对我恨之入骨。我还遇到过另外一个病例，病人是位女星，她的病非常顽固，我曾多次解除了她神经病的症候，可是在一次治疗的过程中，她却忽然伸出胳膊抱住了我的脖子。不管你是否愿意，事情已经发生了，所以我们就不得不研究一下暗示性权威的性质和起源了。

以上是关于经验方面的陈述，我们可以看出，抛弃直接的暗示，也可能用其他方法来代替。现在我们结合这些事实，稍加诠释。暗示法的治疗对医生的要求要高一些，而对于病人的要求则少一些，这种方法与大多数医生一致承认的对神经病的看法并不想违背。

医生可能对神经过敏者说："其实你没有什么病，只不过是神经过敏，我花五分钟和你说几句话，就完全可以消除你所有的病痛。"只是一个最低限度的努力，无需借助什么方法就能治好一个重症，这似乎与我们对一般能力的信仰不太相容。假如各种病的情境能够互相比较，那么从经验来看，用这种暗示法绝对无法治好神经病。不过我也知道这个论点不是无懈可击的，世上突然成功的事情也是常有的。

现在，让我们根据精神分析的经验来具体区分一下催眠的暗示和精神分析的暗示有何不同。催眠术的疗法是想粉饰病人内心的秘密，并不去追究它，而分析法则是将这些隐事充分暴露出来并加以消除。前者为求姑息，后者力求彻底。催眠法用暗示来抵抗症候，只能增加压抑作用的势力，并不能改变症候形成的所有历程。而精神分析则试图在寻找病源所在，然后用暗示来解决其矛盾；催眠疗法让病人处于无所活动和无所改变的状态，一旦遇到发病的新诱因，病人就无法抵抗。分析疗法则要求病人也要向医生那样努力，以消灭内心的抗拒。如果克服了抗拒，病人的心理生活就会出现持久的变化，有较高级的发展，并具有抵抗旧症复发的能力了。分析法的主要成就就是克服抗力，病人一定要有克服抗力的能力。通常情况下，医生会用一种有教育意味的暗示来帮助病人。因此我们可以说，精神分析疗法就是一种再教育。现在大家应该对分析法的暗示和催眠法的暗示之间的不同之处有所了解了：前者以暗示辅助治疗，而后者则专靠暗示。

由于我们已将暗示的影响追溯到移情作用，因此我们就更清楚催眠治疗的结果为何如此不可靠，而分析治疗的结果为何那么持久了。催眠术是否能够成功，主要决定于病人移情作用的条件，而这个条件是不受我们影响的。一个受催眠的病人，他的移情作用可能是消极的，也可能是两极性的，或许我们可以采取特殊的态度来防止他的移情作用，对此，我们并没有什么把握，而精神分析则直接着眼于移情作用，使其自由发展从而帮助治疗。我们尽量利用暗示力来加以控制，病人便无法再随心所欲地支配自己的暗示感受性，假如他可能会受暗示影响，那我们就会对他的暗示感受性加以利导。

现在你们可能认为：从客观的正确性上讲，精神分析背后的推动力不管是移情还是暗示，都是可以令人怀疑的。我们听到的反对精神分析时提得最多的话就是，治疗之利可成为研究之害。这些话虽然没有什么理由，但我们却不能置之不理。假如它真的有理由，那么就等于说精神分析只不过是暗示治疗术的一种有效的特别变式。而一切有关病人过去生活的经验、心理的动力、潜意识等的结论，也都不用重视了。反对我们的人确实是这样认为的，他们认为我们是先自己设想出所谓性的经验，然后再将这些经验的意义（如果不是这些经验的本身），"注入到病人的心灵之内"的。

我们用经验的证据来反驳这些罪状，要比用理论有力得多。所有施行过精神分析的人，都深知我们不能采用这种方法来暗示病人。我承认我们也可以让病人成为某一学说的信徒，即使我们说的是错误的，也能让他们确信无疑。可是我们用这个方法只能影响他的理智，却不能影响他的病症。只有我们告诉病人，他在自己内心寻求之事就是他自己心内所实际存在之事时，他才能解决矛盾而克服抗力。如果医生在推想过程中出现错误，那么在精神分析进行时这些错误会渐渐消失，被正确的意见所取代。我们希望能用一种很慎重的技术来防止因暗示而起的暂时性成功，因为我们并不以第一个疗效为满足，因此即使成功了也没什么。我们认为，如果疾病的疑难没有得到解释，记忆的缺失没有被补填，压抑的原因也没有被挖掘出来，那么精神分析的研究就不能算完成了。

假如结果在时机还没有成熟之前就出现了，我们就要将这些结果看成是分析工作的障碍，而不能认为是分析工作的进步。我们必须要否认已取得的疗效，而继续揭露这些结果所产生的移情作用。精神分析法这个基本的特点，使其完全不同于纯粹的暗示疗法，而其取得的疗效也不同于暗示所得的疗效。在其他所有的暗示疗法内，移情作用都被细心地保存起来，而在精神分析法内，移情作用本身就是治疗的对象，经常被加以剖析和研究。当精神分析有了结果，则移情作用就会消失。如果那时获得了持久的成功，那么这种成功一定不是基于暗示，而是因为病人内心已发生的变化，病人的内心抗力已借助暗示的力量被克服了。

我们之所以要不断与抗力进行斗争，其目的就是为了防止治疗时的暗示产生片面影响，而这些抗力经常将自己化妆为反面的（敌对的）移情。另外，我们还需要注意一个论证，即分析有许多结果，虽然可能怀疑是起于暗示，但事实上用其他一些可靠的材料就能够证明并非如此。比如痴呆症者和妄想狂者，绝对没有可受暗示影响的嫌疑。可是这些病人所诉说的侵入意识内的幻念及象征的转化等，都与我们研究移情神经病人的潜意识所得出的结果是一致的，由此可见我们的解释虽常遭人怀疑，但确实有客观的证据。我想如果你们能在这些方面信赖精神分析，一定不至于出现多大的错误。接下来，我们要用力比多说来阐释一下精神分析疗法的作用。

神经病人既没有享乐的能力，也没有成事的能力。没有享乐能力是因为病人的力比多本来就不附着在具体事物之上，而没有成事能力则是因为病人所能支配的能力都用来压抑力比多，没有多余的能力来表现自己了。假如病人的力比多和他的自我不再有矛盾，同时他的自我又能控制力比多，那么疾病就不会发生了。因此，精神分析的治疗工作就是解放力比多，使其摆脱其先前的迷恋物，让力比多重新服务于自我。可是问题是，一个神经病人的力比多到底在哪里呢？其实这很容易找到。病人的力比多就依附于症候之上，通过症候来满足现下的所有要求。所以，我们的工作就是将这些症候控制住，并消除它们——这也正是病人所求于我们的工作。不过要消灭症候，一定要先追溯到症候的出发点，找出症候发生以前的矛盾，并借用过去未曾用过的推动力，把矛盾引向一个解决的层面或场所。而要对压抑作用作此种考察，就一定要利用引起压抑作用的记忆线索，如此才能收到部分的效果。

移情作用就是所有竞争力互相会合的决斗场。在精神分析疗法过程中，病人与医生的关系是力比多及与力比多相反抗的力量的集中之点。医生将病人症候的力比多剥夺去，于是病人原来的疾病就消失了，取而代之的是一种人工获得的移情作用或移情的错乱。病人的力比多用医生这个"幻想的"对象来代替各种其他的非实在对象。于是，这种对象的转移，就构成了新的斗争，同时借助分析家暗示的帮助，它上升到表面或较高级的心理平面之上，结果化成一种常态的精神矛盾。

由于这个时候避免了新的压抑作用，自我与力比多的反抗便消除了，病人的内心恢复了常态。力比多不会依附在暂时的对象即医生身上，也不会回复到以前的对象之上，于是它就变为自我所用了。在进行分析治疗时，我们所遇到的反抗力，一方面是由于自我对于力比多倾向的厌恶，表示为压抑的倾向；另一方面则是由于力比多的坚持性，不愿离开它以前所依恋的对象。所以，精神分析治疗的工作不外乎两个方面：一是迫使力比多离开症候，而集中于移情作用；二是极力进攻移情作用而恢复力比多的自由。

　　我们要使这个新矛盾获得成功，就一定要排除压抑作用，使力比多不再逃入潜意识而脱离自我；正是由于病人的自我受到分析家暗示的帮助发生了改变，这件事才有了可能。最理想的精神分析治疗过程应该是这样的：医生将潜意识的材料引入意识，自我因潜意识的消逝而逐渐扩大其范围；医生的教育作用，使自我愿意给力比多以某种限度的满足。自我让少量力比多得到升华，从而减轻对力比多要求的恐惧。精神分析治疗的经过越接近这一理想的叙述，则精神分析治疗的效果也就越大。

　　如果病人的力比多缺乏灵活性，不愿离开客体，或者病人因自恋而不允许有某种程度的客体移情的发展，那么精神分析疗法就会遇到障碍。治愈过程的动力学可以清晰地表示出，我们既以移情作用将病人的一部分注意力吸引到了我们身上，就应征集已脱离了自我控制的力比多的全部力量了。

　　我们应该知道，因精神分析而引起的力比多分配，并不能使我们直接推想到从前患病时力比多倾向的性质。假如有一个病人把对待父亲的情感转移到了医生身上，而后病治好了，那我们也不能认为病人患病是因为他对父亲有一种潜意识的力比多依恋。在这里，父亲移情只是作为一个决斗场，我们只不过是在此制服了病人的力比多而已，至于其来源则另有所在。决斗场不一定就是敌人的最重要壁垒之一，而敌人保卫首都，也不一定非要在城门之前作战。只有移情作用再被解体之后，我们才能在想象中推知疾病背后的力比多倾向。

　　我们现在可以用力比多说来讲讲梦。与过失和自由联想一样，我们往往也可以通过一个神经病人的梦来求得症候的意义并发现力比多的倾向。我们可以从欲望满足在这些倾向中所采取的形式中看出，遭受压抑的是哪种欲望冲动，而力比多在离开了自我以后，又依附于什么客体。因此，在精神分析的治疗中，梦的解释占有非常重要的地位。对多数的实例来说，它也是长期分析的最重要的工具。我们已知道，在睡眠中，对力比多的压抑作用会有一些松懈，此时，被压抑的欲望就会更明白地表现在梦中。因此，研究被压抑的潜意识最便利的方法就是研究梦。

神经病人的梦，其实与正常人的梦在本质上并没有什么不同，两者根本无法区别。对神经病人的梦的解释也可以用来说明正常人的梦。事实上，我们断定神经病与健康的人的区别仅仅说的是白天的状况，就梦的生活来说，这种区别是不能成立的。因此，我们完全可以将关于神经病人的梦和症候之间所得的那些结论移用于健康人。我们不得不承认，健康的人的精神生活中也有一些因素会导致形成梦或症候。健康人同样可以构成压抑，而且要花费一定能力来维持压抑的力量，在他们潜意识的心灵里也储藏着富有能力的、被压抑的冲动，而且其中的力比多也有一部分不受自我的支配。因此我们可以说，一个健康的人在本质上也可被看作是一个神经病人，只不过他可以加以发展的症候只有梦而已。

事实上，如果你们对于健康的人醒时的生活加以批判的研究，也能够发现与这一结论互相抵触的事实，因为这个看起来健康的生命也有很多琐碎而不重要的症候。

神经质的健康和神经质的病态（即神经病）彼此的差异能够缩小到一个实际的区别，并能由实际的结果来决定，而这个差异可能会追溯到自由支配的能力与困于压抑的能力之间的一个比例。换句话说，它们只是一种量的差别，没有质的差异。这个观点为我们下面的信念提供了一个理论根据，即虽然在体质的倾向之上建立起神经病，实质上也是有接受治疗的可能的。

于是，我们可以从神经病人和健康人的梦的一致性上来推知健康的属性。不过就梦的本身来说，我们可以得到如下推论：第一，梦与神经病的症候有着密切的联系；第二，梦是古代思想的表现形式；第三，梦可以暴露力比多的倾向，以及当时实际活动着的欲望对象。

我们的演讲就快要结束了。大家可能会有些失望，因为我在讲精神分析疗法时，理论占了很大篇幅，而没有提及治疗时的具体情形和疗效。不过我有我的理由，之所以没有提到治疗的具体情形，是因为我并没有想让你们接受实际的训练来施行分析法。而之所以没有提及治疗的效果，则因为存在几个动机。

在刚开始演讲时，我曾再三声明，我们的精神分析疗法在适当的情境下所收获的疗效，绝不亚于其他医学治疗所取得的最光辉的成绩，我甚至还可以说这些成绩是你用其他方法所无法取得的。如果我再夸大，就难免会有人怀疑我是在为自己作广告，借以抵消反对者的贬斥了。在公共集会中，医学界的朋友们也曾经常对精神分析施加恐吓，并说假如将分析的失败和有害的结果公布于世，就能让那些受害的公众明白，精神分析法其实是毫无价值的。我们暂且抛开这种说法中的恶意不说，即使要收集失败的材料用来对分析的结果作正确的估计，也未必是一种有效的证据。大家都知道，分析疗法还很年轻，还有许多需要改进的地方，我们决不能用这种方法最初的结果去衡量其成效的最终标准。

在精神分析的开始阶段，我们曾试图解除病人的症候，但有很多治疗的案例最终都以失败告终。这是因为，对于那些本不适合用于精神分析法来治疗的病症，精神分析家也采用了这种方法来治疗。在不断探索中，我们知道了有些病是不宜选作分析疗法的对象的，比如妄想狂和早发性痴呆到了成熟期的时候，分析法就根本无能为力了。不过，早年的失败也并非由于医生的过失，或选择病症的不慎，而是受外界情形的不利影响所致。

我过去只讲了病人内心所不能避免而可以克服的抗力，事实上，就病人所处的环境来说，所有反对精神分析的外界抗力在实际中都是非常重要的。精神分析的治疗与外科手术一样，都必须施行于最适宜的情形之内才有成功的希望。大家知道，外科医生在施手术之前，一定要先进行各种布置，如适宜的房间、充分的光线、熟练的助手、病人亲友的回避等。想想看，如果外科手术在病人家属的围观下进行，他们见你下刀便叫，那还能收到最好的疗效吗？对精神分析来说，亲友们的干涉也是一种强大的抗力，我们有时真不知道如何应付。对于病人内心的抗力，我们常常会严加防备，可是对于这些外界的抗力，我们又如何能防御呢？那些亲友们根本不是任何解释能够说服的，我们既不想对他们撒手不管，又不能将病人心中的秘密告诉他们。因为如果我们对病人亲友据实以告，就难免会失去病人对我们的信赖，病人会认为我们既信托他的亲友，就不必以他为治疗的对象了。

事实上，对精神分析来说，最大的外界压力可能来自于家庭成员。对于有些病人来说，其家属未必希望病人恢复健康，而宁愿他的病情不要好转。如果神经病源于家庭的冲突，那么家中健康的人就会视自己的利益比病人健康的恢复更为重要。我们可以想象一下，如果精神分析暴露了丈夫的罪行，那么他还会愿意让妻子接受治疗吗？丈夫的抗力与妻子在治疗过程中产生的抗力结合在一起，任我们再努力，也不可能达到理想的境界。

我不想多举例，现在只举一个病例。多年来，出于职业道德，我始终不曾提过此事。当时，我的病人是一位少女，她心中始终有所畏惧，既不敢走出家门口，也不敢独居家内。经过不懈的努力，我发现了症结所在：她发现了母亲与一位富人的奸情，并深深为此忧虑。她很不老练地也可能是很巧妙地对她的母亲作出暗示，而暗示的方法是：她改变了自己对于母亲的行为，自称除了母亲之外，没有人可以解除她独居时的恐惧。当母亲要出门时，她坚决不开门。她的母亲曾经患过神经过敏症，到水疗院参观之后，已痊愈多年了。说得更清楚些，她在院内和一男人认识，其后交往过密。而女儿的强烈暗示引起了她的猜疑，她忽然意识到，女儿恐惧的实质了。原来，女儿是想将母亲与其情人隔离开来，使他们不再有相互交往的自由。于是这位母亲决定结束这个对自己有害的治疗，她把女儿送入一处接收神经病人的地方，并声称她是一个"精神分析的不幸牺牲品"，而我也因此被人诋毁。出于职业道德，我也只好默不作声。几年后，我有一个同事去访问这个患空间恐怖症的女子，告诉我说她的母亲和那富人的交往已成公开的秘密，她的丈夫和父亲也已经默许而没有禁止，但是她的女儿却因为这个"秘密"而牺牲了。

在第一次世界大战爆发后的前几年，各国的病人纷纷前来求诊，使我顾不得别人对我故乡的毁誉。我于是定下了一个规则，凡是在生活的重要关系上，没有达法定年龄不能独立的人，一律不代为诊治。精神分析家本不必作此规定。也许有人认为我是在向病人的亲戚发出警告，认为我为了分析起见，要使病人离开家族，或者只有离家别友的人们才能接受治疗，事实当然并非大家所想。如果病人在治疗时，仍能反抗日常生活所加于他的要求，则对治疗来说是有利的。而病人的亲戚为了避免损害这种有利的条件也应当注意自己的行为，更不应当对医生在职业上的努力妄加诋毁。可是我又怎么能让这些人保持正确的态度呢？我想你们也认为病人接触到的社会气氛和修养程度对于治愈会产生很大的影响。

外界因素干涉了我们的治疗，也使精神分析治疗法的疗效黯然失色！拥护精神分析的人们曾劝我们将精神分析法的成绩作一次统计以抵消我们的失败，我没有同意这样做。因为相比的内容相差太远，而受治的病症又各不相同，那么统计也就失去的价值。况且可供统计研究的时间又太短暂，无法证明疗效是否持久，而就多数病例来说，根本没有作记录的可能，因为病人会对他们的病及治疗要求保密，就算恢复健康后也不愿轻易告人。而那些对精神分析提出反对的人，他们最大的理由是，人类在治疗的问题上是最缺乏理性的，很难指望接受合理论证的影响。新式治疗有时会引起狂热的崇拜，比如科赫初次刊布结核菌的研究成果[1]；有时也会引起巨大的质疑，比如詹纳的种痘术[2]，实际上是天降福音，但仍有人会反对。

下面的例子可以充分说明反对精神分析的人们所持的偏见。我们治愈了一个很难奏效的病例之后，就会有人说："这根本不算什么，时间过了这么久，病人自己就会好起来的。"假如病人已经有过四次抑郁和躁狂的交迭，在抑郁症之后的一个时期内到我这里求治，过了三个星期，躁狂症突然发作了，那么他的亲属和其所请来的名医，就都会把躁狂症归罪于分析疗法。

对于偏见，我们实在无计可施，你们可以看看在大战（即第一次世界大战）中，不管是哪一集团国，不是都对其他集团国存有偏见吗？这时候最明智的做法就是暂时忍耐着，等这些偏见逐渐随时间而消弥于无形。或许某一天，这些人在评断同一件事时，就会用不同于之前的眼光，而至于他们从前的想法是从何而来的，我们就无从得知了。

或许现在反对精神分析疗法的偏见已开始出现缓和的迹象了。精神分析学说的不断传播，许多国家中采用分析治疗的医生日益增加就是一个明证。

在我年轻的时候，催眠暗示治疗法曾引起医学界的怒视，其激烈的程度与现在"头脑清醒"的人们对精神分析的驳斥基本上一样。催眠术作为治疗的工具，确实未能完全如我们的期望，不过我

---

1 1882年，德国医生罗伯特·科赫（Robert Koch）发现了结核菌。——译者注
2 1976年，英国医生爱德华·詹纳（Edward Jenner）发明了为人种牛痘的方法预防天花。——译者注

们这些精神分析家或可自称为它合法的继承人，不应当忘记它对我们的鼓励和对理论的启发。同时，我们也不能回避精神分析疗法的负面有害结果。人们所报告的精神分析的有害结果，基本上是局限于病人矛盾加剧后的暂时病象，而矛盾的加剧可能是分析得太呆板，或分析突然中断导致的。你们已了解了我们处理病人的方法，至于我们的努力是否会让他永受其害，想必你们自己能够作出正确的判断。另外，分析也有被误用的情况，尤其是在荒唐的医生手里，移情作用就是一种危险的工具。但我们并不能因此否定分析法，这就像手术刀一样，它虽然可以导致严重的医疗事故，但外科医生还必须要用它。

我的演讲到此就可以结束了。我想说的是，我感到很惭愧，我在这些演讲中有很多缺点，这并非礼节上的客套，而是发自内心的。尤其抱歉的是，当我偶然提及一个问题时经常会说在别处再进行详讲，可是后来又没有实践前约的机会。我所讲的问题，现在还不是终结，而是正在发展，因此我的简要叙述也不够完全。我还有很多地方准备要做结论，可是都还没有进行归纳。不过我的目的并不是想让大家成为精神分析的专家，而只是希望你们能够对精神分析有所了解，并对其产生兴趣而已。